普通高等教育电气工程与自动化（应用型）系列教材

AutoCAD 电气工程绘图教程 (基于 AutoCAD2019) 第3版

主　编　吴秀华　韩　刚
副主编　郭　丹　王永刚
参　编　李俐莹　邹全平

本教材配有电子课件，及部分范例的 CAD 文件

机 械 工 业 出 版 社

本书是针对高等院校电气工程相关专业的 AutoCAD 计算机辅助设计课程内容编写的一本专业课教材，共分11章。本书主要以 AutoCAD2019 为版本介绍软件的基本功能和使用方法，以及利用该软件绘制电气工程等相关专业的各种设计图样。前8章主要介绍了 AutoCAD2019 的界面、绘制和编辑基本的二维图形、进行图形的精确定位与编辑、图层与图块的建立与应用，以及文字和尺寸标注等内容。后3章主要介绍了电气工程绘图的一些基本知识、一般规则、绘制实例和图形的打印与输出等内容。

本书可以作为高等院校电气工程相关专业相关课程的教材使用，也可以作为课程设计和实习环节的辅助教材使用，还可以作为相关工程技术人员的参考书籍。

本书不仅配有免费的电子课件，还配有书中主要示例、上机实训的图形电子文件，欢迎选用本书作为教材的教师发邮件至 jinacmp@163.com，或加微信 13910750469 索取，或登录 www.cmpedu.com 注册下载。

图书在版编目（CIP）数据

AutoCAD 电气工程绘图教程：基于 AutoCAD2019/吴秀华，韩刚主编．—3 版．—北京：机械工业出版社，2020.6（2025.1 重印）
普通高等教育电气工程与自动化（应用型）系列教材
ISBN 978-7-111-65606-7

Ⅰ.①A… Ⅱ.①吴…②韩… Ⅲ.①电气制图－计算机制图－AutoCAD 软件－高等学校－教材 Ⅳ.①TM02-39

中国版本图书馆 CIP 数据核字（2020）第 083130 号

机械工业出版社（北京市百万庄大街22号 邮政编码100037）
策划编辑：吉 玲 责任编辑：吉 玲
责任校对：梁 静 封面设计：张 静
责任印制：常天培
固安县铭成印刷有限公司印刷
2025年1月第3版第13次印刷
184mm×260mm · 14印张 · 343千字
标准书号：ISBN 978-7-111-65606-7
定价：35.00元

电话服务 网络服务
客服电话：010-88361066 机 工 官 网：www.cmpbook.com
010-88379833 机 工 官 博：weibo.com/cmp1952
010-68326294 金 书 网：www.golden-book.com
封底无防伪标均为盗版 机工教育服务网：www.cmpedu.com

前　言

AutoCAD 是世界上最广泛应用的计算机辅助设计绘图软件之一，具有功能强大、简单易学的特点。同传统的手工绘图相比，AutoCAD 软件绘图速度快、精度高、便于个性化设计，不仅可以精确地绘制二维平面图形，还可以轻松地绘制三维立体图形，完成相应的设计方案。目前，AutoCAD 软件已经在航空航天、建筑、机械、制造、电子、化工、轻纺等各领域得到广泛应用，并取得了丰硕的成果和巨大的经济效益。

本书根据工科院校电气工程、建筑电气等相关专业学生学习计算机辅助绘图设计课程的要求编写而成。全书共分 11 章，第 1 章为 AutoCAD 中文版概述；第 2 章为绘制基本二维图形；第 3 章为编辑基本二维图形；第 4 章为精确绘图与编辑；第 5、6 章介绍了图块、图层以及图形属性等功能的使用；第 7、8 章讲述了文字和尺寸标注的相关知识；第 9 ~ 11 章主要介绍了电气工程绘图的一般规则、电气工程绘图的种类、电气工程绘图实例和工程图的打印输出等。

本书在编写过程中，结合了编者的教学实践经验，精心筛选了大量的电气工程专业、建筑电气专业领域的工程图作为项目实例和上机实训的例题，同时又选取了一些其他专业的具有一定难度和趣味性的习题，以调动读者的学习和练习兴趣。

此次改版的内容是基于 AutoCAD2019 版本，书中的所有操作界面均为此版本下的界面。书中内容根据新版本的功能做了相应的增删，但为了兼顾低版本用户以及高校教师和学生的使用习惯，仍采用转换成传统经典界面进行讲解的形式，各功能的说明则兼顾了高低版本的需要，读者可以不受版本的限制进行学习。

本书按 60 学时编写，不同院校可以根据需要调节某些章节的讲授学时，补充不同学时的上机实习。

此次改版得到了机械工业出版社吉玲编辑等相关工作人员的支持，在此表示衷心的感谢。同时感谢参与编写和修订的各位编者老师，感谢一直以来使用本书的广大教师和学生。

由于编者水平有限，书中可能存在错误和不妥之处，恳请广大读者批评指正。

吴秀华

目 录

前言
第 1 章 AutoCAD 中文版概述 …… 1
1.1 AutoCAD2019 系统界面简介 …… 1
1.1.1 AutoCAD2019 启动 …… 1
1.1.2 AutoCAD2019 界面功能简介 …… 1
1.2 图形文件管理 …… 7
1.2.1 新建图形文件 …… 7
1.2.2 打开图形文件 …… 8
1.2.3 保存图形文件 …… 8
1.3 定制绘图环境 …… 9
1.3.1 设置绘图单位 …… 9
1.3.2 设置图形界限 …… 10
1.4 确定点的位置 …… 10
1.5 命令的输入方式 …… 12
1.6 系统设置 …… 13
1.6.1 文件 …… 13
1.6.2 显示 …… 13
1.6.3 打开和保存 …… 15
1.6.4 打印和发布 …… 16
1.6.5 系统 …… 18
1.6.6 用户系统配置 …… 19
1.6.7 绘图 …… 21
1.6.8 三维建模 …… 22
1.6.9 选择集 …… 22
1.6.10 配置 …… 23
1.7 上机实训 …… 24
第 2 章 绘制基本二维图形 …… 25
2.1 绘制直线类图形 …… 25
2.1.1 绘制直线 …… 25
2.1.2 绘制射线 …… 26
2.1.3 绘制构造线 …… 26
2.1.4 绘制多线 …… 28
2.1.5 项目实例——绘制变电所室内房屋框架 …… 29
2.2 绘制曲线类图形 …… 31
2.2.1 绘制多段线 …… 31
2.2.2 绘制样条曲线 …… 32
2.2.3 绘制螺旋线 …… 32
2.2.4 绘制修订云线 …… 33
2.2.5 项目实例——绘制整流电路图 …… 34
2.3 绘制多边形图形 …… 35
2.3.1 绘制矩形 …… 35
2.3.2 绘制正多边形 …… 35
2.3.3 项目实例——绘制所用变压器示意图 …… 36
2.4 绘制圆类图形 …… 37
2.4.1 绘制圆 …… 37
2.4.2 绘制圆弧 …… 38
2.4.3 绘制椭圆 …… 39
2.4.4 绘制椭圆弧 …… 39
2.4.5 绘制圆环 …… 40
2.4.6 项目实例——绘制电容保护电路图 …… 40
2.5 点的绘制及应用 …… 41
2.5.1 绘制点 …… 41
2.5.2 点的样式的设置 …… 41
2.5.3 定数等分和定距等分 …… 42
2.5.4 项目实例——绘制二次保护电路图 …… 42
2.6 上机实训 …… 43
第 3 章 编辑基本二维图形 …… 46
3.1 对象的选择方式 …… 46
3.2 删除与恢复类功能 …… 47
3.2.1 删除及恢复功能 …… 47

3.2.2 打断功能 …… 47
3.2.3 修剪功能 …… 48
3.2.4 项目实例——绘制带接地插孔三相插座符号 …… 49
3.3 移动复制类功能 …… 49
3.3.1 复制功能 …… 49
3.3.2 移动功能 …… 50
3.3.3 偏移功能 …… 50
3.3.4 镜像功能 …… 51
3.3.5 阵列功能 …… 52
3.3.6 项目实例——绘制变电所二次回路综合屏平面布置图 …… 54
3.4 图形变形类功能 …… 55
3.4.1 旋转功能 …… 55
3.4.2 缩放功能 …… 56
3.4.3 延伸功能 …… 57
3.4.4 拉伸功能 …… 58
3.4.5 拉长功能 …… 58
3.4.6 倒角功能 …… 59
3.4.7 圆角功能 …… 60
3.4.8 光顺曲线功能 …… 60
3.4.9 合并功能 …… 61
3.4.10 分解功能 …… 61
3.4.11 对齐功能 …… 61
3.4.12 项目实例——绘制户外变电所断面图 …… 62
3.5 上机实训 …… 63
第 4 章 精确绘图与编辑 …… 67
4.1 精确定位 …… 67
4.1.1 捕捉模式和栅格 …… 67
4.1.2 正交模式 …… 68
4.2 对象捕捉 …… 68
4.2.1 单一对象捕捉 …… 68
4.2.2 自动对象捕捉 …… 69
4.2.3 项目实例——绘制电气控制主接线图 …… 70
4.3 对象追踪 …… 71
4.4 动态输入 …… 72
4.5 对象约束 …… 73
4.5.1 几何约束 …… 73
4.5.2 标注约束 …… 75
4.6 夹点编辑 …… 77
4.6.1 夹点功能设置 …… 77
4.6.2 夹点编辑操作方式 …… 78
4.7 显示控制 …… 79
4.7.1 图形缩放 …… 79
4.7.2 图形平移 …… 81
4.7.3 图形重画 …… 81
4.7.4 图形重生成 …… 81
4.8 上机实训 …… 82
第 5 章 图块与图案填充 …… 86
5.1 创建图块 …… 86
5.1.1 基本概念 …… 86
5.1.2 块的创建 …… 86
5.1.3 块存盘 …… 88
5.1.4 块的插入 …… 89
5.1.5 重新定义插入的块 …… 91
5.1.6 多重插入 …… 92
5.2 图案填充 …… 93
5.3 项目实例——柱上变压器的绘制 …… 99
5.4 上机实训 …… 100
第 6 章 图层与对象特性 …… 103
6.1 图层概述 …… 103
6.2 图层操作 …… 103
6.2.1 利用对话框建立图层 …… 103
6.2.2 利用命令提示设置图层 …… 107
6.2.3 利用功能区操作图层 …… 108
6.3 对象特性 …… 109
6.3.1 对象特性简介 …… 109
6.3.2 特性窗口详解 …… 109
6.4 项目实例——开关柜交流回路控制图的绘制 …… 112
6.5 上机实训 …… 113
第 7 章 文字标注与表格 …… 115
7.1 文字标注 …… 115
7.1.1 标注单行文本 …… 115
7.1.2 标注多行文本 …… 116
7.1.3 文字样式 …… 118
7.1.4 编辑文字标注 …… 120
7.1.5 项目实例——断路器的文字标注 …… 120
7.2 表格的绘制 …… 121
7.2.1 创建表格样式 …… 121
7.2.2 表格的创建与编辑 …… 122
7.2.3 项目实例——设备材料表的

绘制 …… 123
7.3 注释 …… 124
7.3.1 注释性样式 …… 124
7.3.2 注释性对象概述 …… 125
7.4 上机实训 …… 126
第8章 尺寸标注 …… 129
8.1 尺寸标注的概念 …… 129
8.1.1 尺寸标注的组成 …… 129
8.1.2 尺寸标注的基本规则 …… 129
8.1.3 尺寸标注的类型 …… 130
8.2 直线类尺寸标注 …… 130
8.2.1 线性标注 …… 130
8.2.2 对齐标注 …… 131
8.2.3 基线标注 …… 131
8.2.4 连续标注 …… 131
8.2.5 快速标注 …… 132
8.2.6 项目实例——电线杆组装图的尺寸标注 …… 132
8.3 圆弧类及点类尺寸标注 …… 134
8.3.1 半径标注 …… 134
8.3.2 直径标注 …… 135
8.3.3 弧长标注 …… 135
8.3.4 角度标注 …… 136
8.3.5 坐标标注 …… 137
8.3.6 引线标注 …… 137
8.3.7 项目实例——标注圆弧连接图 …… 140
8.4 尺寸标注编辑 …… 142
8.4.1 标注样式管理器 …… 142
8.4.2 标注线格式的设置 …… 143
8.4.3 符号和箭头格式的设置 …… 145
8.4.4 文字格式的设置 …… 147
8.4.5 调整格式的设置 …… 148
8.4.6 主单位格式的设置 …… 149
8.4.7 换算单位格式的设置 …… 150
8.4.8 公差格式的设置 …… 150
8.4.9 尺寸标注的编辑 …… 151
8.4.10 替代和更新 …… 152
8.4.11 尺寸关联 …… 153
8.4.12 项目实例——标注变电站避雷针布置图 …… 153
8.5 上机实训 …… 155
第9章 电气工程绘图基本知识 …… 158
9.1 电气工程绘图的一般规则 …… 158
9.1.1 图样幅面及格式 …… 158
9.1.2 比例 …… 159
9.1.3 字体 …… 160
9.1.4 图线 …… 160
9.1.5 尺寸标注 …… 161
9.2 电气绘图的分类及符号 …… 161
9.2.1 电气绘图的分类 …… 161
9.2.2 电气简图图形符号 …… 165
9.3 按比例尺绘制电气工程图 …… 166
9.4 样板文件的制作 …… 167
9.5 上机实训 …… 169
第10章 电气工程绘图实例 …… 171
10.1 电气工程图的绘制步骤 …… 171
10.2 电气工程图的绘制示例 …… 171
10.2.1 绘制电气主接线图 …… 171
10.2.2 绘制总平面布置图 …… 176
10.3 电气工程图样实例 …… 188
第11章 电气工程图的成图与输出 …… 201
11.1 文件输出格式 …… 201
11.2 图形打印输出 …… 202
11.2.1 页面设置 …… 202
11.2.2 打印设置 …… 204
11.3 网上发布图形 …… 206
11.4 项目实例 …… 206
11.4.1 数据输出 …… 206
11.4.2 打印设置 …… 208
11.5 上机实训 …… 214
参考文献 …… 215

第1章

AutoCAD中文版概述

AutoCAD 是目前世界上应用广泛的计算机绘图设计软件之一，市场占有率位居世界前列。美国 Autodesk 公司自 1982 年推出 AutoCAD 软件至今，不断升级更新版本，软件的功能和性能不断完善。AutoCAD 软件不仅可以用于二维绘图、精细编辑、设计文档，还可以进行三维建模、设计和渲染，目前已经在航空航天、造船、建筑、机械、电子、化工、轻纺等诸多领域得到广泛应用，并取得了丰硕的成果和巨大的经济效益。同传统的手工绘图相比，用 AutoCAD 绘图速度更快、精度更高，而且便于个性创作和设计。

本书以 Autodesk 公司推出的 AutoCAD2019 版本为依据，同时兼顾了旧版本用户的使用习惯，介绍 AutoCAD 软件的功能和特点，希望给不同的使用者提供一个方便的二维设计绘图工具。

1.1　AutoCAD2019 系统界面简介

1.1.1　AutoCAD2019 启动

安装成功后，可以用以下几种方法启动 AutoCAD2019：

✧　双击桌面上的 AutoCAD2019 快捷方式图标；
✧　通过 Windows 菜单查找“AutoCAD2019→简体中文（Simplified Chinese）”运行；
✧　直接双击磁盘中的 AutoCAD 图形文件（扩展名为 *.dwg）。

1.1.2　AutoCAD2019 界面功能简介

本小节内容为了兼顾低版本用户的需要以及书本页面的清晰程度，先对 2019 版的 AutoCAD 界面做了部分设置，这样，2010 版到 2019 版，以及更低一些的版本用户均可以以此为参考进行学习。

AutoCAD2019 运行后界面如图 1-1 所示，其提供了打开软件的几种方法，可以通过快速入门，即“新建”文件的方式开始绘图，也可以打开已有的绘图文件来打开软件，还可以打开图纸集或选择软件提供的样板、样例或最近使用过的文档的方式来打开软件。单击左边“开始绘制”的图框，出现图 1-2 所示的界面。

下面首先调出 AutoCAD2019 版的菜单。

单击最上层工具栏  最后的三角形按钮，调出“显示菜单栏”选项，如图 1-3 所示。

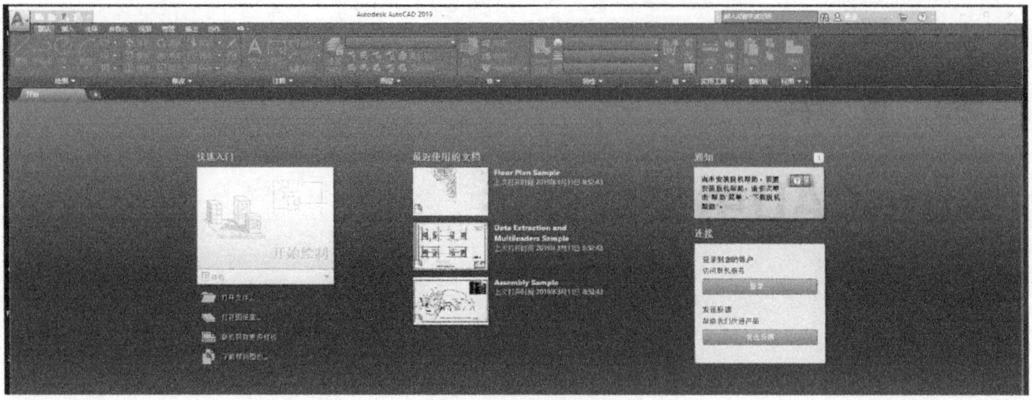

图 1-1　AutoCAD2019 启动初始界面

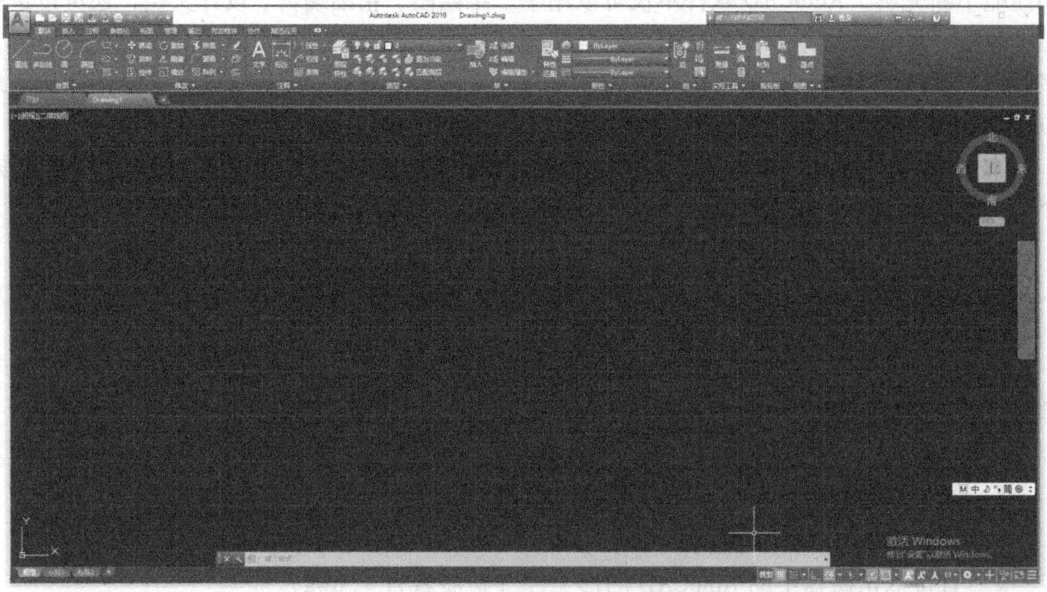

图 1-2　初始绘图界面

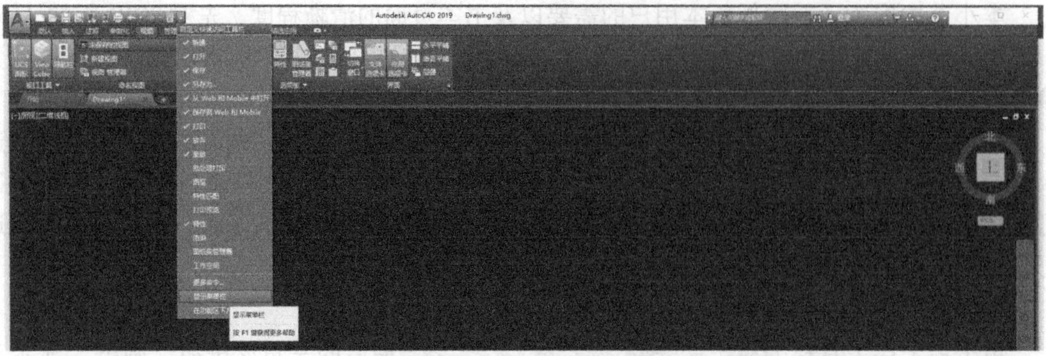

图 1-3　调出菜单栏操作界面

通过图 1-4 所示 AutoCAD 的经典界面中菜单栏进行设置：“工具（T）”→“选项”→“显示”→“颜色”→“统一背景”→“颜色”，设置为白色，同时关闭界面下侧“栅格显示”，即 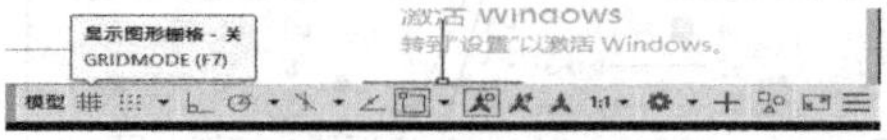，界面如图 1-5 所示。

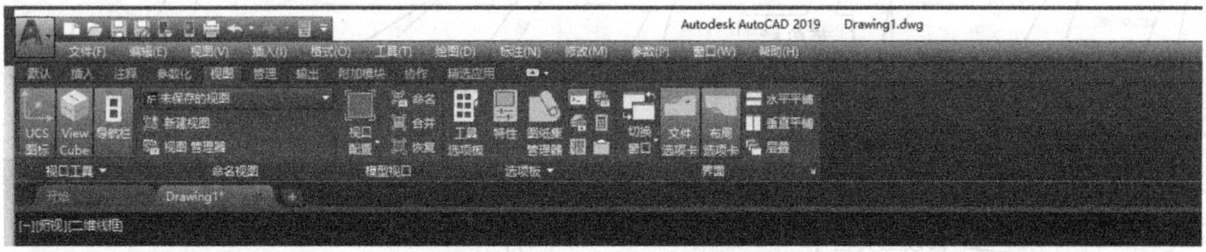

图 1-4　经典菜单栏显示界面

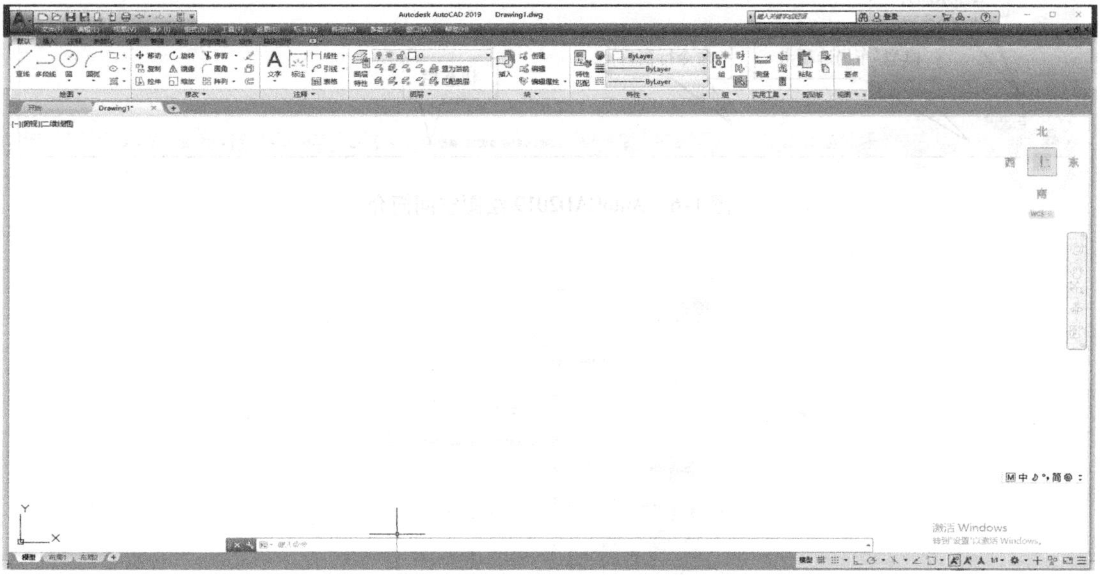

图 1-5　白色背景，关闭栅格的显示界面

再通过菜单设置通用的工具栏。单击勾选菜单“工具”→“工具栏”→“AutoCAD”→“标准、图层、绘图、修改”4 个工具栏，界面如图 1-6 所示。

本书后续的内容将在图 1-5 和图 1-6 所示状态下进行讲解和说明。

1. 菜单浏览器

“菜单浏览器”按钮  位于用户界面的左上角，单击此按钮展开菜单浏览器，带有实心三角号的菜单选项表示此项菜单可展开子菜单，单击三角号，展开该菜单可执行的子菜单，如图 1-7 所示。菜单浏览器顶部设置搜索栏，在搜索栏输入关键字，可以显示与关键字相关的命令。

2. 快速访问工具栏

快速访问工具栏位于“菜单浏览器”按钮的右侧，应用程序窗口的顶部，用来放置经常访问的命令，默认情况下有 10 个命令，分别是新建、打开、保存、另存为、从 Web 和

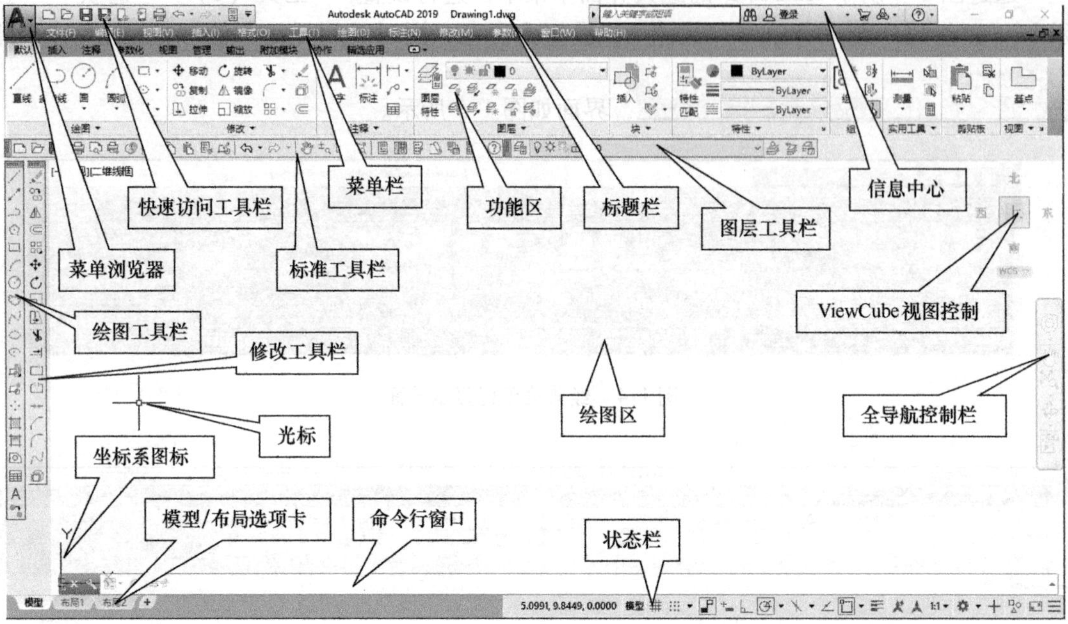

图 1-6 AutoCAD2019 绘图空间简介

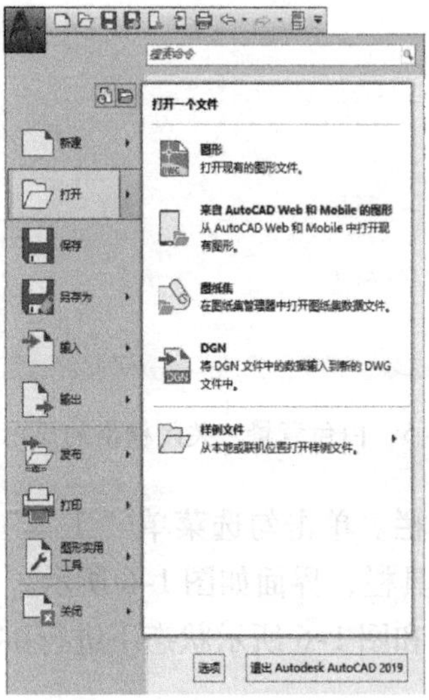

图 1-7 菜单浏览器及其子菜单

Mobile 中打开、保存到 Web 和 Mobile、打印、放弃、重做、特性，如图 1-8 所示。AutoCAD2019 新增了两个功能，即“从 Web 和 Mobile 中打开”以及“保存到 Web 和 Mobile”，以方便一部分用户的新需求。快速访问工具栏右侧的下拉三角号表示单击后可以展开下拉菜单，通过其中“自定义快速访问工具栏”选项，用户可以设置快速访问工具栏，增加或删除常用工具的显示。

图 1-8 快速访问工具栏

3. 标题栏

标题栏位于应用程序窗口的顶部，用于显示当前正在运行的 AutoCAD 应用程序名称和打开的文件名的信息，默认的新建文件名是 Drawing1. dwg。

4. 信息中心

标题栏中的“信息中心”如图 1-6 所示，提供了多种信息来源。在文本框中输入需要帮助的问题，然后单击“搜索”按钮，就可以获取相关的帮助。

5. 功能区

功能区位于绘图区的上方，由许多按任务标记的面板组成。面板中包含诸多工具和控件，与工具栏和菜单栏中的相同。默认的“草图与注释”工作空间“功能区”共有 10 个选项卡，每个选项卡中包含若干个控制面板，每个面板中又包含许多由图标表示的命令按钮，如图 1-9 所示。

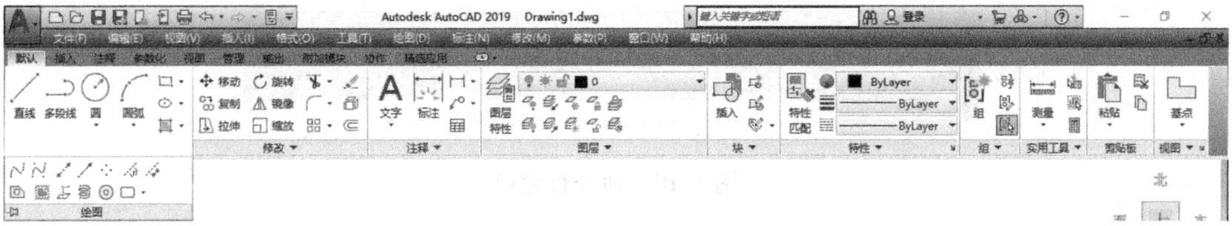

图 1-9 功能区“默认”选项卡

控制面板标题右侧的下拉三角表明用户可以展开该面板以显示其全部工具和控件。默认情况下，在单击其他面板时，展开的面板会自动关闭，若要使面板处于展开状态，单击展开面板左下角的图钉图标锁定即可。

6. 菜单栏

AutoCAD 经典工作空间默认菜单栏有 12 个菜单选项，包含了几乎所有的绘图和编辑命令。如果要在其他工作空间显示菜单栏，则在快速访问工具栏单击右侧三角号，在展开的菜单中单击“显示菜单栏”选项即可。

AutoCAD 还提供了一种快捷菜单，光标在屏幕上不同的位置或不同的操作过程中单击鼠标右键，将弹出不同的快捷菜单。

7. 工具栏

工具栏是 AutoCAD 为用户提供的一种快速调用命令的方式。AutoCAD2019 提供了 50 多个工具栏。用户可以根据需要打开或关闭任一工具栏。显示工具栏的方法有两种：一是在菜单栏中“工具”→“工具栏”→“AutoCAD”下列出，单击其一即可；另一是在可见工具栏上右击鼠标，则弹出工具栏快捷菜单，根据需要选择即可。

8. 绘图区

绘图区是用户绘制和编辑图形的工作区域。在默认的情况下，AutoCAD 的绘图区背景颜色是黑色的，也可以通过菜单“工具”→“选项”→“显示”→“颜色”来调整。绘图区实际是无限大的，用户可以通过缩放、平移等命令在有限的屏幕范围观察绘图区的图形。

9. 光标

当光标位于 AutoCAD 绘图区时为十字形状，所以又称十字光标。十字线的交点为光标的当前位置。

10. 坐标系图标

坐标系图标用于说明当前的坐标系形式（包括坐标原点），默认情况下为世界坐标系统（WCS），另外还提供了用户坐标系统（UCS）供用户使用。

11. 模型/布局选项卡

模型/布局选项卡位于绘图区的底部，用于实现模型空间和图样空间的切换。模型空间提供了绘图环境，图样空间提供了图样管理能力，为图样的生成及布图等作业提供方便。

12. 命令行窗口

AutoCAD2019 的命令行变为一个浮动的窗口，用户可以关闭或设置这个窗口，也可以通过边界拖拽成多行或通过右侧的小上三角号把它展开成多行的文本窗口，如图 1-10 所示。

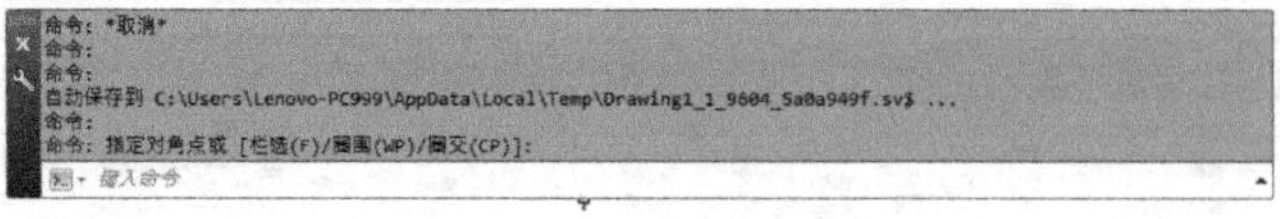

图 1-10 命令行窗口

命令行窗口可以隐藏，单击菜单“工具”→“命令行”命令，在对话窗口中选择确认即可隐藏命令行；如需恢复命令行，单击菜单“工具”→“命令行”命令即可，也可用 <Ctrl + 9> 组合键实现。

文本窗口是记录 AutoCAD 命令的窗口，是放大的命令行，按下 <F2> 键即可打开文本窗口。

13. 状态栏

状态栏位于绘图窗口的底端，主要用于显示模型空间、辅助绘图工具等，如图 1-11 所示。AutoCAD2019 简化了状态栏的工具，但在最后增加了一个“自定义”功能，用户可以根据需要增删状态栏的按钮，如图 1-12 所示。

图 1-11 状态栏

14. 鼠标悬停工具提示

鼠标悬停工具提示显示选定特性的基本内容和补充内容。当光标最初悬停在命令或控件上时，将显示基本工具提示。基本工具提示包含该工具或控件的概括说明、命令名、快捷键和命令标记。当光标在命令或控件上的悬停时间超过一个特定限值时，将显示补充工具提示，提供有关命令或控件的附加信息，并显示图示说明，以利于用户理解。

图 1-12　状态栏的“自定义”功能

1.2　图形文件管理

1.2.1　新建图形文件

新建图形文件可以用以下方法：

✧ 工具栏：（“快速访问”或“标准”工具栏）；
✧ 菜单浏览器：“新建”→“图形”；
✧ 菜单栏：“文件”→“新建”；
✧ 命令行：New 或 Qnew 命令；
✧ 快捷键：< Ctrl + N >组合键。

命令执行后，出现“选择样板”对话框，如图 1-13 所示。

“选择样板”对话框中显示了 AutoCAD 提供的各种标准的绘图可选模板，可以选择其中

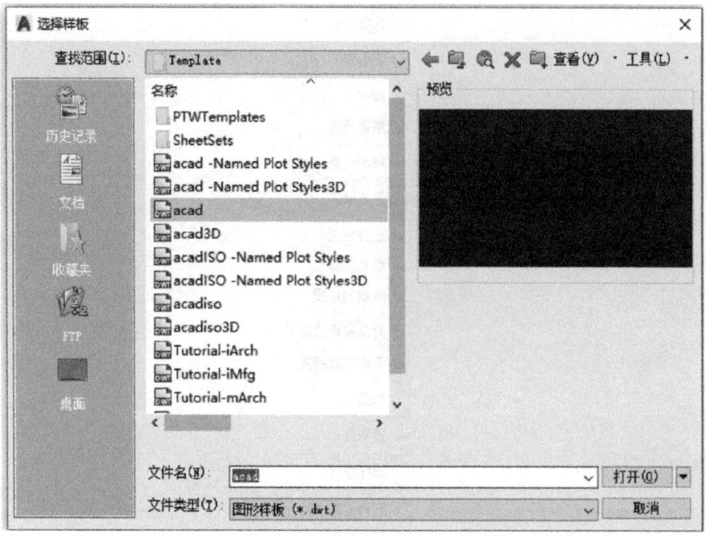

图 1-13 “选择样板”对话框

一个模板绘图，也可以选择空白模板绘图。其中，ANSI * 是美国国家标准，DIN * 是德国国家标准，GB * 是中国国家标准，ISO * 是国际标准化组织的标准，JIS * 是日本国家标准。或者单击“打开”按钮右侧的下拉三角，选择“无样板打开—英制”或“无样板打开—公制”，没有模板形式打开一个空白图形文件。

1.2.2 打开图形文件

打开图形文件是将已经保存的图形文件打开以进一步操作。打开方式有以下几种：

✧ 工具栏：（“快速访问”或“标准”工具栏）；
✧ 菜单浏览器：“打开”→“图形”；
✧ 菜单栏：“文件”→“打开”；
✧ 命令行：Open 命令；
✧ 快捷键：<Ctrl + O> 组合键。

命令执行后，出现“选择文件”对话框，如图 1-14 所示，选择预打开的文件即可。单击“打开”按钮右侧的下拉三角，可以选择部分或局部打开图形文件。

1.2.3 保存图形文件

AutoCAD 文件的保存分为保存（Save）、另存为（Save as）和快速保存（Qsave）三种。实现方法有以下几种：

✧ 工具栏：（“快速访问”或“标准”工具栏）；
✧ 菜单浏览器：“保存”/“另存为”；
✧ 菜单栏：“文件”→“保存”/“另存为”；
✧ 命令行：Save/Save as/Qsave 命令；
✧ 快捷键：<Ctrl + S>组合键。

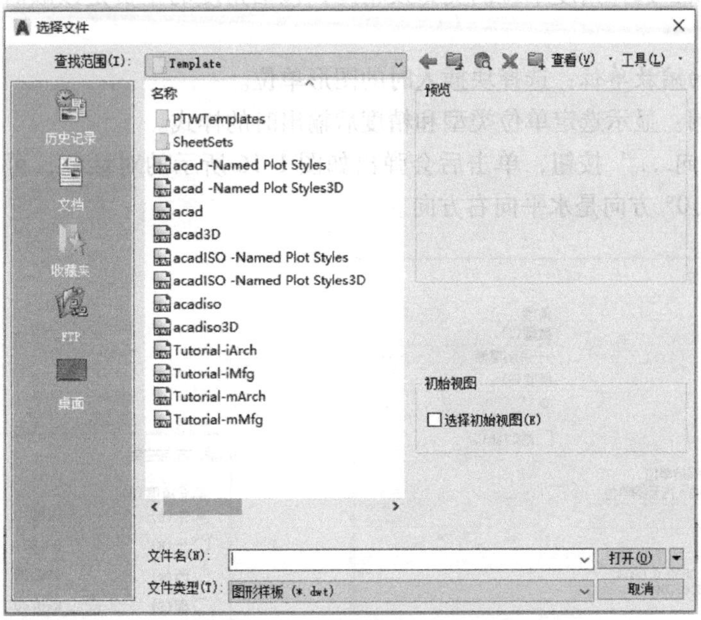

图 1-14　“选择文件”对话框

AutoCAD 还设置了自动保存以防止读者在意外断电时丢失大量工作文件。可以自定义自动保存时间间隔，在菜单“工具”→“选项”→“打开和保存”选项卡，选定自动保存文件复选框，设定时间间隔即可。

用户设定时间间隔后，若系统非正常结束，AutoCAD 会在 C：\Windows\Temp 文件夹中保存一个扩展名为“. ac $”的临时文件，用户可以把扩展名改为“. dwg”后打开它。

AutoCAD 默认的图形文件扩展名为“. dwg”，也可以在“文件类型”下拉列表框中选择其他格式，如 AutoCAD 图形标准（ *. dws)、AutoCAD 图形样板（ *. dwt）文件等格式。

1.3　定制绘图环境

在绘制图形之前，有必要根据需要对 AutoCAD 的绘图环境进行修改设置，主要有下列几个方面。

1.3.1　设置绘图单位

AutoCAD 提供了适合专业绘图的绘图单位，如英寸、厘米等，用户可以根据需要进行设置。

通过菜单“格式”→“单位”命令进行单位的设定或通过 Units 命令实现，如图 1-15 所示。

“图形单位”对话框中选项分为长度选项、角度选项、插入时的缩放单位、输出样例等。

✧　长度选项：选择长度单位的类型及精度。

✧ 角度选项：选择角度单位的类型及精度，包括角度的正负是以顺时针还是以逆时针为准。

✧ 插入时的缩放单位：选择块插入时的图形单位。

✧ 输出样例：显示选定单位类型和精度后输出时的样式。

下部的“方向...”按钮，单击后会弹出如图 1-16 所示的对话框，可以设置起始角度 0° 的方向，默认 0° 方向是水平向右方向。

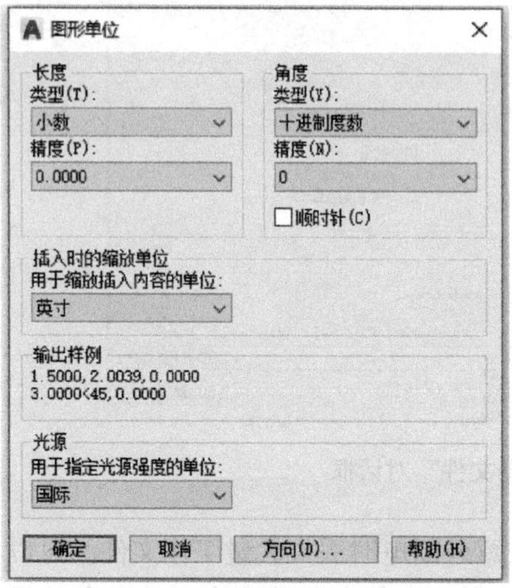

图 1-15 “图形单位”对话框

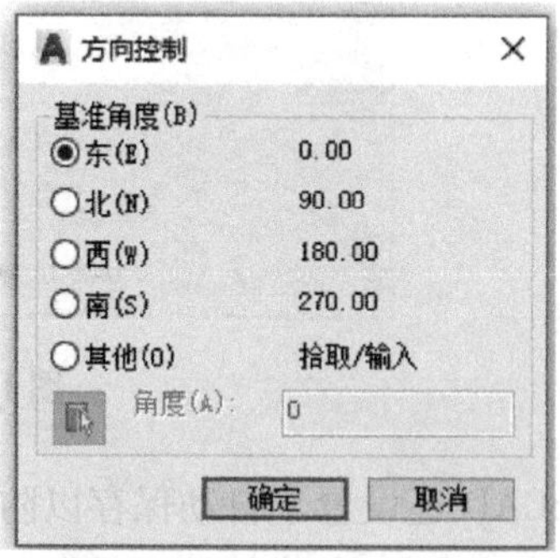

图 1-16 “方向控制”对话框

1.3.2 设置图形界限

图形界限是在绘图空间中的一个想象的矩形绘图区域，显示为一个可见或不可见的栅格指示的区域。

设定方法：菜单“格式”→“图形界限”或命令 Limits。

这时命令行窗口提示为：

重新设置模型空间界限。

指定左下角点或[开(ON)/关(OFF)]<0.0000,0.0000>:给出左下角坐标或以回车键选择默认的坐标原点为绘图区左下角点，再按提示给出对角的坐标即可确定绘图的区域界限。默认为 A3 纸的界限（0，0）和（420，297）。

回答 ON 或 OFF 则控制是否限制绘图超限。在“ON”状态下，如果用户作图超出图限，则系统会出现“＊＊超出图形界限”的提示，并无法在图形界限外绘图；在“OFF”状态下，则没有图形界限的限制。

1.4 确定点的位置

点的输入是 AutoCAD 绘图的基础，不论哪个图形对象都需要用点确定其在图样中的位置及自身的某些几何参数。在 AutoCAD2019 中点的确定方法有多种。

✧　用鼠标直接单击拾取：在绘图区移动鼠标，使鼠标移到相应的位置（系统在状态栏会动态显示当前光标的坐标值），直接单击鼠标左键确定即可在绘图区确定一个点。

✧　绝对直角坐标输入：在直角坐标系中，点的坐标是通过点到水平和垂直轴的距离来确定的。在三维空间中，通过点到三个互相正交的平面的距离来确定。每个点的距离沿着X轴（水平）、Y轴（垂直）和Z轴（背向或面向绘图界面）测量。坐标轴的原点为（0，0，0）。绝对坐标是指相对于当前坐标系的坐标原点的坐标值。AutoCAD中默认原点位于左下角。点的绝对直角坐标给定方式为：X，Y，Z，如10，20，10。

✧　相对直角坐标输入：在坐标输入时，输入绝对坐标往往要计算它与原点的距离，很多时候不够方便快捷，这时可以使用更方便实用的相对直角坐标，即给出距上一点的偏移量来确定新的点坐标，而不用参考坐标原点。输入相对坐标的方式为：@X，Y，Z。

✧　极坐标输入：极坐标是一种以极径和极角来表示点的坐标系统。在极坐标系中，点的表示方式为：R<θ，其中，R为点到原点的直线距离，θ为点与原点连线和水平直线的夹角。AutoCAD中，默认逆时针为正角度，顺时针为负角度。另外，极坐标也有相对方式，其表示方式为：@R<θ。例如，30<45表示距原点直线距离为30，与水平线逆时针成45°角的点；@30<45表示距上一点直线距离为30，与水平线逆时针成45°角的点。

示例：如图1-17所示。若A点为前一点，则B点的相对直角坐标为“@－30，－40”；若B点为前一点，则A点的相对直角坐标为“@30，40”。若A点为前一点，则B点的相对极坐标为“@50<233”或“@50<－127”；若B点为前一点，则A点的相对极坐标为“@50<53”。

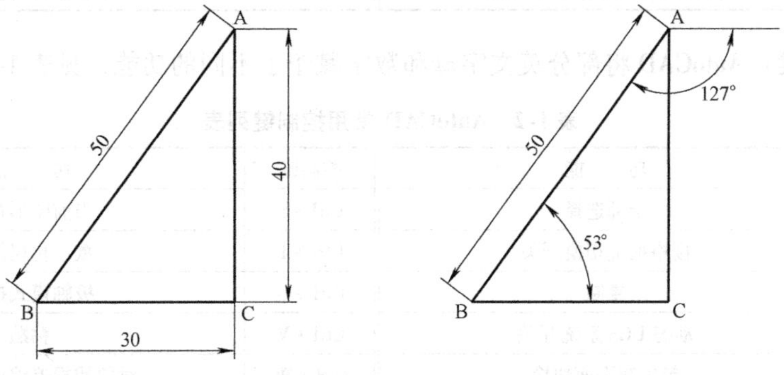

图1-17　相对直角坐标和相对极坐标示例

✧　用捕捉工具选取点：利用系统提供的“对象捕捉”功能，可以使用户精确地捕捉到一些特殊点，如圆心、中点、端点、交点、切点等。详见本书第4章相关内容。

✧　在指定的方向上通过给定距离确定点：这也是一种简捷、实用的确定点的方法。在绘图状态下，当用户输入一个点后，通过鼠标将光标放置在下一个希望输入点的方向上，然后直接在命令行输入一个距离值，则生成一个在该方向上距离当前点此值的点。如图1-18所示，在A点已确定时，通过鼠标把方向移到顺时针90°方向，直接在键

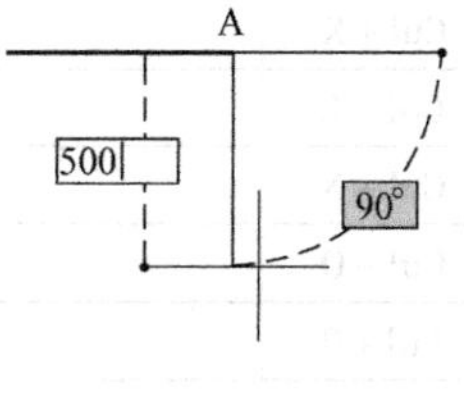

图1-18　在指定方向上给定距离确定点

盘输入 500，即可在 A 点得到与水平线段垂直向下，长度为 500 的线段。

1.5 命令的输入方式

AutoCAD 中可以用多种方法实现命令的输入，如文本命令形式、菜单形式、功能区选项板形式等，有些常用操作甚至被定义在各种快捷键中，利用单键即可完成命令的输入。

✧ 命令行：在命令行中，可以以文本方式直接输入 AutoCAD 的命令及系统变量。

✧ 菜单栏：AutoCAD 在以命令功能分类的下拉式菜单中可以找到大部分 AutoCAD 命令。

✧ 功能区选项板：AutoCAD 提供了可以被用户编辑的多个分类功能区，功能区中的每个图标连接一个 AutoCAD 操作命令，用户只需要单击该图标即可完成命令的输入。

✧ 快捷菜单：在绘图区单击鼠标右键，系统根据目前鼠标指针所指向的对象或作业状态弹出相关操作的快捷菜单。

✧ 功能键：AutoCAD 赋予了多种功能键，见表 1-1。

表 1-1 AutoCAD 常用功能键列表

功能键	功　能	功能键	功　能
F1	获取帮助	F7	栅格显示切换开关
F2	切换作图/文本窗口	F8	正交模式切换开关
F3	对象的自动捕捉切换	F9	栅格捕捉模式切换开关
F4	数字化仪控制	F10	极轴模式控制
F5	等轴测平面切换	F11	对象追踪模式切换开关
F6	控制状态栏坐标显示方式	F12	动态输入切换开关

✧ 控制键：AutoCAD 将部分英文字母和数字赋予了不同的功能，见表 1-2。

表 1-2 AutoCAD 常用控制键列表

控制键	功　能	控制键	功　能
Ctrl + A	全部选择	Ctrl + S	当前图形存盘
Ctrl + B	栅格捕捉切换开关	Ctrl + T	数字化仪控制
Ctrl + C	复制	Ctrl + U	极轴模式控制
Ctrl + D	动态 UCS 系统开关	Ctrl + V	粘贴
Ctrl + E	等轴测平面切换	Ctrl + W	对象捕捉追踪切换开关
Ctrl + F	对象的自动捕捉切换开关	Ctrl + X	剪切
Ctrl + G	栅格显示切换开关	Ctrl + Y	重做（上一个操作）
Ctrl + J（M）	重复执行前一命令	Ctrl + Z	放弃（上一个操作）
Ctrl + K	超级链接	Ctrl + 1	对象特性
Ctrl + L	正交模式切换开关	Ctrl + 2	设计中心
Ctrl + N	新建图形文件	Ctrl + 3	工具选项板窗口
Ctrl + O	打开图形文件	Ctrl + 4	图样集管理器
Ctrl + P	图形打印	Ctrl + 7	标记集管理器
Ctrl + Q	退出系统	Ctrl + 8	快速计算器

注：在 AutoCAD 的命令执行过程中按 <Esc> 键取消命令的执行。

1.6　系统设置

用户在进行不同的绘图操作时，可能需要对某些绘图环境进行不同的设置，如改变绘图区背景颜色、十字光标的大小、夹点颜色等。

在命令行输入 Options，或在菜单栏中选择“工具”→“选项”命令，AutoCAD 会弹出“选项”对话框，如图 1-19 所示。

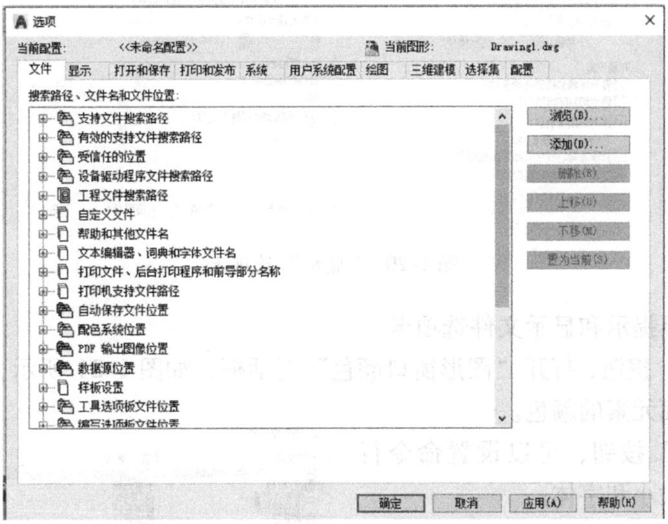

图 1-19　系统“选项”对话框

系统“选项”对话框中，包含“文件”“显示”“打开和保存”“打印和发布”“系统”“用户系统配置”“绘图”“三维建模”“选择集”及“配置”10 个选项卡。

注：本节内容也可以在讲授本书第 8 章内容后再讲解，以利于读者理解。

1.6.1　文件

在“文件”选项卡中，用户可以设置 AutoCAD 的支持文件搜索路径、设备驱动程序文件搜索路径、工程文件搜索路径、自动保存文件位置、数据源位置、样板设置文件位置、工具选项板文件位置、日志文件位置、临时图形文件位置等内容，可以上下移动文件的默认顺序，可删除和添加等，如图 1-19 所示。

1.6.2　显示

在“显示”选项卡中，可以对绘图窗口的颜色、尺寸和字体、显示精度等进行设置，如图 1-20 所示。

1. 窗口元素

在“窗口元素”选项组中，可以设置配色方案（明、暗两种）和以下几个复选框，用于设置是否选中该项目，包括在图形窗口中显示滚动条、在工具栏中使用大按钮、将功能区图标调整为标准大小、显示工具提示（在工具提示中显示快捷键、显示扩展的工具提示）、

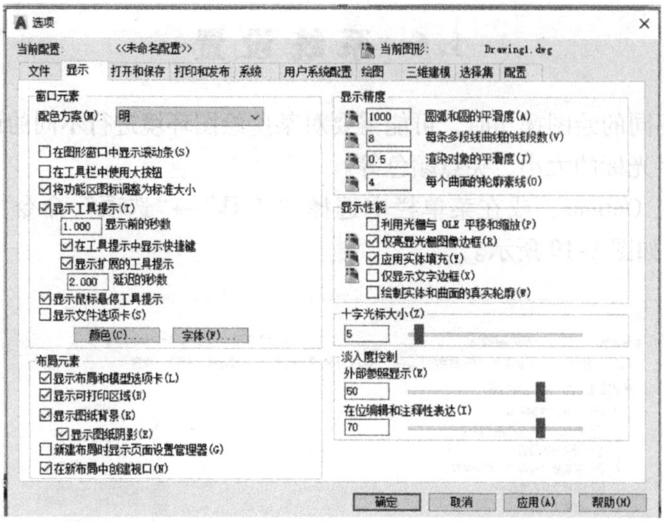

图 1-20 “显示”选项卡

显示鼠标悬停工具提示和显示文件选项卡。

单击“颜色”按钮，打开“图形窗口颜色”对话框，如图 1-21 所示，可以设置不同绘图环境中不同界面元素的颜色。

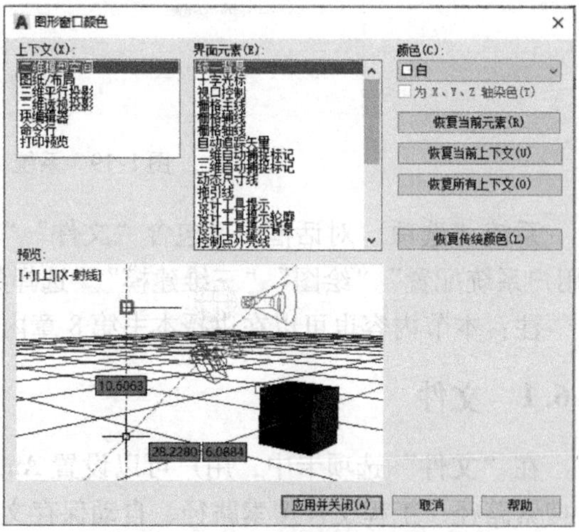

图 1-21 “图形窗口颜色”对话框

单击“字体”按钮，可以设置命令行窗口文本文字的大小和字体。

2. 布局元素

在“布局元素”选项组中，用户可以设置布局各显示元素，包括：

✧ 显示布局和模型选项卡：设置是否在绘图区底部显示布局和模型选项按钮。

✧ 显示可打印区域：设置是否在布局中显示页边距。选取该复选框，则页边距将以虚线形式显示，打印图形时，超出页边距的图形对象被剪切或忽略不打印。

✧ 显示图纸背景：设置是否在布局中显示表示图纸背景的轮廓，实际图纸的大小和打印比例决定该背景轮廓的大小。

✧ 显示图纸阴影：设置是否在布局中的图纸背景轮廓外显示阴影。

✧ 新建布局时显示页面设置管理器：设置新建布局时是否显示页面设置管理器。

✧ 在新布局中创建视口：设置新布局时是否创建视口。

3. 显示精度

在“显示精度”选项组中，可以设置绘制对象的显示精度，包括：

✧ 圆弧和圆的平滑度：控制圆、圆弧、椭圆、椭圆弧的平滑度，取值范围为 1 ~ 20000，默认值为 1000。值越大越光滑，但重生成、显示缩放、显示移动时需要的时间也越长。

✧ 每条多段线曲线的线段数：设置每条多段线曲线的线段数，取值范围为 −32768 ~ 32767，默认值为 8。此设置保存在图形文件中，也可以通过系统变量 SPLINESEGS 确定每条多段线曲线的线段数。

✧ 渲染对象的平滑度：设置渲染实体对象的平滑度，取值范围为 0.01 ~ 10，默认值为 0.5。

✧ 每个曲面的轮廓素线：设置对象上每个曲面的轮廓素线数目，取值范围为 0 ~ 2047，默认值为 4。

4. 显示性能

在“显示性能”选项组中，可以设置影响 AutoCAD 显示的性能，包括：

✧ 利用光栅和 OLE 平移和缩放：控制实时平移和缩放时光栅图像的显示。

✧ 仅亮显光栅图像边框：控制选择光栅图像时的显示形式。选取该复选框，则当选择光栅图像时仅亮显光栅图像的边框，而看不到图像的内容。

✧ 应用实体填充：控制是否填充带宽度的多段线、已填充的图案等对象。

✧ 仅显示文字边框：控制是否仅显示标注文字的边框。

✧ 绘制实体和曲面的真实轮廓：控制三维实体的轮廓曲线是否以线框形式显示。

5. 十字光标大小

在“十字光标大小”选项中，设置光标在绘图区内十字线的长度，可以在文本框中直接输入长度值，也可以通过拖动滑块来确定光标十字线的长短。

6. 淡入度控制

在“淡入度控制”选项组中，设置参照、编辑的淡入度，包括“外部参照显示”和“在位编辑和注释性表示”，取值范围分别为（−90 ~ 90）和（0 ~ 90），默认值分别为 50 和 70。

1.6.3 打开和保存

在“打开和保存”选项卡中，可以对打开文件及保存文件操作进行设置，如图 1-22 所示。

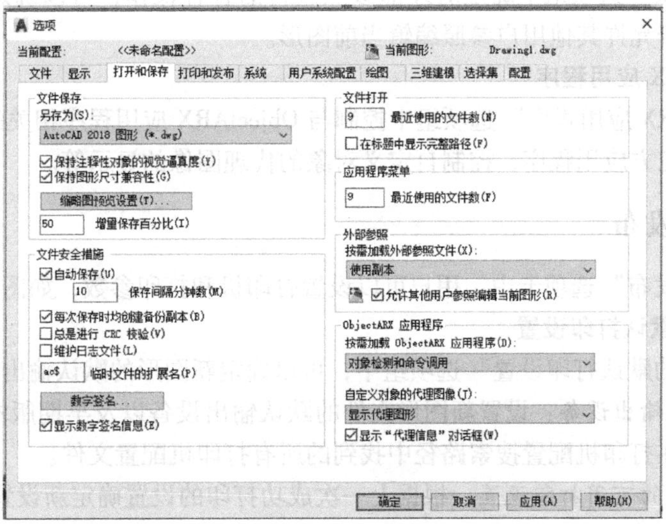

图 1-22 “打开和保存”选项卡

1. 文件保存

在“文件保存”选项组中，设置与保存文件操作有关的项目，包括：

✧ 另存为：设置另存图形文件时的文件格式。

✧ 保持注释性对象的视觉逼真度：指定是否为注释性对象保存具有视觉逼真度的图形。

✧ 保持图形尺寸兼容性：指定是否使用 AutoCAD2018 及之前版本的对象大小限制来代替 AutoCAD2019 的对象大小限制。

✧ 缩略图预览设置：控制使用“选择文件”对话框打开文件时是否在预览区显示图形的缩略预览图像以及预览图形的设置。

✧ 增量保存百分比：设置图形文件中潜在剩余空间的百分比。

2. 文件安全措施

在“文件安全措施”选项组中，用户可以对文件的安全性采取必要的预防措施，包括：

✧ 自动保存：设置是否自动保存图形，若自动保存，可以设置“保存间隔分钟数”。

✧ 每次保存时均创建备份副本：确定当保存图形文件时是否创建该图形文件的备份。

✧ 总是进行 CRC 校验：确定每次在图形文件中加入对象时是否进行循环冗余校验。

✧ 维护日志文件：确定是否将文本窗口的内容写入日志文件。

✧ 临时文件的扩展名：设置临时文件的扩展名。

✧ “数字签名”按钮：可以设置文件的加密信息或获取数字签名信息。

✧ 显示数字签名信息：设置在打开带有有效数字签名文件时是否显示数字签名信息。

3. 文件打开

在“文件打开”选项组中设置在“文件”下拉菜单底部列出最近打开过的图形文件的数目，以及设置是否在绘图窗口顶部的标题后显示当前文件的完整路径。

4. 应用程序菜单

在“应用程序菜单”选项中设置最近打开过的图形文件的数目。

5. 外部参照

在“外部参照”选项组中确定对外部参照进行的各种操作，可以确定是否按需加载外部参照文件、是否允许其他用户参照编辑当前图形。

6. ObjectARX 应用程序

在“ObjectARX 应用程序”选项组中控制与 ObjectARX 应用程序相关的设置，包括是否以及何时加载第三方应用程序、控制自定义对象的代理图像的显示等。

1.6.4 打印和发布

在“打印和发布”选项卡中，用户可以设置打印机和打印参数，如图 1-23 所示。

1. 新图形的默认打印设置

在“新图形的默认打印设置”选项组中，可以确定新图形的默认输出设置，包括：

✧ 用作默认输出设备：设置新图形文件的默认输出设备以及早期版本的输出设备，所对应的列表包含在打印机配置搜索路径中找到的所有打印机配置文件。

✧ 使用上次的可用打印设置：根据上一次成功打印的设置确定新设置。

✧ “添加或配置绘图仪”按钮：单击此按钮可以进一步添加和配置绘图仪。

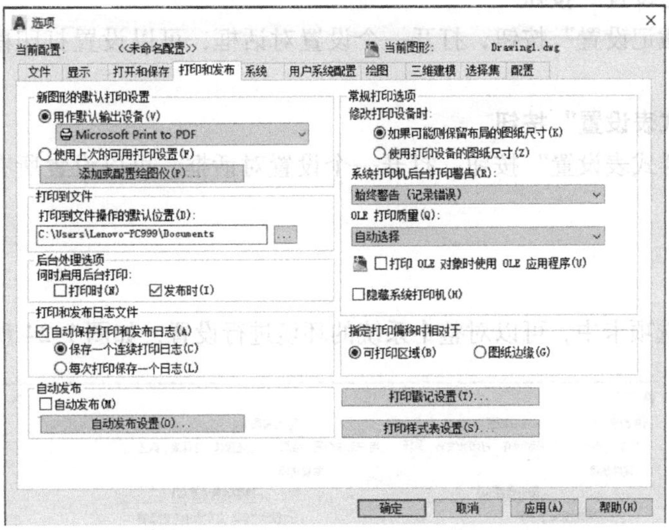

图 1-23　“打印和发布”选项卡

2. 打印到文件

在“打印到文件”选项组中，用户可以在文本框中设置默认文件打印位置，也可以单击文本框后的对话框按钮设置打印位置。

3. 后台处理选项

在“后台处理选项”选项组中，可以设置后台打印和发布的操作。

4. 打印和发布日志文件

在“打印和发布日志文件”选项组中，可以设置是否自动保存打印和发布的日志文件以及保存的两种方式。

5. 自动发布

在“自动发布”选项中，设置是否自动发布以及自动发布的相关设置。

6. 常规打印选项

在“常规打印选项”选项组中，用户可以确定通用的绘图选项，如图纸尺寸、系统打印机警告方式等，包括：

✧ *修改打印设备时*：设置修改打印设备时，图纸尺寸的确定，包括“如果可能则保留布局的图纸尺寸”和“使用打印设备的图纸尺寸”两个选项。

✧ *系统打印机后台打印警告*：设置在发生输入或输出端口冲突而导致通过系统打印机后台打印图形文件时是否发出警告。

✧ *OLE 打印质量*：用于设置打印 OLE 对象的质量。

✧ *打印 OLE 对象时使用 OLE 应用程序*：选择该复选框则表示当打印包含 OLE 对象的图形文件时，启动创建 OLE 对象的应用程序，目的是使该选项优化打印 OLE 对象的质量。

✧ *隐藏系统打印机*：设置是否隐藏系统打印机。

7. 指定打印偏移时相对于

“指定打印偏移时相对于”选项组用于确定打印偏移的相对目标，包括“可打印区域”和“图纸边缘”两个选项。

8. “打印戳记设置” 按钮

单击“打印戳记设置”按钮，打开一个设置对话框，可以设置打印戳记的字段、参数文件等信息。

9. “打印样式表设置” 按钮

单击“打印样式表设置”按钮，打开一个设置对话框，可以设置所有图形中与打印样式相关的选项。

1.6.5 系统

在“系统”选项卡中，可以对整个系统的环境进行设置，如图 1-24 所示。

图 1-24 “系统” 选项卡

1. 硬件加速

在 AutoCAD2019 中设置了硬件加速功能，单击“图形性能”按钮，打开如图 1-25 所示的设置窗口，可以看到图形硬件设置情况，硬件加速是否开启，二维及三维图形显示设备的设置情况等。

2. 当前定点设备

“当前定点设备”选项组用于确定当前的定点设备。下面的选项“接受来自以下设备的输入”确定是同时接收来自鼠标和数字化仪的输入，还是在设置数字化仪时忽略鼠标输入。

3. 布局重生成选项

在“布局重生成选项”选项组中设置布局重新生成时的方式，包括：

✧ 切换布局时重生成：该单选项表示当切换布局选项卡时将图形重新生成。

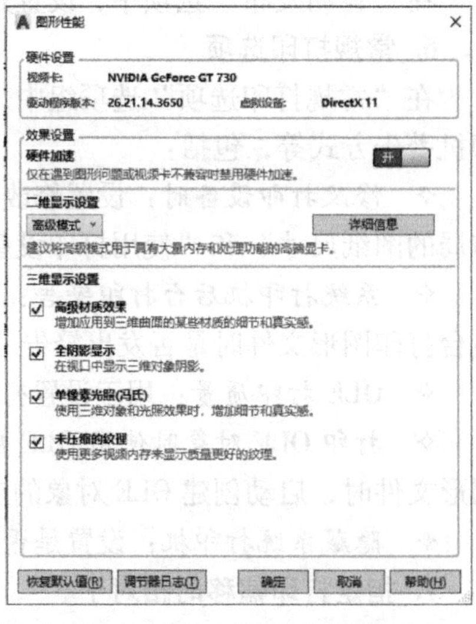

图 1-25 “硬件加速” 选项中的“图形性能” 设置窗口

✧ 缓存模型选项卡和上一个布局：该单选项表示当模型和上一个布局之间切换时，不重新生成图形，而在其他布局之间切换时图形重生成。

✧ 缓存模型选项卡和所有布局：该单选项表示当第一次在各选项卡之间切换时，图形重生成，以后切换时则不重生成。

4. 数据库连接选项

在“数据库连接选项”选项组中设置数据库的连接选项，包括：

✧ 在图形文件中保存链接索引：确定是否将数据库索引存储到图形文件中。

✧ 以只读模式打开表格：确定是否以只读方式打开图形文件中的数据库表。

5. 常规选项

在“常规选项”选项组中，用户可以设置系统各通用选项，包括：

✧ 显示“OLE 文字大小”对话框：控制在图形文件中插入 OLE 对象时是否显示“插入对象”对话框。

✧ 用户输入内容出错时进行声音提示：确定用户输入错误时系统是否发出声音提示。

✧ 允许长符号名：选中此选项则允许用户给相关对象命名时使用 255 个符号。

1.6.6 用户系统配置

在“用户系统配置”选项卡中，可以进行相关设置，如图 1-26 所示。

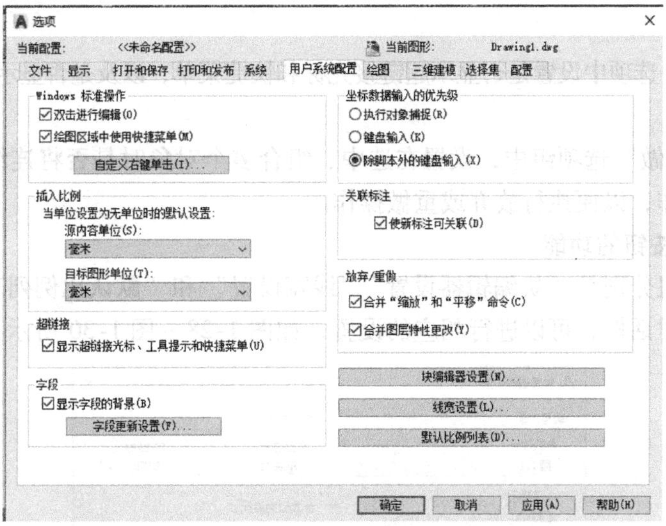

图 1-26 “用户系统配置 ”选项卡

1. Windows 标准操作

在“Windows 标准操作”选项组中，可以设置绘图时是否采用 Windows 标准，包括两个复选项和一个设置按钮。

✧ 双击进行编辑：选取此项，在某些图元对象被双击后可以编辑图元的形状参数；不选取此项，双击后只是选择状态。

✧ 绘图区域中使用快捷菜单：设置在绘图区域右击鼠标时是否会出现快捷菜单。

✧ “自定义右键单击”按钮：单击此按钮则弹出如图 1-27 所示的对话框，可以根据用户的绘图习惯设置当用户在“默认模式”“编辑模式”“命令模式”等时，单击鼠标右键是重复上一命令还是出现快捷菜单等选项。

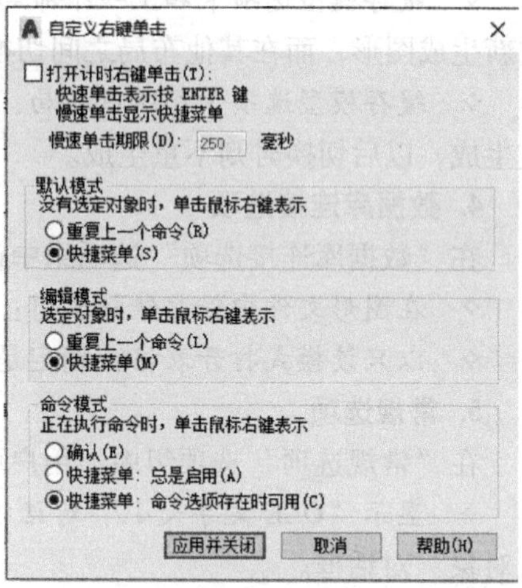

图 1-27 “自定义右键单击”对话框

2. 插入比例

在“插入比例”选项组中，设置当单位设置为无单位时的默认设置，包括源内容单位和目标图形单位。

3. 字段

在“字段”选项组中设置是否显示字段的背景。若单击“字段更新设置”按钮，可以进行自动更新字段的时间设置。

4. 坐标数据输入的优先级

在“坐标数据输入的优先级”选项组中确定系统响应坐标数据的优先级，有“执行对象捕捉”“键盘输入”和“除脚本外的键盘输入”三种输入优先级选项。

5. 关联标注

在“关联标注”选项中设置标注对象与图形对象是否关联。

6. 超链接

在“超链接”选项中设置是否显示超链接光标和快捷菜单，以及是否显示超链接工具提示。

7. 放弃/重做

在“放弃/重做”选项组中，设置在选中、组合多个对象时是否将连续执行缩放和平移命令作为一个动作，以便执行放弃或重做操作。

8. 底部 3 个按钮的功能

其余 3 个按钮分别是“块编辑器设置”“线宽设置”和“默认比例列表”，单击各按钮，分别打开各自的对话框，可以进行相应的设置，如图 1-28 ~ 图 1-30 所示，具体可参见相关

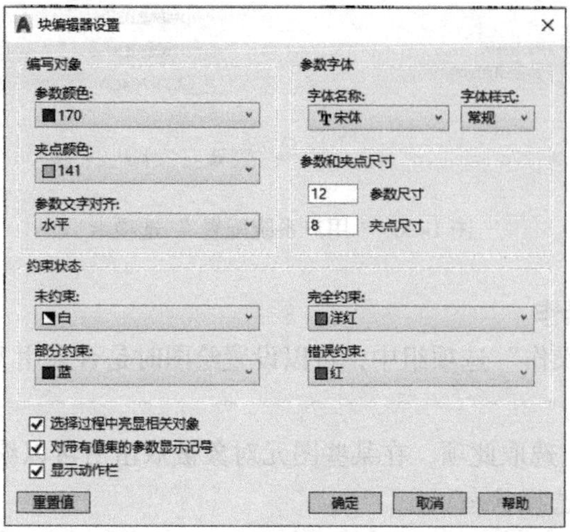

图 1-28 “块编辑器设置”对话框

章节内容的介绍。

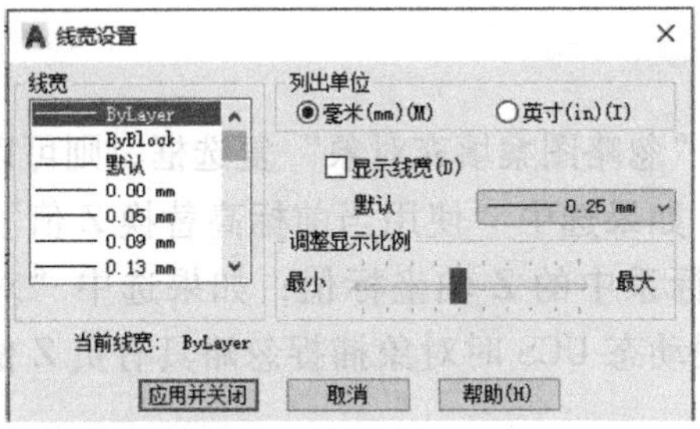

图 1-29 “线宽设置”对话框

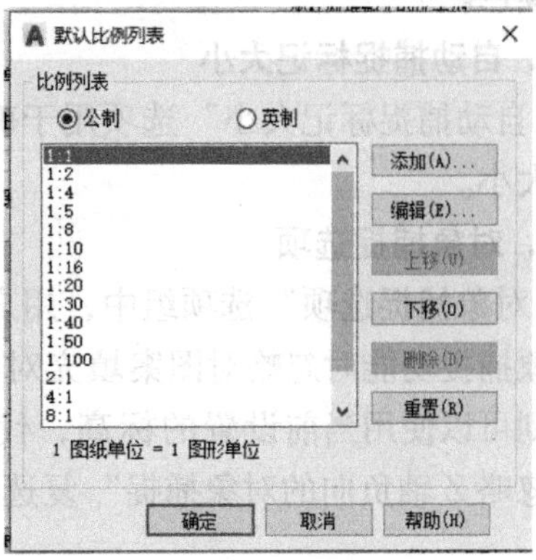

图 1-30 “默认比例列表”对话框

1.6.7 绘图

在“绘图”选项卡中，可以对设计图形时需要的工具进行设置，如图 1-31 所示。

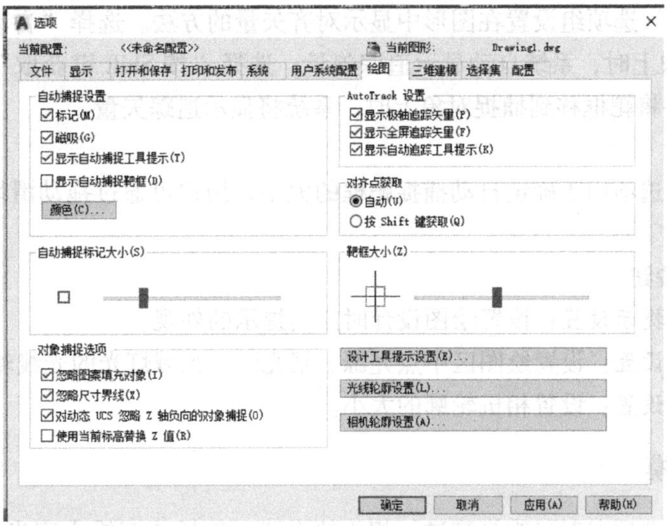

图 1-31 “绘图”选项卡

1. 自动捕捉设置

在“自动捕捉设置”选项组中，可以设置自动捕捉的方式，包括：

✧ 标记：设置自动捕捉到特征点时是否显示特征标记框。

✧ 磁吸：设置自动捕捉到特征点时是否像磁铁一样把光标吸到特征点上。

✧ 显示自动捕捉工具提示：设置自动捕捉到特征点时是否显示“对象捕捉”工具栏上相应按钮的提示文字。

✧ 显示自动捕捉靶框：确定捕捉时是否显示自动捕捉靶框。靶框是捕捉对象时出现在十字光标中心的默认颜色方框。

✧ “颜色”按钮：单击此按钮，打开如图 1-21 所示的对话框，用于设置自动捕捉时对象的颜色。

2. 自动捕捉标记大小

“自动捕捉标记大小”选项用于确定自动捕捉标记的尺寸，用户可通过拖动滑块调节标记的大小。

3. 对象捕捉选项

“对象捕捉选项”选项组中，用户如果选中“忽略图案填充对象”复选框，则可以在使用对象捕捉功能时忽略对图案填充对象的捕捉；如果选中“使用当前标高替换 Z 值”复选框，则可以使用当前设置的标高，代替当前坐标系中的 Z 轴坐标值；如果选中“对动态 UCS 忽略 Z 轴负向的对象捕捉”复选框，则使用动态 UCS 时对象捕捉忽略具有负 Z 值的几何体。

4. AutoTrack（自动追踪）设置

在“AutoTrack 设置”选项组中设置自动追踪方式。用户可以确定是否显示极轴追踪的矢量数据、是否显示全屏追踪的矢量数据、追踪特征点时是否显示工具栏上的相应按钮的提示文字。

5. 对齐点获取

“对齐点获取”选项组设置在图形中显示对齐矢量的方法。选择“自动”单选按钮，则靶框移到捕捉对象上时，系统自动显示追踪矢量；选择“按 Shift 键获取”单选按钮，则当按住 <Shift> 键并将靶框移到捕捉对象上时，系统将显示追踪矢量。

6. 靶框大小

“靶框大小”选项用于确定自动捕捉靶框的大小，用户可通过拖动滑块来调节捕捉靶框的大小。

7. 3 个设置按钮

✧ 设计工具提示设置：设置绘图设计时工具提示的外观。

✧ 光线轮廓设置：设置绘图区中点光源、聚光灯、光域灯光的光线轮廓。

✧ 相机轮廓设置：设置相机轮廓的大小。

1.6.8 三维建模

“三维建模”选项卡对三维模型进行相关的设置，包括“三维十字光标”设置、“在视口中显示工具（显示 View Cube 图标、UCS 图标和显示视口控件）”选项、“三维对象”设置、“三维导航”选项、“动态输入”设置等，如图 1-32 所示。由于三维建模的相关内容不包含在本书中，这部分设置读者可参见其他相关书籍。

1.6.9 选择集

在“选择集”选项卡中，可以设置对象选择的相关内容和夹点编辑的相关内容，包括拾取框大小设置滑块、选择集模式选项、功能区选项、夹点尺寸、夹点颜色及设置、预览设置等，如图 1-33 所示。单击“夹点颜色”按钮打开如图 1-34 所示的窗口，可以设置夹点的颜色，详细的功能解释可参见本书第 4 章相关内容。

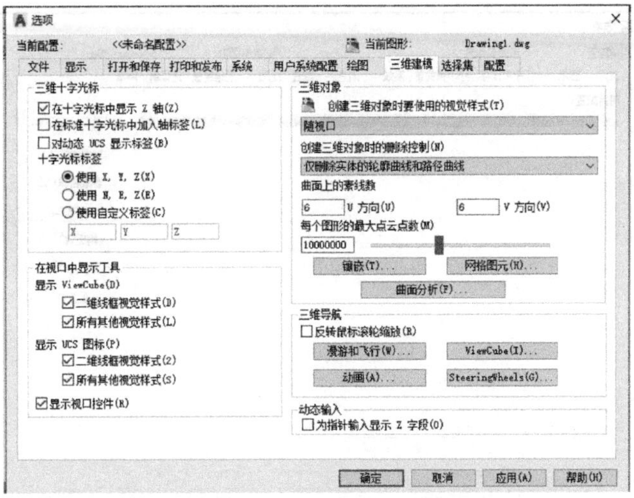

图 1-32　“三维建模”选项卡

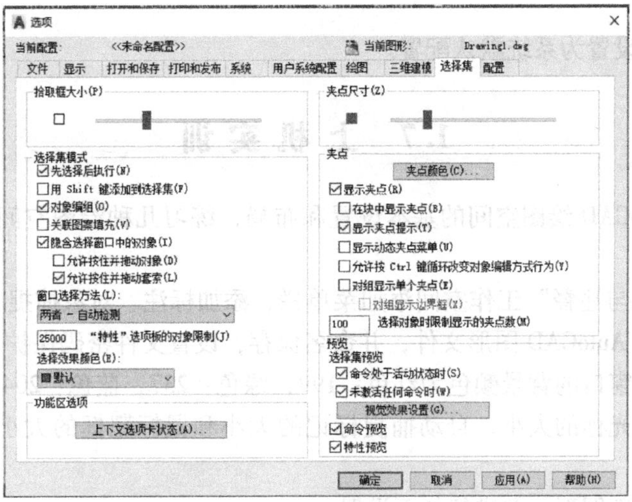

图 1-33　“选择集”选项卡

1.6.10　配置

在“配置”选项卡中，可以对系统配置文件进行相应的操作，如图 1-35 所示。

其中：

✧ 可用配置：列出了目前系统中已存在的配置文件。

✧ 置为当前：将“可用配置”列表框中的选中文件设置为当前的配置文件。

✧ 添加到列表：可以添加新的系统配置文件。

✧ 重置：将“可用配置”列表框中的选中

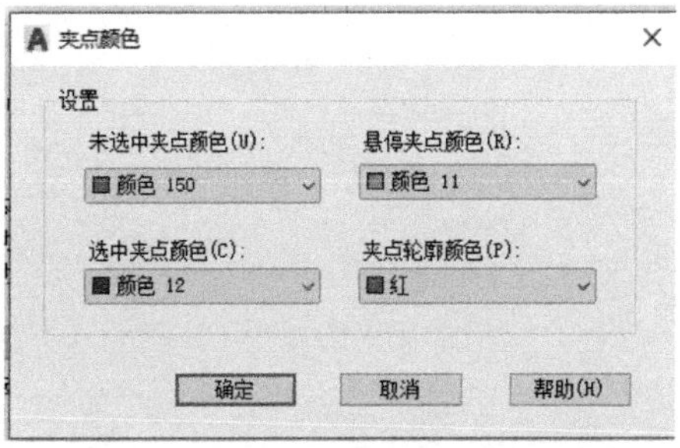

图 1-34　“夹点颜色”设置选项卡

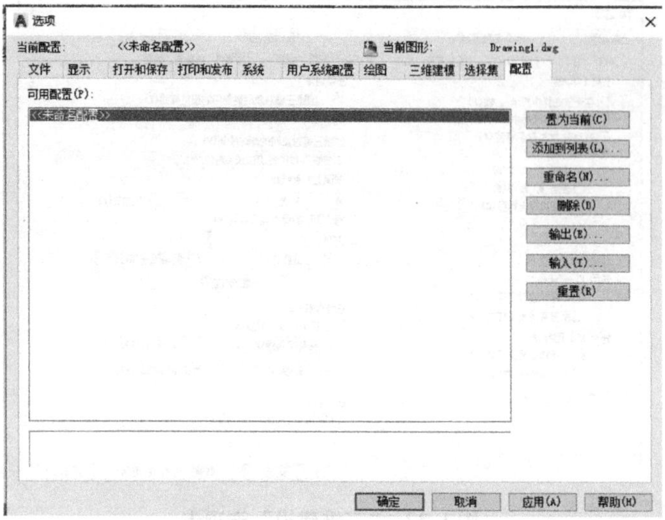

图 1-35 “配置”选项卡

系统配置文件重新设置为系统默认配置。

1.7 上机实训

（1）熟悉 AutoCAD 绘图空间的基本设置和布局，练习几种绘图空间的转换和基本功能的对应关系。

（2）在“草图与注释”工作空间添加菜单栏，添加标注、对象捕捉、修改Ⅱ工具栏。

（3）创建一个 AutoCAD 图形文件，并命名保存，设置文件密码保护。

（4）改变绘图窗口的背景颜色为红色：199，绿色：237，蓝色：204。

（5）调整十字光标的大小、自动捕捉标记的大小和鼠标靶框的大小，以适应绘图区域比例。

（6）创建一幅新图形，并进行如下设置：

将绘图界限设成横装 A3 图幅（尺度：420 × 297），并使图形界限有效；将长度单位设为小数，精度为小数点后 2 位；将角度单位设置为十进制度数，精度为整数；其余为默认选项，把图形文件命名为“A3 图幅 . dwg”后保存。

第2章

绘制基本二维图形

AutoCAD2019 可以绘制二维平面图形和三维立体图形以满足各种工程设计的要求。二维图形是三维图形绘制的基础，AutoCAD 提供了强大的绘制二维图形的便捷功能。本章将介绍基本的二维图形的绘制。

2.1 绘制直线类图形

AutoCAD2019 中直线类基本图形包括直线、射线、构造线和多线。

2.1.1 绘制直线

直线：具有一定长度的线段。

执行方法：

✧ 命令行：Line；

✧ 菜单栏："绘图（D）"→"直线（L）"；

✧ 功能区：。

命令行提示：

指定第一点：可根据点的确定方法在绘图区确定直线的起始端点。

指定下一点：指定直线段的另一个端点，可以一次指定多个端点构成多段直线段，按 <Enter> 键结束或单击鼠标右键在快捷菜单中确认。

闭合（C）：在命令行内输入字母 C，则系统自动构成闭合图形。

放弃（U）：在命令行内输入字母 U，则放弃上一个操作，即 Undo 命令的作用。

示例：运用直线命令绘制一个如图 2-1 所示的矩形。

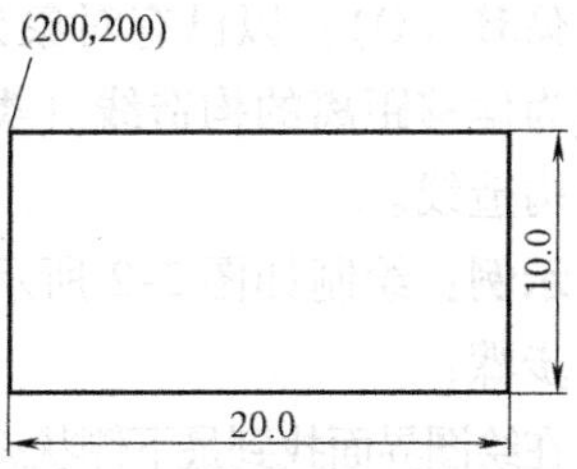

图 2-1　运用直线命令绘制的矩形

步骤：

在命令行输入 Line 命令或单击功能区中；

指定第一点坐标为绝对直角坐标（200，200）；

依次指定其余各点坐标：（@20，0），（@0，-10），（@20<180）；

最后输入字母 C 闭合曲线即可。

2.1.2 绘制射线

射线：始于一点并无限延伸的直线。

执行方法：

✧ 命令行：Ray；

✧ 菜单栏：“绘图（D）”→“射线（R）”。

✧ 功能区：“默认”→。

命令行提示：

指定起点：确定射线的端点。

指定通过点：确定射线的方向上所通过的一点，可以通过正交模式的设定绘制垂直或水平的一组射线。

2.1.3 绘制构造线

构造线：一种两端无限延伸的直线，常用来辅助作图，打印及范围缩放时被忽略。

执行方法：

✧ 命令行：XLine；

✧ 菜单栏：“绘图（D）”→“构造线（T）”；

✧ 功能区：。

命令行提示：

指定点：确定构造线上一点，接着确定另一点即可绘制一条构造线。

水平（H）：生成一条或多条水平的构造线。

垂直（V）：生成一条或多条垂直的构造线。

角度（A）：生成有一定倾角的构造线。选择此项系统会接着提示：

输入构造线的角度（0）或［参照（R）］：直接输入角度值，确定构造线的倾角；或输入字母 R，则以参照的方式输入构造线的角度（可参考第 3 章旋转或缩放中的“参照”功能的相关内容）。

二等分（B）：生成平分指定角度的构造线，需要进一步指定等分角度的顶点、起点和端点。

偏移（O）：以已有对象为参考，以指定距离为偏移距离，绘制与已有对象方向相同，距离为偏移距离的构造线（类似于第 3 章偏移命令）；或绘制以已有对象为方向，通过指定点的构造线。

示例：绘制如图 2-2 所示的构造线。

步骤：

在绘图界面找到最下侧状态栏中的精确控制图标，按下第七个图标，即打开“对象捕捉”功能（此部分的设置和应用详见 4.2.1 小节内容）。

在命令行输入 XLine 命令或单击功能区中，以 H（水平）响应命令行提示，给出一点确定一条水平的构造线。

按鼠标右键或 <Esc> 键结束操作。

再次在命令行输入 XLine 命令或单击功能区中，或单击鼠标右键，在快捷菜单中选择“重复构造线”命令。

以 V（垂直）响应命令行提示，把指定点落在上一条构造线的任一点上，如图 2-2a 所示。

再次重复构造线命令，以 A（角度）响应命令行提示，输入构造线的角度：-60°，指定通过的点是上面两条线的交点，如图 2-2b 所示，结束操作则绘出了三条交于一点的构造线，如图 2-2c 所示。

再次重复构造线，以 B（二等分）响应命令行提示，绘制∠HOA 的平分线，分别指定角的顶点和起点、终点，如图 2-2d、e、f 所示，则可以绘制出如图 2-2g 所示要求的图形。

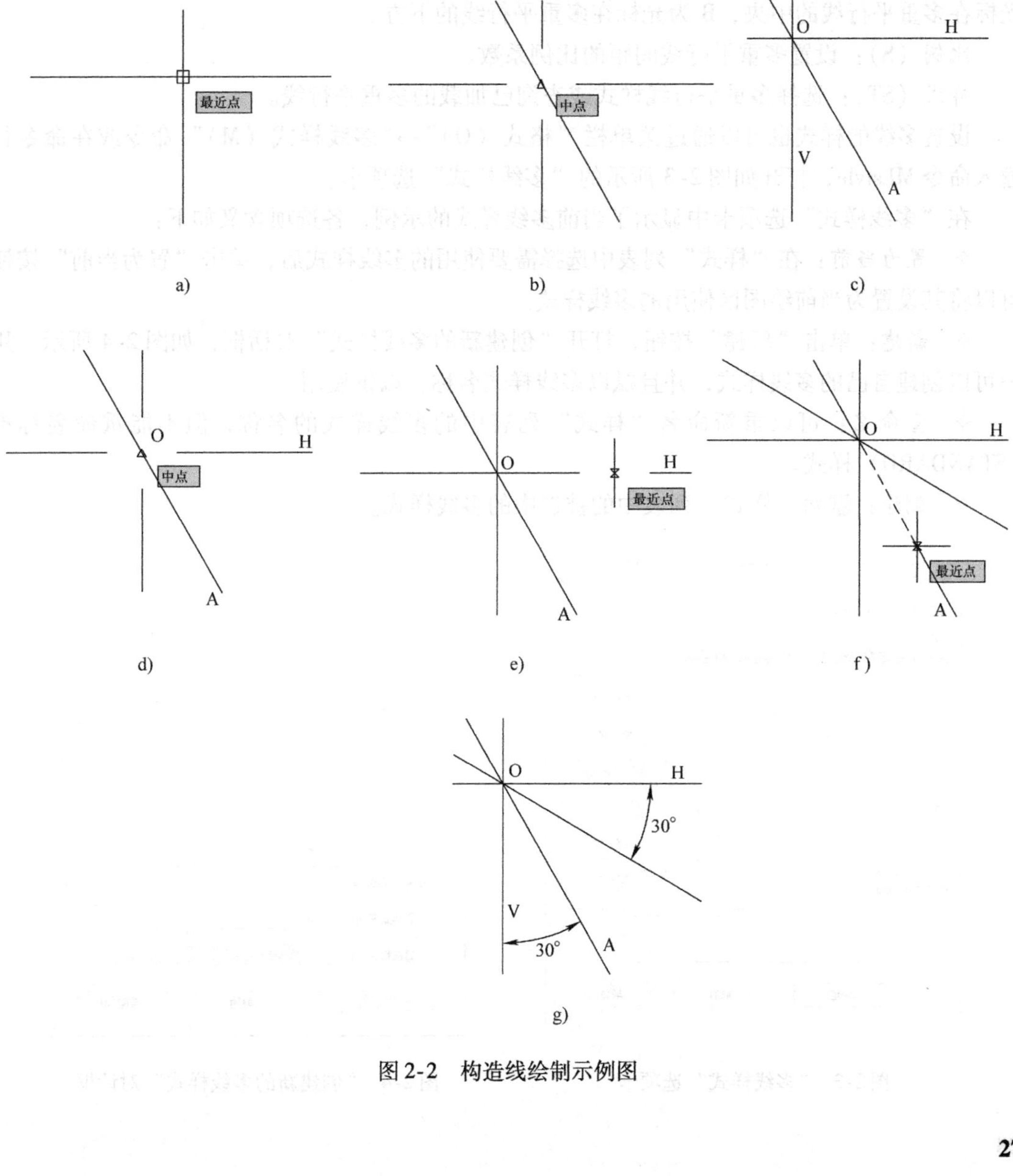

图 2-2　构造线绘制示例图

2.1.4 绘制多线

多线：一种间距和数目可以调整的平行线组，多用于绘制建筑设计中的墙体、电子线路等平行线。

执行方法：

✧ 命令行：MLine；

✧ 菜单栏："绘图（D）"→"多线（U）"。

命令行提示：

指定起点：直接输入一点，以默认形式绘制多重平行线，接着输入第二点、第三点、…，输入 C 闭合，U 放弃，按 <Enter> 键结束。

对正（J）：确定光标在多重平行线中的对正位置，T 为光标在多重平行线的上方，Z 为光标在多重平行线的中央，B 为光标在多重平行线的下方。

比例（S）：设置多重平行线间距的比例系数。

样式（ST）：选择多重平行线样式或查询已加载的多重平行线。

设置多线的样式也可以通过菜单栏"格式（O）"→"多线样式（M）"命令或在命令行输入命令 MLstyle，打开如图 2-3 所示的"多线样式"选项卡。

在"多线样式"选项卡中显示了当前多线样式的示例，各选项含义如下：

✧ 置为当前：在"样式"列表中选择需要使用的多线样式后，单击"置为当前"按钮可以将其设置为当前绘图区使用的多线样式。

✧ 新建：单击"新建"按钮，打开"创建新的多线样式"对话框，如图 2-4 所示。用户可以创建自己的多线样式，并且赋以多线样式名称，以供使用。

✧ 重命名：可以重新命名"样式"列表中的多线样式的名称，但不能重命名标准（STANDARD）样式。

✧ 删除：删除"样式"列表中的被选中的多线样式。

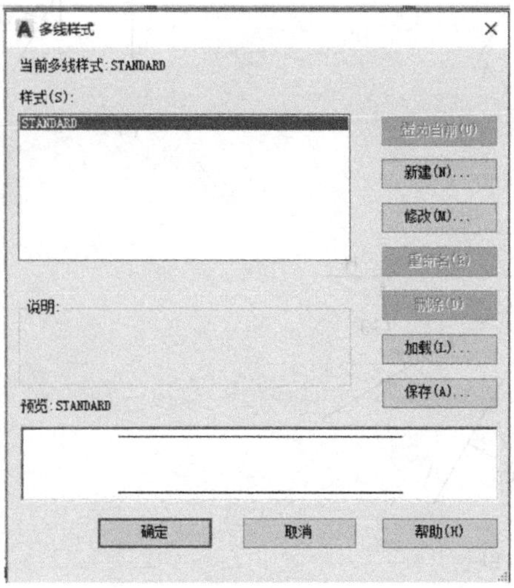

图 2-3 "多线样式"选项卡

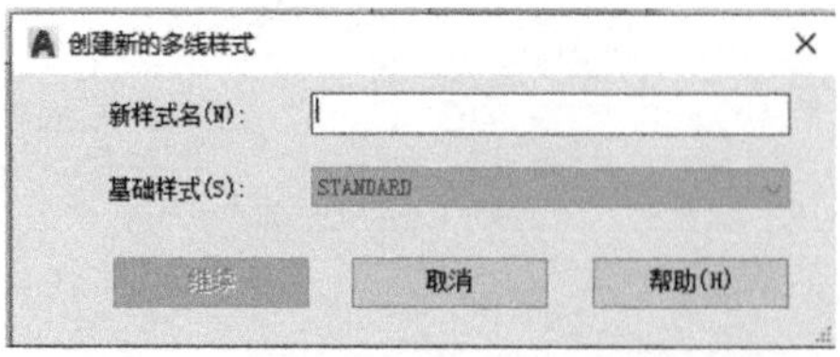

图 2-4 "创建新的多线样式"对话框

✧ 加载：“加载”按钮用于从多线文件（MLN 文件）中加载已定义的多线。单击该按钮，弹出“加载多线样式”对话框，用户可以从中选取样式加载进来。如果要使用自定义的多线样式，可以单击“文件”按钮，选择定义多线样式的 MLN 文件。AutoCAD 为用户提供了 Acad. mln 多线样式文件。

✧ 保存：“保存”按钮将当前的多线样式保存为一个多线文件。

✧ 修改：单击“修改”按钮，打开“修改多线样式”对话框，如图 2-5 所示。

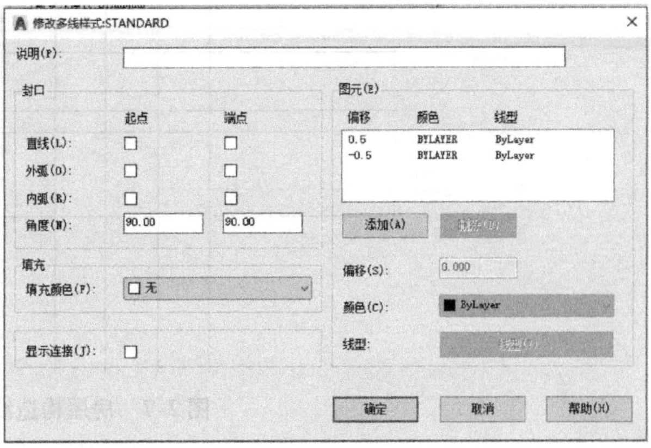

图 2-5 “修改多线样式”对话框

在“修改多线样式”对话框中，各选项的含义如下：

➢ 说明：对多线样式的文字注明。

➢ 封口：选项组中可以设置多线起点和端点的特性，包括直线、外弧、内弧封口或封口线的角度。

➢ 填充：对多线间隔区域填充颜色。

➢ 图元：选项组中可以设置组成多线的元素的特性，包括偏移距离、颜色和线型。单击“添加”按钮，可以为多线添加元素；反之，单击“删除”按钮，可删除多线元素。在“偏移”文本框中，可以设置选中元素的位置偏移值，正值表示在多线中心线之上，负值表示在多线中心线之下；“颜色”表示设置选中元素的颜色；“线型”可以为所选元素设置线型。

编辑多线还可以通过菜单栏“修改（M）”→“对象（O）”→“多线（M）”命令或输入命令 MLedit，则系统打开“多线编辑工具”对话框，如图 2-6 所示。

利用“多线编辑工具”对话框，可以创建或修改多线的形式，第一列图标设定多线十字交叉的形式，第二列设定多线 T 字交叉的形式，第三列设定多线拐角结合点和节点形式，第四列设定多线被剪切或连接的形式，单击各图标即可实现编辑。

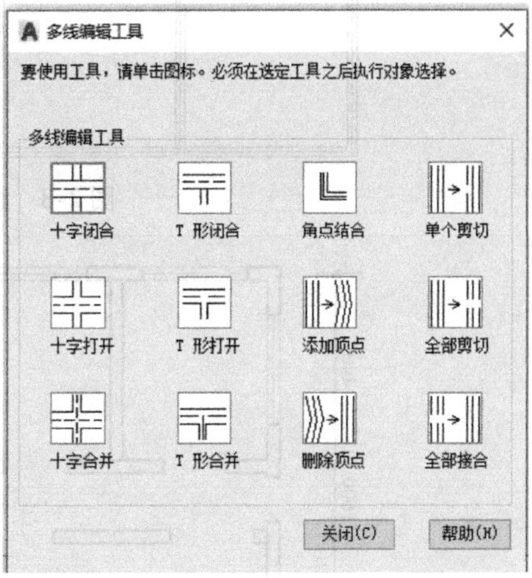

图 2-6 “多线编辑工具”对话框

2.1.5 项目实例——绘制变电所室内房屋框架

（1）按照房屋尺寸绘制房屋框架的水平与垂直构造线图，如图 2-7 所示。

（2）采用默认多线样式，在构造线上绘出房屋的多线结构，如图 2-8 所示。

（3）对多线交叉点进行编辑，逐步完成房屋框架的绘制，如图 2-9 所示。

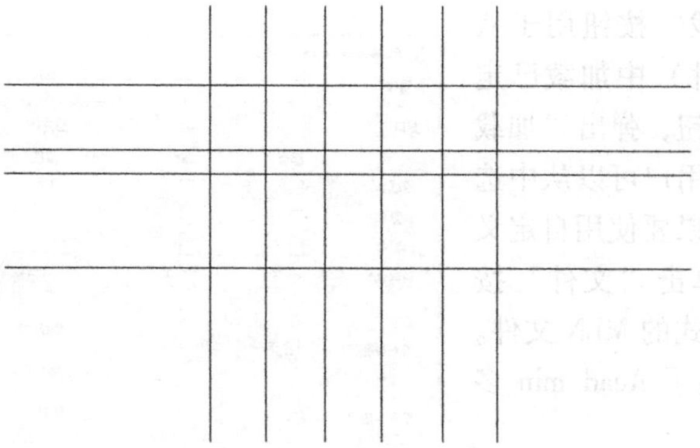

图 2-7 房屋构造线图

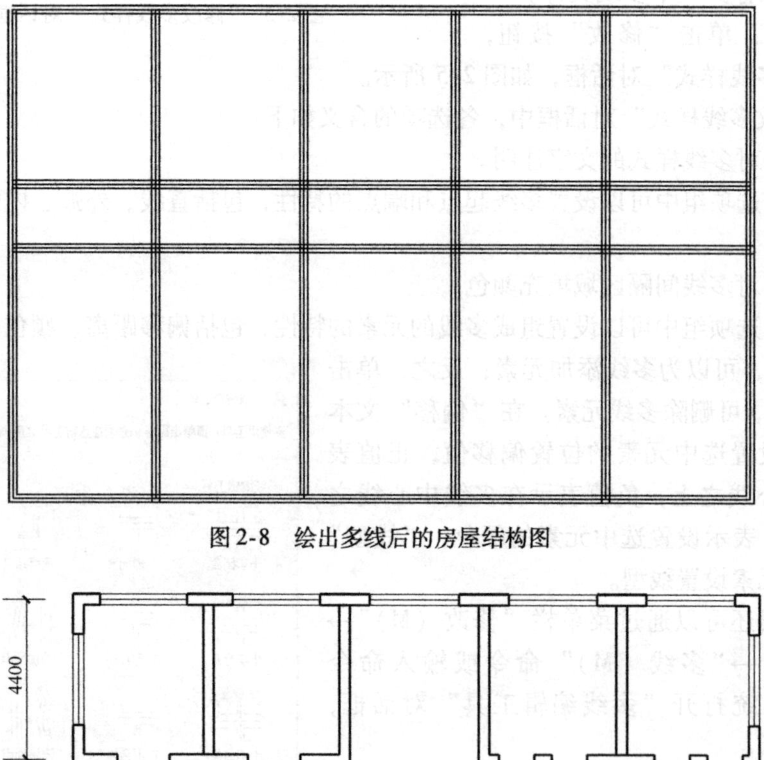

图 2-8 绘出多线后的房屋结构图

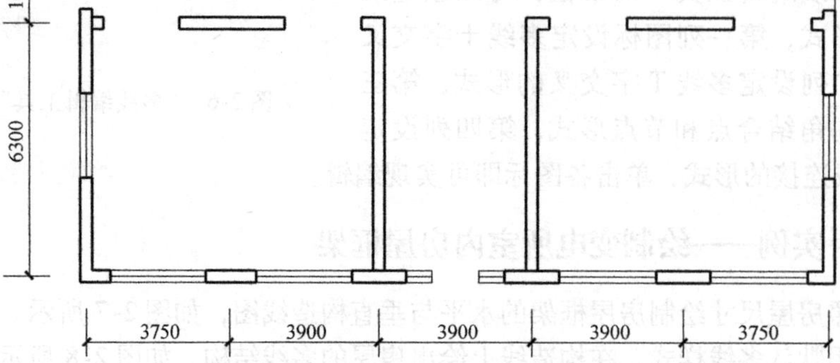

图 2-9 多线绘制的房屋结构图

2.2　绘制曲线类图形

AutoCAD 中曲线类基本图形包括多段线、样条曲线、螺旋线、修订云线。

2.2.1　绘制多段线

多段线：由多段直线段或圆弧段组成的组合体，可以同时编辑也可以分别编辑，并且可以具有不同的宽度。

执行方法：

✧ 命令行：PLine；

✧ 菜单栏："绘图（D）"→"多段线（P）"；

✧ 功能区：。

命令行提示：

指定起点：确定多段线起点。

当前线宽为 0.0000（提示用户多段线当前宽度）。

指定下一点或［圆弧(A)/闭合(C)/半宽(H)/长度(L)/放弃(U)/宽度(W)］：指定下一点或选择［ ］中各选项。直接输入下一点表示以当前默认线宽绘制多段线。

圆弧（A）：从绘制直线状态转到圆弧状态。选择该项后，系统提示：

指定圆弧的端点或［角度(A)/圆心(CE)/闭合(CL)/方向(D)/半宽(H)/直线(L)/半径(R)/第二个点(S)/放弃(U)/宽度(W)］：确定圆弧的端点或选择［ ］中各选项，其中"半宽（H）"和"宽度（W）"为确定线宽，"直线（L）"为转到画线方式，其他均为画圆弧的方式。

闭合（C）：将多段线的起点与终点闭合，同时结束多段线的绘制。

半宽（H）：定义多段线的半宽。选择该项后，接着提示确定多段线起点的半宽值、终点的半宽值。

长度（L）：在最近绘制的多段线方向上延长一个指定线长。选择该项后，接着提示：确定延长线长度。

放弃（U）：删除多段线最后一段，即放弃上一步的操作。

宽度（W）：定义多段线全宽。选择该项后，接着提示：确定多段线起点的宽度值、终点的宽度值。

示例：绘制如图 2-10 所示的直线和圆弧线组合的多段线（见图 2-10a）和多段线绘制的箭头（见图 2-10b）。

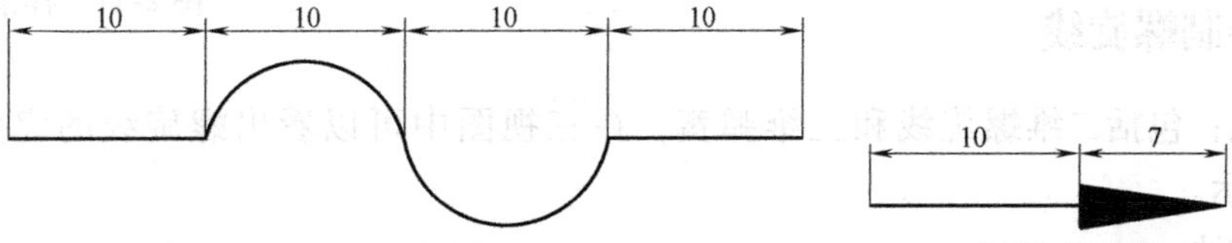

a) 直线和圆弧线组合的多段线　　b) 多段线绘制的箭头

图 2-10　多段线示例

步骤：

图 2-10a 的绘制：

在命令行输入 PLine 命令或单击功能区中 ；

在命令行提示下按默认选项绘制直线段，给出水平长度：10；

接着选择 A（圆弧），准备以圆弧画线，选择 D（方向），给出圆弧起点的切线方向（90°，垂直方向）；

在命令行提示“指定圆弧端点”时回应：10，下一段圆弧仍回应：10；

在命令行选择 L（直线）恢复画直线段，给出水平长度：10，即完成图 2-10a 的绘制。

图 2-10b 的绘制：

在命令行输入 PLine 命令或单击功能区中 ；

先绘制长度为 10 的直线段；

选择 W（宽度）选项，改变多段线的宽度值，输入起点宽度：2，端点宽度：0；

指定下一点时把光标移到水平方向，输入：7，即完成图 2-10b 的绘制。

2.2.2 绘制样条曲线

样条曲线：一种通过或接近指定点的拟合曲线，即在各指定点间产生一条光滑的曲线。

执行方法：

✧ 命令行：Spline；

✧ 菜单栏：“绘图（D）”→“样条曲线（S）”；

✧ 功能区： 。

命令行提示：

指定第一个点或［方式(M)/节点(K)/阶数(D)/对象(O)］：确定第一个点或输入字母 O，指定要转换为样条曲线的对象。

指定下一点：确定样条曲线的下一点。

指定下一点或［闭合(C)/拟合公差(F)］ <起点切向>：确定样条曲线的下一点或选择［］中各选项，或直接回车选择默认选项，即结束选点，确定起点切线方向。

闭合（C）：将样条曲线的起点和终点闭合。

拟合公差（F）：设定样条曲线的拟合公差，即实际样条曲线与输入控制点之间所允许偏移距离的最大值。拟合公差越大，样条曲线越光滑。

指定起点切向：确定样条曲线起点的切线方向。

指定端点切向：确定样条曲线终点的切线方向。样条曲线如图 2-11 所示。

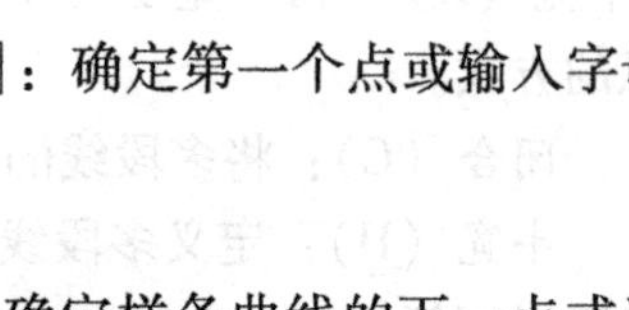

图 2-11 样条曲线

2.2.3 绘制螺旋线

螺旋线：包括二维螺旋线和三维弹簧，在三视图中可以看出螺旋线的完整信息，如图 2-12 所示。

执行方法：

✧ 命令行：Helix；

✧ 菜单栏："绘图（D）"→"螺旋（I）"；

✧ 功能区：。

命令行提示：

指定底面的中心点：指定螺旋线底面圆心。

指定底面半径或［直径（D）］<1.0000>：指定底面半径。

指定顶面半径或［直径（D）］<1.0000>：指定顶面半径。默认底面和顶面半径相同。

指定螺旋高度或［轴端点(A)/圈数(T)/圈高(H)/扭曲(W)］<1.0000>：以"轴端点(A)""圈数（T）""圈高（H）"三种方式给出螺旋线的高度；"扭曲（W）"表示螺旋线旋转的方向（顺时针和逆时针两种）。

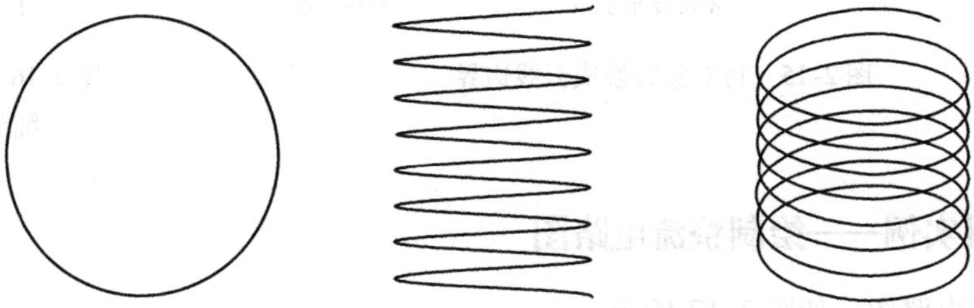

a) 俯视图　　b) 前视图　　c) 西南等轴侧图

图 2-12　螺旋线俯视图、前视图和西南等轴侧图的对比

2.2.4　绘制修订云线

修订云线：用于检查或阅读图形时突显部分的标记线条。

执行方法：

✧ 命令行：Revcloud；

✧ 菜单栏："绘图（D）"→"修订云线（V）"；

✧ 功能区：，单击右侧三角号会拉出三个选项，如图 2-13 所示，即分为矩形、多边形和徒手画三种云线。在命令行提示中也多了这些选项，如图 2-14 所示。

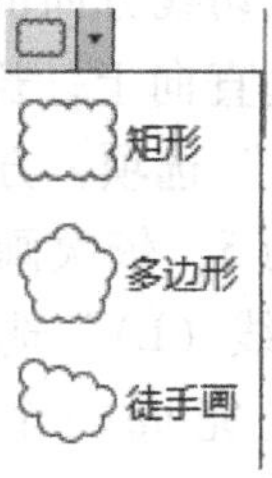

图 2-13　修订云线按钮

图 2-14　修订云线的命令提示

命令行提示：

指定起点：默认方式，输入起点后系统按默认的最大弧长和最小弧长，普通绘制方式绘制云线，以回车键结束。

弧长（A）：设定云线的最小、最大弧长值，最小弧长为0.5，最大弧长不能超过最小值的 3 倍。

对象（O）：选择一个封闭图形后系统将其转换为云线。云线方向根据命令提示有不反转方向和反转方向两种，如图 2-15 所示。

样式（S）：指修订云线的样式，包括“普通”和“手绘”两种。手绘云线如图 2-16 所示。

图 2-15 将对象转换成云线边界

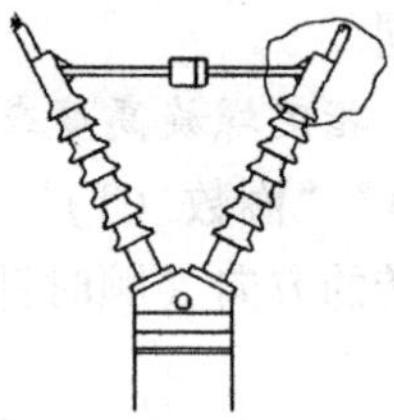

图 2-16 隔离开关细节标示

2.2.5 项目实例——绘制整流电路图

绘制整流电路图，如图 2-17 所示。

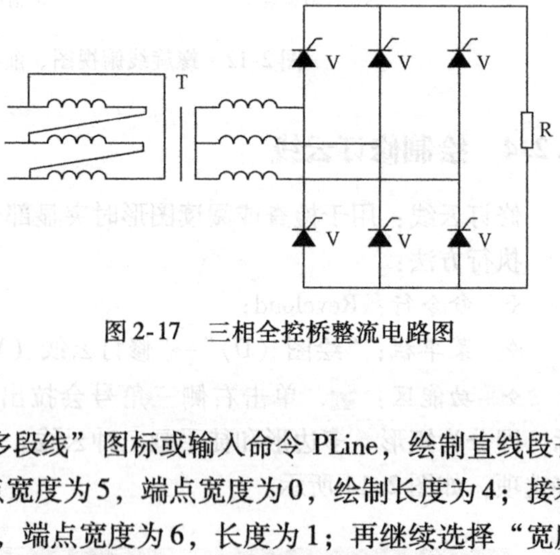

图 2-17 三相全控桥整流电路图

（1）首先运用多段线绘制变压器 T 的绕组。单击“多段线”图标或输入命令 PLine，直线段长度输入 10；通过确定圆弧起点切线方向的方法绘制圆弧，切线方向选垂直向上，长度为 5；继续选择“方向（D）”选项，方向为垂直向上，弧水平长度为 5，依次画出 4 个半圆弧段；再选择“直线（L）”选项，绘制直线段长度为 10，确定完成一个绕组的绘制，如图 2-18 所示。

（2）运用多段线绘制晶闸管 V。单击“多段线”图标或输入命令 PLine，绘制直线段长度为 10；选择“宽度（W）”选项，输入起点宽度为 5，端点宽度为 0，绘制长度为 4；接着选择“宽度（W）”选项，输入起点宽度为 6，端点宽度为 6，长度为 1；再继续选择“宽度（W）”选项，输入起点宽度为 0，端点宽度为 0，长度为 10；用直线绘制触发端，完成一个晶闸管的绘制，如图 2-19 所示。

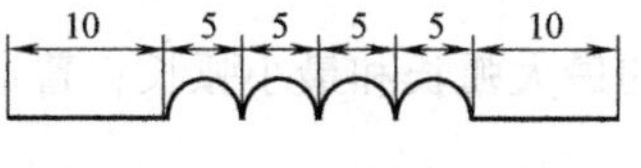

图 2-18 多段线绘制的绕组

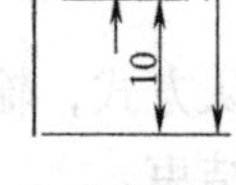

图 2-19 多段线绘制的晶闸管

（3）运用直线绘制电阻。用“直线”命令绘制电阻，长度为 20，宽度为 5。

（4）组合成电路图。把绘制的 6 组绕组、6 个晶闸管和 1 个电阻按位置摆放好，用直线逐次连接成如图 2-17 所示的图形。

2.3　绘制多边形图形

2.3.1　绘制矩形

矩形：用户可以绘制多种形式的矩形，包括普通矩形、倒角矩形、圆角矩形、有宽度矩形和有厚度矩形，如图 2-20 所示。

图 2-20　AutoCAD 中矩形的种类

执行方法：

✧ 命令行：Rectang（或 REC）；

✧ 菜单栏：“绘图（D）”→“矩形（G）”；

✧ 功能区：。

命令行提示：

指定第一个角点或 [倒角(C)/标高(E)/圆角(F)/厚度(T)/宽度(W)]：默认方式，指定矩形对角线的第一点；或选择 [ ] 中的某个选项，其中各选项含义如下：

倒角（C）：以倒角形式绘制矩形，需首先指定倒角的距离。

标高（E）：以指定的标高绘制矩形，需指定标高数值。

圆角（F）：以圆角形式绘制矩形，需首先指定圆角的半径。

厚度（T）：以指定的厚度绘制矩形，需指定厚度数值。

宽度（W）：以指定的线宽绘制矩形，需指定线宽数值。

注意：有标高和厚度的矩形一般用于三维绘图。

指定另一个角点或 [面积(A)/尺寸(D)/旋转(R)]：确定矩形对角线的另一个角点；或选择 [ ] 中的某个选项，其中各选项含义如下：

面积（A）：以矩形的面积为依据创建矩形，需要输入面积数值、选择面积计算的依据（长或宽的数值）。

尺寸（D）：以矩形长宽数据创建矩形，需要输入长和宽的数值。

旋转（R）：产生非水平位置，而是旋转指定角度的矩形。输入正角度指逆时针旋转，负角度指顺时针旋转。

2.3.2　绘制正多边形

正多边形：绘制 3 条以上边的正多边形。

执行方法：

✧ 命令行：Polygon（或 POL）；

✧ 菜单栏：“绘图（D）”→“正多边形（Y）”；

✧ 功能区：。

命令行提示：

输入侧面数 <4>：首先需输入正多边形的边数，为 3 ~ 1024，默认是 4 边，若选择确认值，回车即可。

指定正多边形的中心点或［边（E）］：给出正多边的中心点，或输入字母 E 给出多边形的边长。

输入选项［内接于圆(I)/外切于圆(C)］<I>：选择正多边形是内接或外切于圆，默认是内接于圆。

指定圆的半径：给出内接圆或外切圆的半径。

2.3.3 项目实例——绘制所用变压器示意图

本例绘制如图 2-23 所示的变电所内变压器的外观简图。

（1）以“圆角（F）”选项绘制两个矩形边框，圆角半径分别为 30 和 20；以“尺寸（D）”方式给出矩形边长，分别为 630 × 455 和 560 × 385；绘制两个矩形的中心线，通过两个矩形的中心线，把两个矩形移动到中心点重合，如图 2-21 所示。

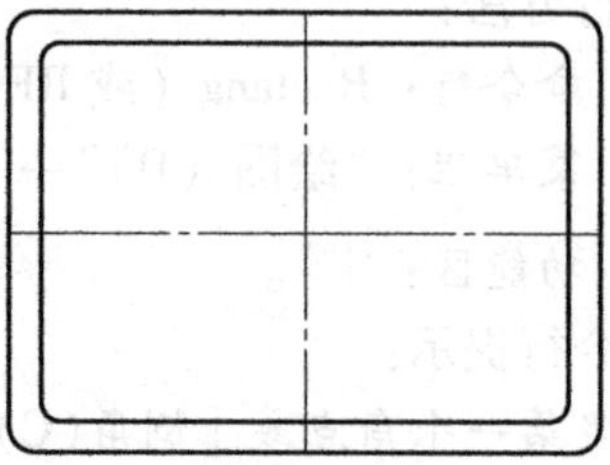

图 2-21 两个圆角矩形

（2）绘制两个矩形，尺寸分别为 530 × 35 和 530 × 20；再绘制一个圆角矩形，圆角半径为 15，尺寸为 380 × 455，如图 2-22 所示。

（3）绘制其余图元，并修剪不必要的部分，则形成如图 2-23 所示的图形。

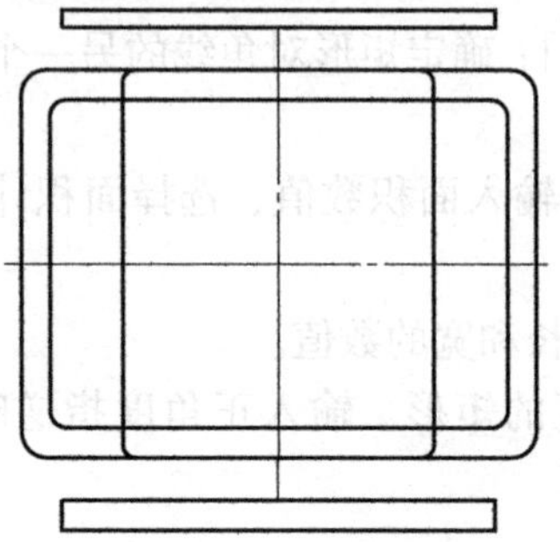

图 2-22 矩形基础图

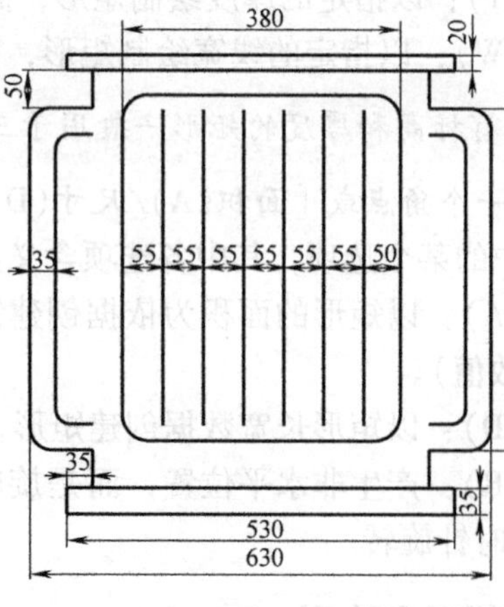

图 2-23 变电所内变压器的外观简图

2.4　绘制圆类图形

AutoCAD 中圆类图形有圆、圆弧、椭圆、椭圆弧、圆环等。

2.4.1　绘制圆

圆：绘制圆形对象。

执行方法：

✧　命令行：Circle；

✧　菜单栏："绘图（D）"→"圆（C）"；

✧　功能区：。

命令行提示：

指定圆的圆心：直接输入一点确定圆心，则以圆心、半径（直径）方式画圆。按提示输入圆的半径，或输入字母 D 选择输入圆的直径。

三点（3P）：通过确定圆上三个不同线的点的位置或坐标画圆。

两点（2P）：通过确定圆的直径上两端点的位置或坐标画圆。

切点、切点、半径（T）：通过指定两个可相切对象上的点和与之均相切的圆的半径画圆。

另外，在功能区或菜单中还有一种画圆方式"相切、相切、相切（A）"，用户可以通过该方式绘制一个与三个对象均相切的圆。

示例：绘制与角两边相切的圆以及与任意三角形三边均相切的圆，如图 2-24 所示。

步骤：

（1）通过直线绘制一个任意角，如图 2-24a 所示，选择"圆"命令，使用"切点、切点、半径（T）"方式绘圆，切点分别选在角的两个边上的任意点，半径输入 2，回车确认即可。

（2）用"直线"命令任意绘制一个封闭的三角形，如图 2-24b 所示，通过菜单栏"绘图"→"圆"→"相切、相切、相切（A）"绘圆，或在功能区选择"相切，相切，相切"，如图 2-25 所示，分别在三角形的三边上选择切点即可。

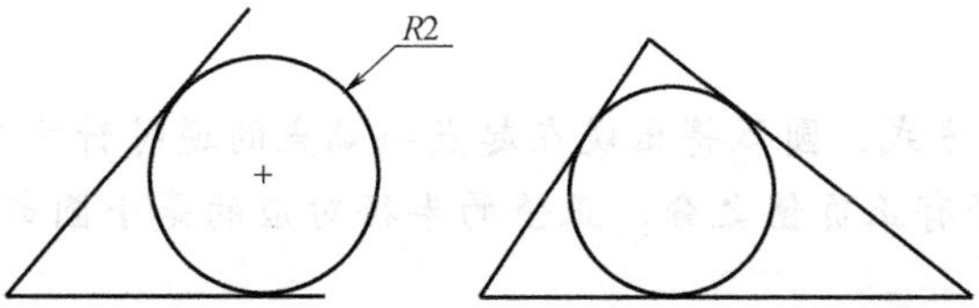

a) 与角两边相切的圆　　b) 与任意三角形三边均相切的圆

图 2-24　相切画圆示例图

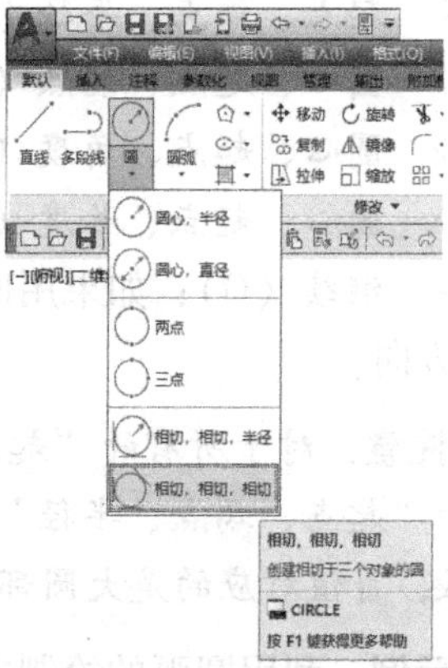

图 2-25　功能区选择"相切，相切，相切"画圆

2.4.2 绘制圆弧

圆弧：绘制圆弧对象。圆弧对象常用于绘制具有复杂表面的曲线或表面间的过渡区域。

执行方法：

✧ 命令行：Arc；

✧ 菜单栏："绘图（D）"→"圆弧（A）"；

✧ 功能区：。

命令行提示：

指定圆弧的起点或［圆心(C)］：确定圆弧的第一个端点或给出圆弧的中心坐标，若给出圆心则要继续给出两个端点。

指定圆弧的第二个点或［圆心(C)/端点(E)］：指定圆弧的第二个端点，或通过圆心或端点确定圆弧。

指定圆弧的端点：指定圆弧的终点。

绘制圆弧的方式不同，相应的操作格式也不同。默认方式是上述的三点绘制圆弧的方法，这里只介绍几种常用的绘制圆弧方法，功能区和下拉菜单中给出了全部 11 种绘制圆弧的方法，如图 2-26 所示。

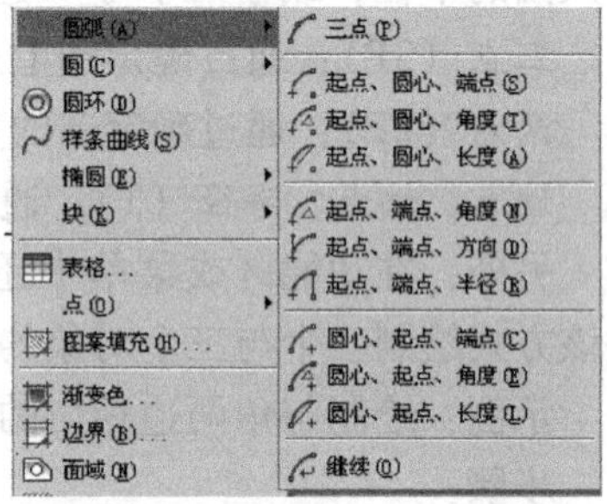

图 2-26 圆弧下拉菜单的子选项

✧ 三点（P）：利用圆弧的起点、第二个点和终点确定圆弧。

✧ 起点、圆心、端点（S）：利用圆弧的起点、圆心和终点确定圆弧。

✧ 起点、圆心、角度（T）：利用圆弧的起点、圆心及圆心角确定圆弧。

✧ 起点、圆心、长度（A）：利用圆弧的起点、圆心和弦长确定圆弧。

✧ 起点、端点、角度（N）：利用圆弧的起点、终点和圆心角确定圆弧。

✧ 起点、端点、方向（D）：利用圆弧的起点、终点和起点切线方向确定圆弧。

✧ 起点、端点、半径（R）：利用圆弧的起点、终点和圆弧半径确定圆弧。

✧ 圆心、起点、端点（C）：利用圆弧的圆心、起点和终点确定圆弧。

✧ 圆心、起点、角度（E）：利用圆弧的圆心、起点和圆心角确定圆弧。

✧ 圆心、起点、长度（L）：给定圆弧的圆心、起点和弦长确定圆弧。

✧ 继续（O）：如果用回车回答圆弧的起点，则圆弧起点将继承上次圆弧或线终点的坐标及方向。

注意：对于所有的"起点、端点"方式，圆弧将出现在起点→端点的逆时针方向侧；对于"起点、端点、半径"方式，半径有正负值之分，正值的半径对应的是小圆部分的圆弧，负值对应的是大圆部分的圆弧。

示例：利用圆弧的绘制方式绘制如图 2-27 所示的图形。

步骤：

首先，利用"直线（L）"命令绘制三段长度为 10 的水平线段。其次，选择菜单

“圆弧”下“起点、端点、半径”方式，由左至右选择第一线段的两个端点（标识为1，2）作为起点和终点，半径给出6，即得出第一段圆弧。再同样选择第三段线段绘制最右侧圆弧，如图2-28所示。最后，由右至左选择第二段线段的两个端点作为圆弧绘制的起点和终点（标识为1，2），半径输入-6，则得到位于线段上侧的大圆弧段，如图2-29所示。

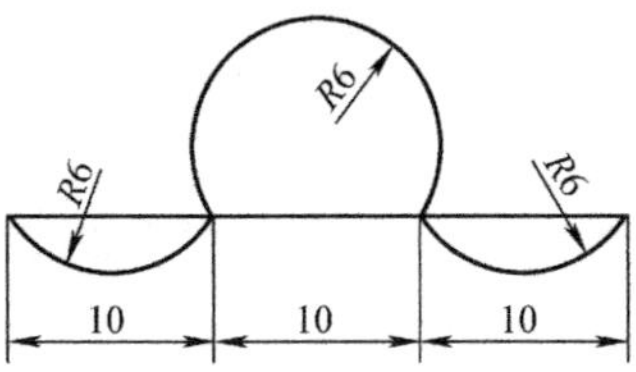

图2-27　圆弧的绘制

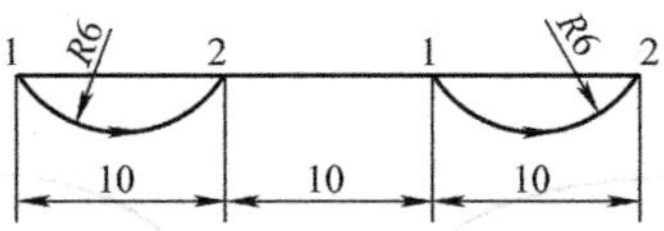

图2-28　正值半径画圆弧

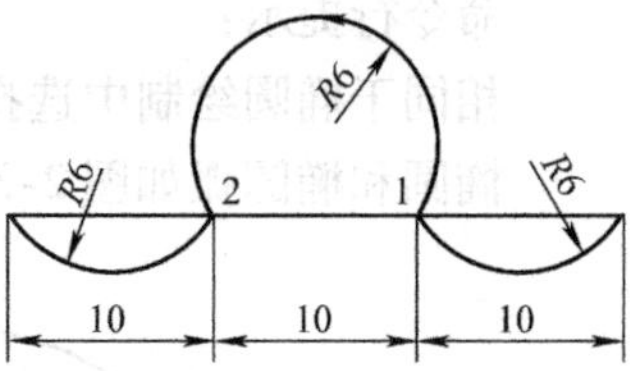

图2-29　负值半径画圆弧

2.4.3　绘制椭圆

椭圆：绘制椭圆。

执行方法：

✧　命令行：Ellipse（或EL）；

✧　菜单栏：“绘图（D）”→“椭圆（E）”；

✧　功能区：。

AutoCAD2019版椭圆的绘制方式有两种：通过“圆心”绘制和通过“轴、端点”绘制，如图2-30所示，分别为功能区和菜单的样式。

若选择“圆心”绘制方式，命令行提示：

指定椭圆的中心点：给出椭圆两轴的交叉点，即椭圆的中心点。

指定轴的端点：给出椭圆一个轴的某端点。

指定另一条半轴长度或［旋转（R）］：与“轴、端点”绘制方式的选项相同。

若选择“轴、端点”绘制方式，命令行提示：

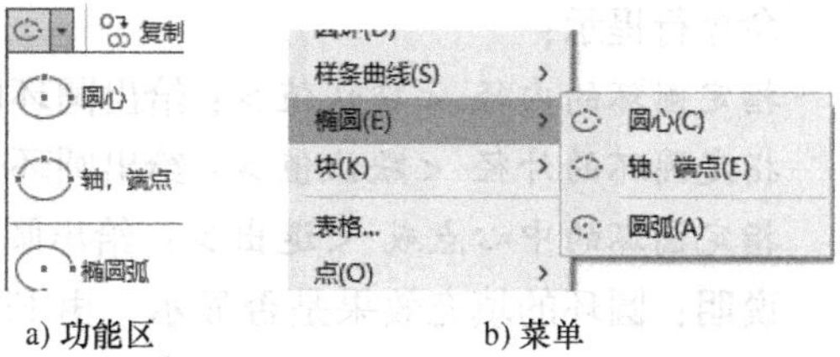

a) 功能区　　b) 菜单

图2-30　AutoCAD 2019版提供的椭圆绘制的两种方式（功能区和菜单）

指定椭圆的轴端点或［圆弧(A)/中心点(C)］：给出椭圆轴的一个端点。若选择“圆弧（A）”则绘出指定圆周角度的一段椭圆弧，可以给定起始角度和终止角度，也可以给定椭圆弧角度参数。若选择“中心点（C）”则通过椭圆中心点和两个半轴长度来绘制椭圆。

指定轴的另一个端点：若已给出椭圆轴的一个端点，则需给出椭圆轴的另一个端点。

指定另一条半轴长度或［旋转（R）］：给出椭圆另一轴的半轴长度。若选择“旋转（R）”则以旋转形式绘制椭圆，即假想将一圆旋转一定角度，使其投影为椭圆。

2.4.4　绘制椭圆弧

椭圆弧：椭圆弧是椭圆上的一段弧段，绘制椭圆弧的命令和椭圆的命令都是Ellipse，但命令行的提示略不同。

执行方法：

✧ 命令行：Ellipse（或 EL）；

✧ 菜单栏：“绘图（D）”→“椭圆（E）”→“椭圆弧（A）”；

✧ 功能区：。

命令行提示：

相同于椭圆绘制中选择“圆弧（A）”的步骤。

椭圆和椭圆弧如图 2-31 所示。

a) 椭圆　　b) 椭圆弧

图 2-31　椭圆的绘制

2.4.5　绘制圆环

圆环：由内外两个圆组成的环形区域，用于创建实心圆或较宽的环。

执行方法：

✧ 命令行：Donut（或 DO）；

✧ 菜单栏：“绘图（D）”→“圆环（D）”；

✧ 功能区：。

命令行提示：

指定圆环的内径 <默认值>：给出圆环内圆的半径。

指定圆环的外径 <默认值>：给出圆环外圆的半径。

指定圆环的中心点或 <退出>：给出圆环的中心点则绘出一个圆环，或回车退出。

说明：圆环的填充效果是否显示，由 Fill 命令设定，设定为 ON 显示填充，设定为 OFF 不显示填充。在图形已绘制完成后，如改变 Fill 状态，需用 Regen 命令对图形重新生成，改变后的结果才能被显示出来。

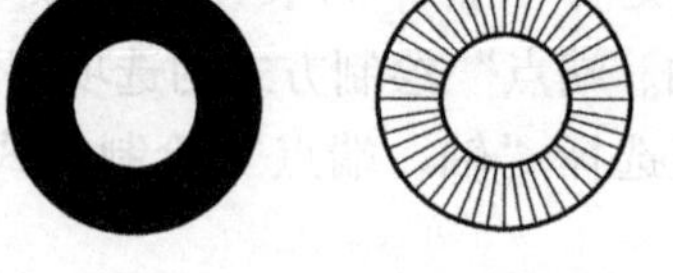

图 2-32　填充和不填充的圆环

图 2-32 所示为填充和不填充的圆环。

2.4.6　项目实例——绘制电容保护电路图

（1）首先绘制单个的电感元件，形状如图 2-18 所示。两线圈和四线圈电感如图 2-33 所示。

（2）绘制电容和熔断器元件，绘制多组，按照图 2-33 放置和排列。

（3）用直线段连接各电感、电容、熔断器等元件。

（4）绘制若干个圆作为接线端子，如图 2-33 所示。

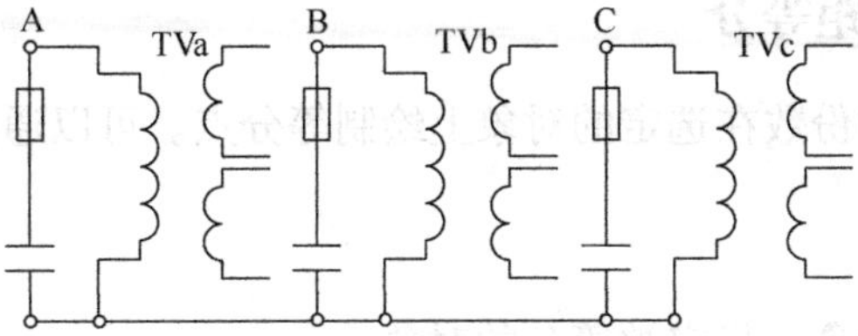

图 2-33　电容保护电路图

2.5　点的绘制及应用

2.5.1　绘制点

点：按预先选定的样式绘制点。

执行方法：

✧ 命令行：Point；

✧ 菜单栏："绘图（D）"→"点（O）"；

✧ 功能区：∴。

命令行提示：

指定点：给出点的位置即可，可以连续给出多个点，按 <Esc> 键结束。

说明：如果采用菜单方式，则选项的级联菜单中有 4 个选项，如图 2-34 所示。

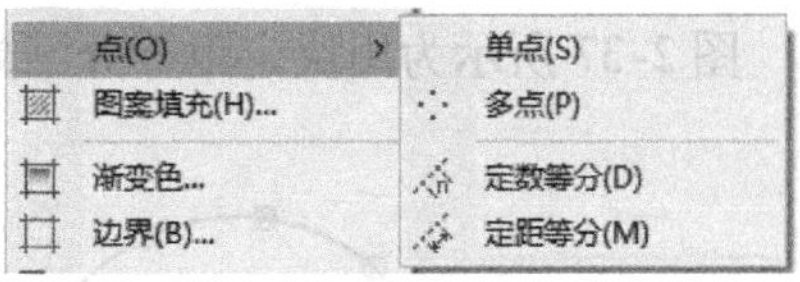

图 2-34　下拉菜单中点的绘制选项

图 2-34 中，"单点"和"多点"的选项在 AutoCAD2019 版中区别不大，都可以一次绘制多个点；"定数等分"和"定距等分"一般作为点的应用方式，可以参见 2.5.3 小节内容。

2.5.2　点的样式的设置

如果用户对默认的点的样式及显示的大小不满意，可以通过下列命令进行修改。

鼠标单击菜单栏"格式（O）"→"点样式（P）"命令或在命令行输入 DDPtype，出现图 2-35 所示的对话框，用户可在此对话框中对点进行样式和大小的设置。

设置点的大小有两种模式：一种是按照相对屏幕的大小（R）进行设置，另一种是按照绝对的单位大小（A）进行设置。如果选择前者，则文本框中输入的是相对屏幕大小的百分比；如果选择后者，则文本框中输入的是点的绝对大小。

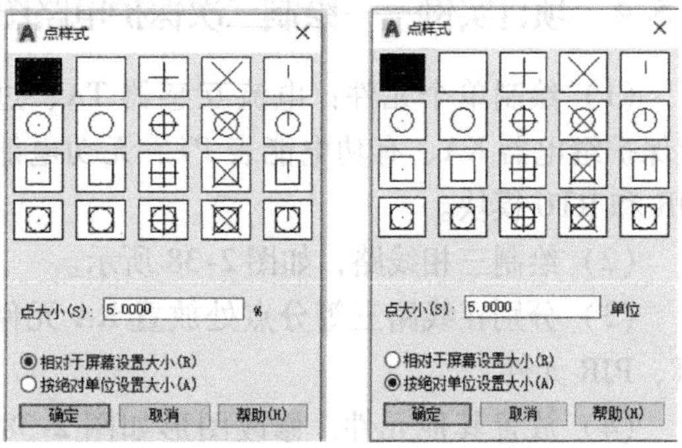

图 2-35　"点样式"对话框

2.5.3 定数等分和定距等分

定数等分：以固定的份数在选定的对象上绘制等分点。可以通过菜单实现，也可以通过命令 Divide 实现。

命令行提示：

选择要定数等分的对象：指定被等分的对象。

输入线段数目或［块(B)］：给出等分的段数，段数为 2 ~ 32767；选择块则插入块作为等分标记。

图 2-36 所示为圆周被等分成 11 等份的图例。

定距等分：以固定的距离在选定的对象上绘制等分点。可以通过菜单实现，也可以通过命令 Measure 实现。

命令行提示：

选择要定距等分的对象：指定被等分的对象。

指定线段长度或［块(B)］：给出线段长度；选择块则插入块作为等分标记，系统会提示：

输入要插入的块名：输入已有的块的名称，作为等分标记。

是否对齐块和对象？［是(Y)/否(N)］ <Y>：选择是否对齐块和被等分的对象，默认是对齐方式；再指定等分长度即可。

图 2-37 所示为用块定距等分圆周，块对齐方式的示例。

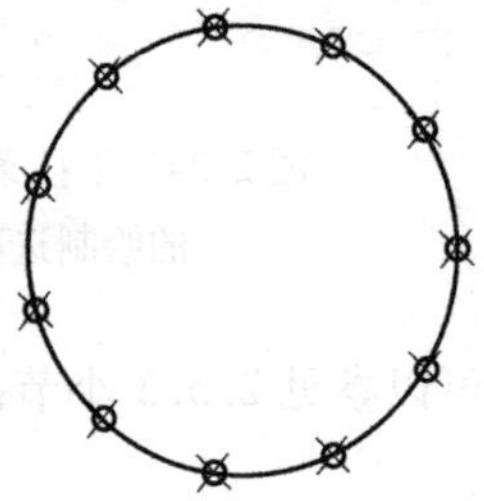

图 2-36 定数等分圆周

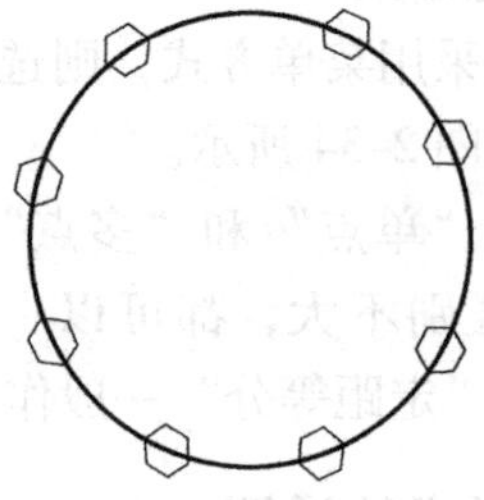

图 2-37 用块定距等分圆周

2.5.4 项目实例——绘制二次保护电路图

（1）绘制单个元件：电流互感器 TA、过电流保护继电器 KA、有功电能表 PT、无功电能表 PJR 和 RTU 模块。

（2）绘制三相线路，如图 2-38 所示。

（3）分别在线路三等分点处放置 KA 元件和 PT、PJR 元件。

（4）放置其他元件，修改图形如图 2-38 所示即可。

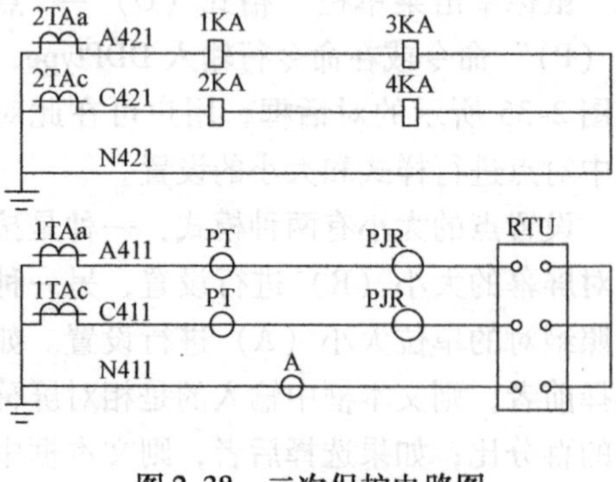

图 2-38 二次保护电路图

2.6　上机实训

（1）利用多段线绘制如图 2-39 所示的二极管符号。

（2）绘制如图 2-40 所示的插座和开关符号。

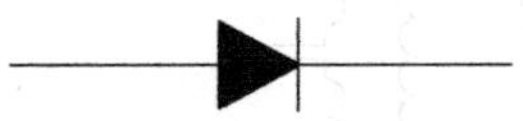

图 2-39　上机实训（1）图

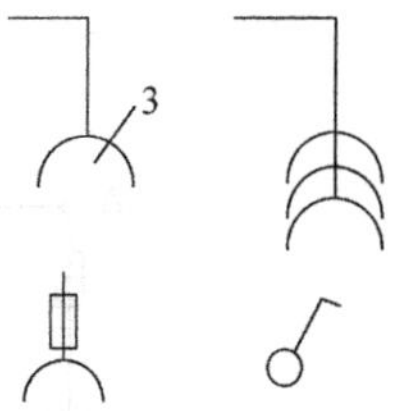

图 2-40　上机实训（2）图

（3）绘制如图 2-41 所示的电气符号图。

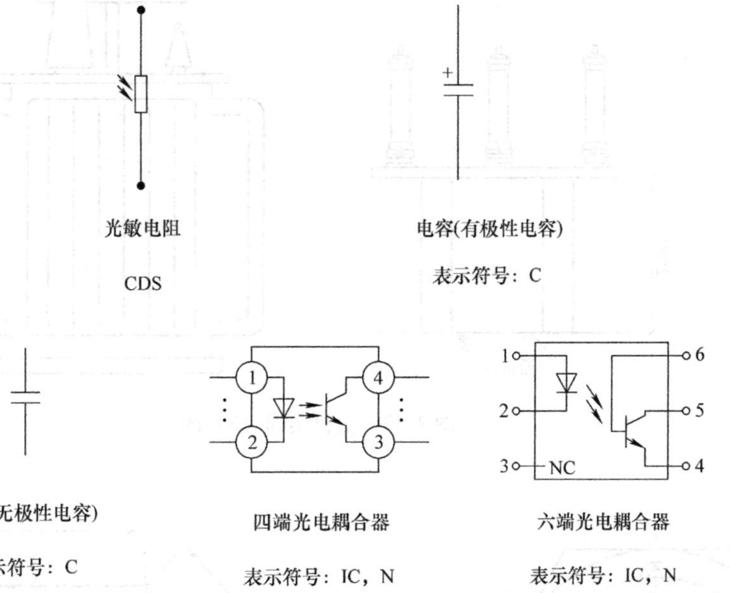

图 2-41　上机实训（3）图

（4）绘制如图 2-42 所示的保护电路图。

（5）绘制如图 2-43 所示的三相避雷器和变压器图。

（6）绘制如图 2-44 所示的图形。

（7）绘制如图 2-45 所示的变电所房屋图。

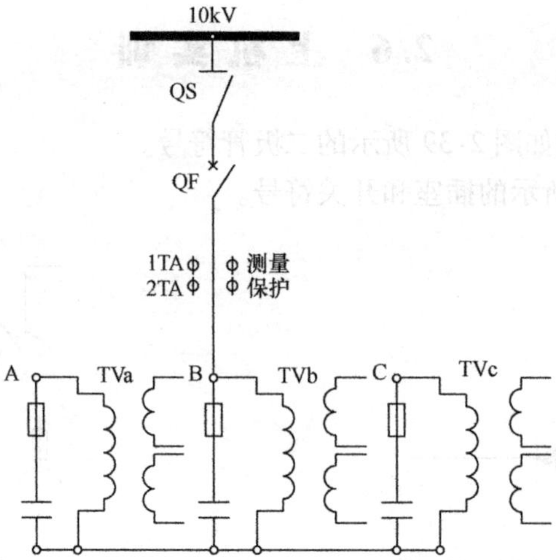

图 2-42 上机实训（4）图

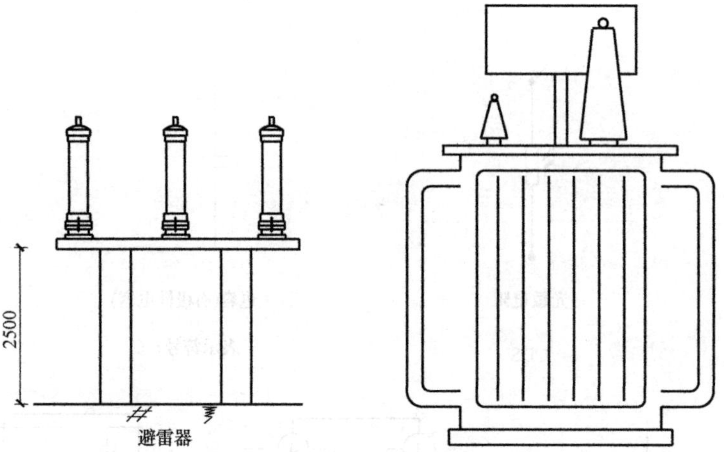

图 2-43 上机实训（5）图

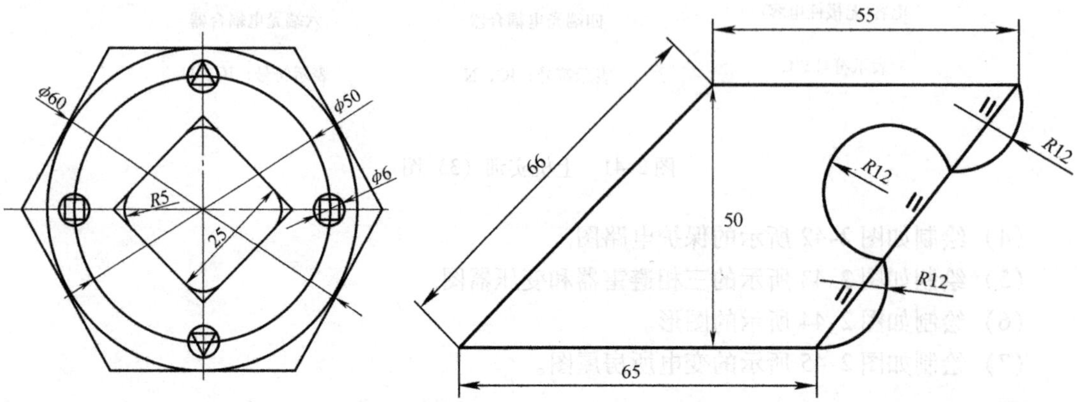

图 2-44 上机实训（6）图

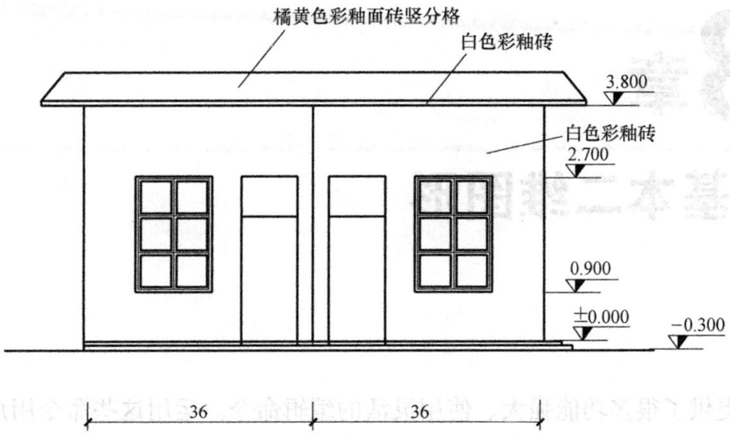

图 2-45　上机实训（7）图

第3章 编辑基本二维图形

AutoCAD 提供了很多功能强大、使用灵活的编辑命令。运用这些命令用户可以对图形进行各种编辑操作，包括移动、复制、删除、缩放、修剪等。

本章将详细地介绍多种选择方式、二维图形的基本编辑功能等。

3.1 对象的选择方式

每个编辑操作命令都要进行操作对象的选择。AutoCAD 提供了多种选择对象的方式：

✧ 单击方式：用鼠标左键直接单击对象。可以辅助 <Ctrl> 键或 <Shift> 键组合选择多个图形对象组成选择集。

✧ 窗口（W）：以 W 回答命令行“选择对象:”提示，则通过鼠标在绘图窗口中由对角顶点拉出的矩形全部包围的图形对象被选中。

✧ 最后一个（L）：以 LAST 或 L 回答命令行“选择对象:”提示，则最后绘制的对象被选中。

✧ 窗交（C）：以 C 回答命令行“选择对象:”提示，则与通过鼠标在绘图窗口由对角顶点拉出的矩形交叉和包围的图形对象被选中。

✧ 框（BOX）：以 BOX 回答命令行“选择对象:”提示，则根据绘制矩形的对角点的方向决定是 W 或是 C 方式，若矩形由左向右拉出则为 W 方式，若由右向左拉出则为 C 方式。这也是系统默认的选择对象方式，即不必输入选项，直接用鼠标拖动矩形选择即可。

✧ 全部（ALL）：以 ALL 回答命令行“选择对象:”提示，则选择全部图形对象。

✧ 栏选（F）：以 F 回答命令行“选择对象:”提示，则用鼠标绘出一些直线（可以不封闭），与这些直线相交的对象被选中。

✧ 圈围（WP）：以 WP 回答命令行“选择对象:”提示，则用户绘制任意的多边形，包围其中的图形对象被选中。

✧ 圈交（CP）：以 CP 回答命令行“选择对象:”提示，则用户绘制任意的多边形，与其交叉和包围的图形对象被选中。

✧ 编组（G）：以 G 回答命令行“选择对象:”提示，则执行“对象编组”对话框。

✧ 添加（A）：以 A（Add）响应，即可进入加入对象模式。

✧ 移除（R）：以 R 响应，选中集合中的对象，则对象被移除选中集。

✧ 上一个（P）：以P响应，则选择上一个命令中已选择过的选择集合中全部对象。

✧ 放弃（U）：以U响应，则可取消最后一次进行的选择操作。

AutoCAD中支持两种选择对象的顺序：一种是先选择对象，后执行编辑命令；另一种是先执行编辑命令，后在命令提示下选择对象。

3.2 删除与恢复类功能

3.2.1 删除及恢复功能

删除：在绘图区擦除已绘制的图形对象。

执行方法：

✧ 命令行：Erase；

✧ 菜单栏："修改（M）"→"删除（E）"；

✧ 功能区：。

命令行提示：

选择对象：用对象选择方式选择要删除的对象，可以多选，单击鼠标右键结束选择对象，即可删除选中的所有对象，也可以选中对象后直接用 <Delete> 键删除。若删除错误，可以及时单击"放弃"命令（Undo）撤销上次的操作，恢复删除的图形对象。

3.2.2 打断功能

打断：部分删除对象或把对象分成两部分。

执行方法：

✧ 命令行：Break；

✧ 菜单栏："修改（M）"→"打断（K）"；

✧ 功能区：。

命令行提示：

选择对象：指定要打断的对象。

指定第二个打断点或［第一点（F）］：若按默认指定第二个打断点，则把选择对象时的点与此点作为打断的两个端点。若在命令行输入字母F，则重新指定打断的第一点，系统丢弃前面的第一个选择点，重新提示用户指定两个点作为断开点。

注意：是打断于一个断点，看不到断口；可以打断于两个断点，形成可见的断口。

示例：打断于一点和两点的两条线段的比较。

如图3-1所示，图3-1a为原线段，选中后有线段的固定三个节点，起点、中点和终点；图3-1b为打断于一点后选中的效果，很显然，线段已分为两条线段，右侧线段被选中。

图3-2所示为打断于一点和打断于两点的效果对比。打断于一点，线段虽然断开但看不

到断口，而打断于两点则可以看见明显的断口，如图 3-2b 所示。

a) 原线段 b) 打断于一点后

图 3-1 打断于一点的线段的效果

a) 原图 b) 打断后(上图打断于一点，下图打断于两点)

图 3-2 打断于一点和打断于两点的效果比较

3.2.3 修剪功能

修剪：按选定的边界修剪被选对象。

执行方法：

✧ 命令行：Trim；

✧ 菜单栏："修改（M）"→"修剪（T）"；

✧ 功能区：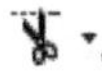。

命令行提示：

选择对象：这里选择的是修剪的边界线。

选择要修剪的对象或按住 <Shift> 键选择要延伸的对象或 [栏选(F)/窗交(C)/投影(P)/边(E)/删除(R)/放弃(U)]：用鼠标选择对象，则选中的部分以修剪线为边界被剪切掉；如果按住 <Shift> 键，系统会自动将"修剪"命令转换成"延伸"命令。

边（E）：可以设定隐含边的延伸模式，分为延伸、不延伸两种。

延伸（E）：对延伸边界进行修剪，若剪切边没有与要修剪的对象相交，系统会延伸剪切边与对象相交，再执行修剪操作。

不延伸（N）：不延伸边界修剪对象，只修剪与剪切边相交的对象。

栏选（F）：以栏选方式选择被修剪对象。

窗交（C）：以窗交方式选择被修剪对象。

投影（P）：指定修剪对象时的投影模式，默认为用户坐标系统 UCS。"无"表示按实际三维空间关系进行修剪，不是在平面上按投影关系修剪；"UCS"表示在当前用户坐标系的 XOY 平面上按投影关系修剪在三维空间中没有相交的对象；"视图"表示在当前视图上修剪对象。

注意：被选择的对象可以互为边界和被修剪的对象，系统在选择对象中自动判断边界。

示例：电铃符号的绘制，如图 3-3 所示。

步骤：

（1）首先绘制一个圆，如图 3-3a 所示。

（2）在圆中绘制水平的直径，如图 3-3b 所示。

（3）单击"修剪"命令，选择圆的直

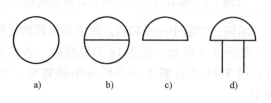

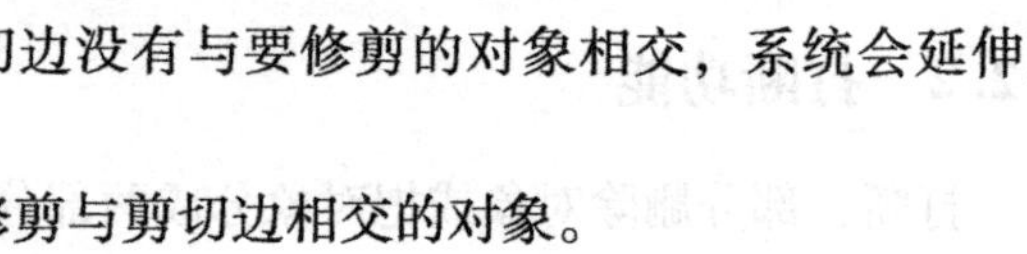

a) b) c) d)

图 3-3 电铃符号的绘制

径为修剪边界，修剪部分是圆的下部，如图 3-3c 所示。

(4) 在合适的位置绘制两条等长的线段，电铃符号即绘制完成，如图 3-3d 所示。

3.2.4　项目实例——绘制带接地插孔三相插座符号

(1) 绘制一个等边三角形，在合适的位置绘制直线 1，如图 3-4a 所示。

(2) 运用“相切、相切、相切（A）”方式绘制与等边三角形两腰及直线 1 均相切的圆，如图 3-4a 所示。

(3) 在两个切点上连线为直线 2，再绘制直线 3，如图 3-4a 所示。

(4) 单击“修剪”工具，选择三角形为边界，单击鼠标右键结束边界选择，再点选圆的下部分，修剪效果如图 3-4b 所示。

(5) 再单击“修剪”命令，边界为三角形，修剪直线 3 超出三角形外的部分，如图 3-4c 所示。

(6) 重复“修剪”命令，以三角形两腰和直线 3 为界，修剪掉三角形水平边和两腰的下部分以及直线 1，效果如图 3-4d 所示。

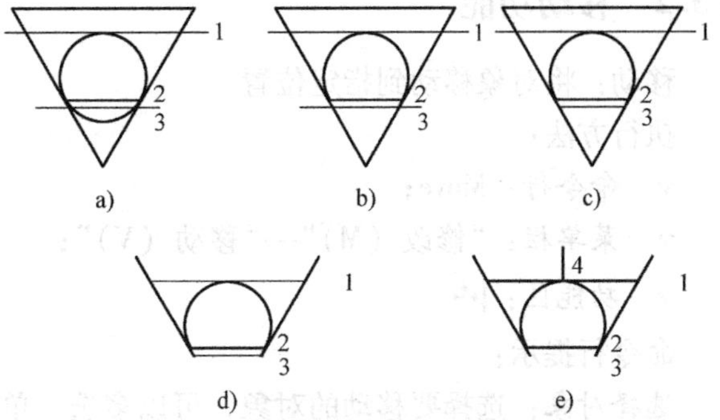

图 3-4　带接地插孔三相插座的绘制

(7) 删除直线 3，绘制垂直线段 4，完成插座的绘制，如图 3-4e 所示。

3.3　移动复制类功能

3.3.1　复制功能

复制：将选择的对象复制到指定位置。

执行方法：

✧ 命令行：Copy；

✧ 菜单栏：“修改（M）”→“复制（Y）”；

✧ 功能区：。

命令行提示：

选择对象：选择要复制的对象，可以多选，单击鼠标右键结束选择对象。

指定基点或［位移(D)/模式(O)］<位移>：基点指复制对象的定位点，再移动一段距离即可实现复制选择的源对象。默认模式是多重复制模式，即可以一次把源对象复制成多个目标对象。若此时输入字母 D 或直接回车，则可以在命令行给出复制的位移坐标；若此时输入字母 O，则选择复制的模式，分为“单个（S）”和“多个（M）”模式。

指定第二个点或［退出(E)/放弃(U)］<退出>：指出复制位移的第二个点，若想结束复制可以输入字母 E 或直接回车退出，或输入字母 U 放弃上一个操作。

示例：绘制三相断路器符号，如图 3-5 所示。

步骤：

（1）首先运用绘制直线命令绘制相应的直线段，如图 3-5a 所示。

（2）选择“复制”命令，选择复制的基点，进行两次水平复制，构成三相断路器，连接三相断口即得图 3-5b 所示的图形。

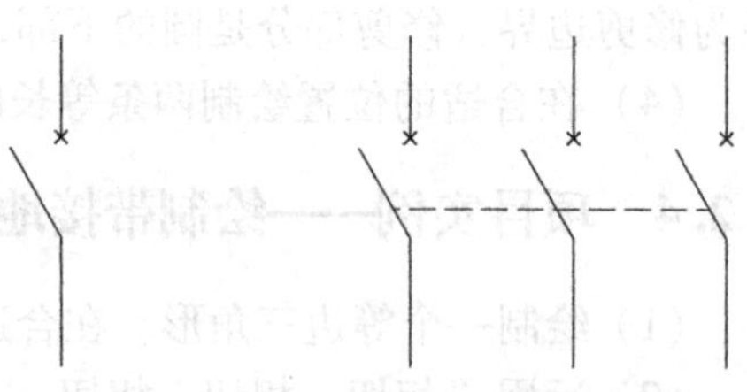

图 3-5 绘制三相断路器符号示例

3.3.2 移动功能

移动：将对象移动到指定位置。

执行方法：

✧ 命令行：Move；

✧ 菜单栏：“修改（M）”→“移动（V）”；

✧ 功能区：。

命令行提示：

选择对象：选择要移动的对象，可以多选，单击鼠标右键结束选择对象。

指定基点或［位移（D）］<位移>：基点指移动对象的定位点，再移动一段距离即可实现对象的移动。“位移（D）”选项同“复制”。

指定第二个点或 <使用第一个点作为位移>：指出移动位移的第二个点；若直接回车表示以第一个点的坐标作为位移数值执行移动。

3.3.3 偏移功能

偏移：对指定的直线、圆、圆弧等做平行且等距离的复制。

执行方法：

✧ 命令行：Offset；

✧ 菜单栏：“修改（M）”→“偏移（S）”；

✧ 功能区：。

命令行提示：

指定偏移距离或［通过(T)/删除(E)/图层(L)］<通过>：直接输入数字作为偏移的距离，或用鼠标给出两点确定的一段距离，或输入字母 T 后给出偏移通过的点；“删除(E)”表示删除设定的距离；“图层(L)”表示指定偏移对象的图层。

选择要偏移的对象或［退出(E)/放弃(U)］<退出>：指定要偏移的对象或放弃、退出。

指定要偏移的那一侧上的点或［退出(E)/多个(M)/放弃(U)］<退出>：指定要偏移的物体放置的侧，可以通过输入字母 M 选择多个要偏移的对象。

示例：绘制如图 3-6 所示的变电所主变俯视图。

步骤：

（1）绘制两个直径为 100 的圆和长度为 150 的直线，把圆和直线连接成如图 3-6a 所示的图形。

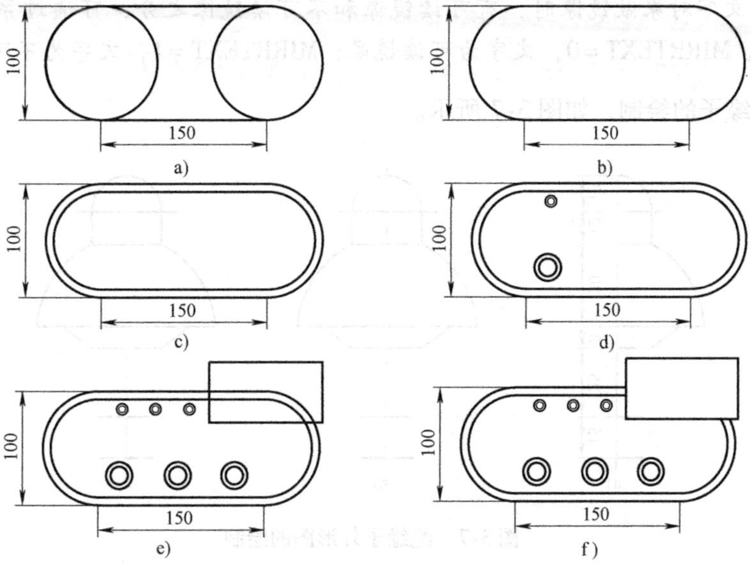

图3-6　变电所主变俯视图

（2）选择“修剪”命令，以两条直线为修剪边界，修剪掉两个圆的内侧部分，如图3-6b所示。

（3）选择“偏移”命令，偏移距离为7，偏移对象分别选择两个半圆和两条直线，形成如图3-6c所示的图形。

（4）绘制两个圆半径分别为12和5，分别向圆内侧偏移，偏移距离分别为4和2，如图3-6d所示。

（5）复制此大圆和小圆各两个，绘制矩形作为变压器的储油柜，如图3-6e所示。

（6）以矩形作为修剪边界，修剪矩形内的边界线，即完成变压器俯视图的绘制，如图3-6f所示。

3.3.4　镜像功能

镜像：将图形对象按指定的镜像线做镜像处理。

执行方法：

✧　命令行：Mirror；

✧　菜单栏：“修改（M）”→“镜像（I）”；

✧　功能区：。

命令行提示：

选择对象：选择要做镜像的对象，可以多选，单击鼠标右键结束选择对象。

指定镜像线的第一点：指定“镜子”的第一点。

指定镜像线的第二点：指定“镜子”的第二点。

是否删除源对象？[是(Y)/否(N)]<N>：输入字母Y，表示把源对象删除不保留，相当于镜像移动；输入字母N，表示保留源对象，相当于镜像复制。

注意：当文字对象做镜像时，有可读镜像和不可读镜像之分，可通过系统变量 MIRRTEXT 设置。MIRRTEXT = 0，文字为可读镜像；MIRRTEXT = 1，文字为不可读镜像。

示例：绝缘子的绘制，如图 3-7 所示。

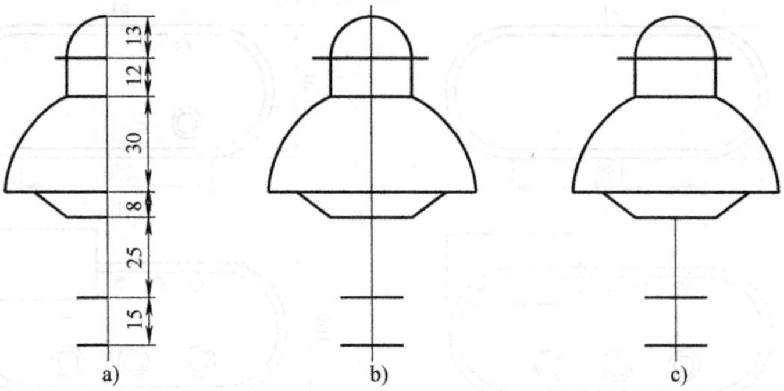

图 3-7　绝缘子外形图的绘制

步骤：

（1）按尺寸绘制各段垂直中轴线，在中轴线各段的端点处绘制水平向左的线段，尺寸从下至上分别为 15、25、8、30、12、13，如图 3-7a 所示。

（2）用三点绘制圆弧的命令绘制两段圆弧，完成如图 3-7a 所示的图形。

（3）单击“镜像”命令，选中中轴线左侧的所有图元作为镜像对象，中轴线作为镜像线，不删除源对象，形成如图 3-7b 所示的图形。

（4）修剪多余的中轴线，完成绝缘子的绘制，如图 3-7c 所示。

3.3.5 阵列功能

阵列：按矩形、环形或任意路径方式复制选择的对象。

执行方法：

✧ 命令行：Array；

✧ 菜单栏：“修改（M）”→“阵列（A）”；

✧ 功能区：。

AutoCAD2019 版中阵列功能有三种方式，即 矩形阵列、 环形阵列、 路径阵列（在菜单中也是同样的选项）。

执行的过程改变了从前版本的选项卡对话窗口的模式，变为只有命令行的方式，并且需要先绘制好欲作阵列的图元，不再支持先命令后对象选择的过程。

命令执行时可以在命令行选择阵列的类型（矩形、环形、路径），也可以在功能区或下拉菜单中选择，命令的执行过程会各自有所不同。

选择矩形阵列后，命令行提示：

ARRAYRECT 选择对象：

ARRAYRECT 选择夹点以编辑阵列或 [关联(AS)/基点(B)/计数(COU)/间距(S)/列数(COL)/行数(R)/层数(L)/退出(X)] <退出>：

系统提供两种形式的夹点来编辑阵列，一种是三角形夹点，另一种是正方形夹点，如图 3-8 所示。

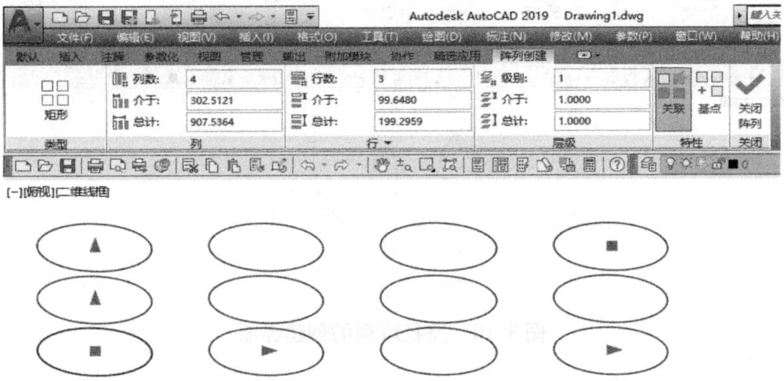

图 3-8　矩形阵列的创建界面

各夹点选中后可执行的操作不同，可以根据命令提示调整矩形阵列的行数、行间距、列数、列间距，调整阵列的位置等，可以在提示栏中输入数据，也可以用鼠标拖拽出距离确定。

同时，在功能区也产生一个“阵列创建”区，如图 3-8 所示，可以在其中修改阵列的类型、列数和间距、行数和间距、层数和间距、关联性、阵列基点等基本信息，更直观方便。

环形阵列的操作过程类似，形成环形阵列后，根据夹点进行编辑，如图 3-9 所示。

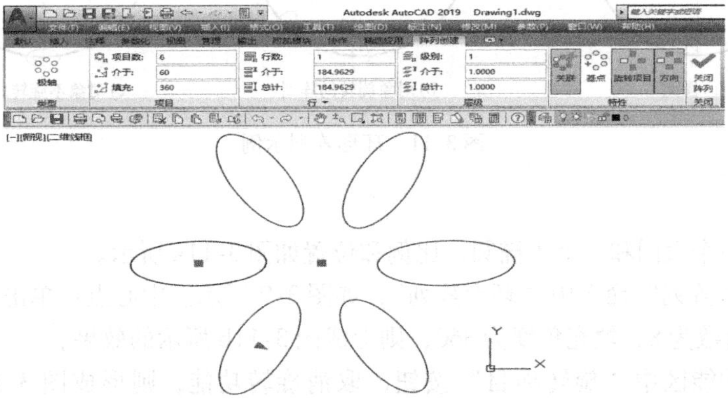

图 3-9　环形阵列的创建界面

同样，两类夹点分别根据命令提示执行不同的操作，可以设定项目数、项目间的角度、基点位置、极轴半径等信息，可以在提示栏中输入数据，也可以用鼠标拖拽出距离确定。

同时，在功能区也给出“阵列创建”区，进行相应项目的修改和设定，如图 3-9 所示。

路径阵列的操作需要预先再绘制一条路径曲线，如图 3-10 所示。

执行路径阵列后，命令行会提示先选择阵列对象，可以多选，以鼠标右键结束选择，再选择路径对象，即可实现路径阵列，如图 3-10 所示。

通过两类夹点可以改变项目的位置、项目间的距离和项目数等信息，功能区如图 3-10

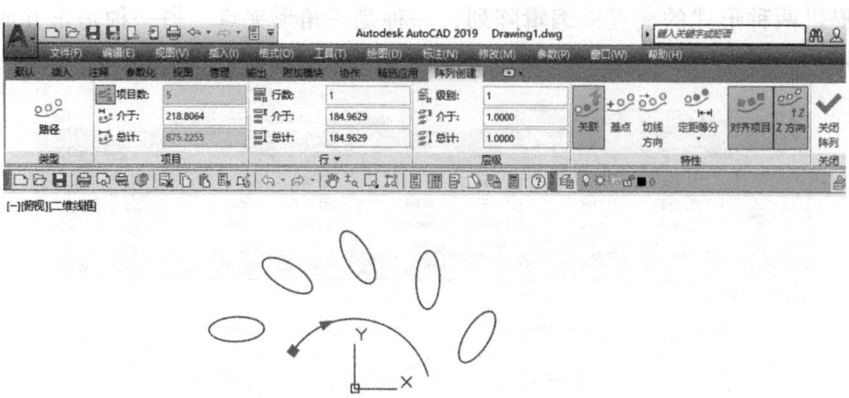

图 3-10 路径阵列的创建界面

所示，可以设置关联、基点、切线方向、对路径进行定距等分等。

三者的命令行提示各不相同，根据各自的特点设定，这里不一一陈述，读者自行逐一试用即可。

示例：环形阵列的对象旋转与不旋转的效果示例，如图 3-11 所示。

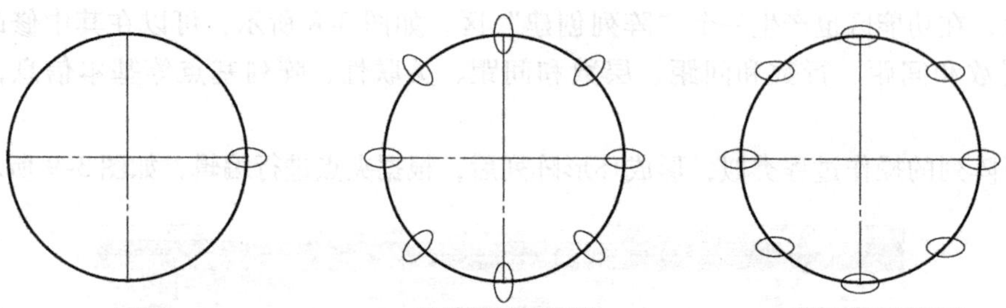

a) 图元　　b) 对象旋转的阵列　　c) 对象不旋转的阵列

图 3-11 环形阵列示例

步骤：

（1）绘制一个大圆和一个小椭圆，比例和位置如图 3-11a 所示。

（2）选择“阵列”命令中“环形阵列”，如图 3-9 所示。中心点：单击大圆的圆心；在功能区修改项目数为 8，填充角度为 360，则形成图 3-11b 所示的效果。

（3）单击功能区中“旋转项目”按钮，取消旋转功能，则形成图 3-11c 所示的阵列效果。

3.3.6 项目实例——绘制变电所二次回路综合屏平面布置图

（1）先利用矩形工具绘制一个小型断路器 1Q 的符号和一个测控单元箱 WDR（1C）的符号，利用“圆”“线”“矩形”等命令绘制单个连接片图形和下面的标号Ⅱ/1 符号，如图 3-12a 所示。

（2）分别利用阵列功能选择矩形阵列，如图 3-8 所示，选择对象：框选图 3-12a 左侧的断路器符号及文字标注，设置行数为 1，列数为 10，给出适当的行列间距（偏移）数值，阵列角度为 0，确认即形成第一个 1×10 阵列。

（3）选择图 3-12a 中间的单元箱所有图元，再重新设置行列数分别为 5 行、2 列，确认后形成第二个 5×2 阵列；选择图 3-12a 中右侧的连接片所有图元，设置行列数分别为 3 行、10 列，确认后形成第三个 3×10 阵列。

（4）利用“矩形”“线”命令绘制综合屏屏框，如图 3-12b 所示。以适当比例缩放 3 个阵列的所有图元，放入综合屏框内，调整位置和比例即可。

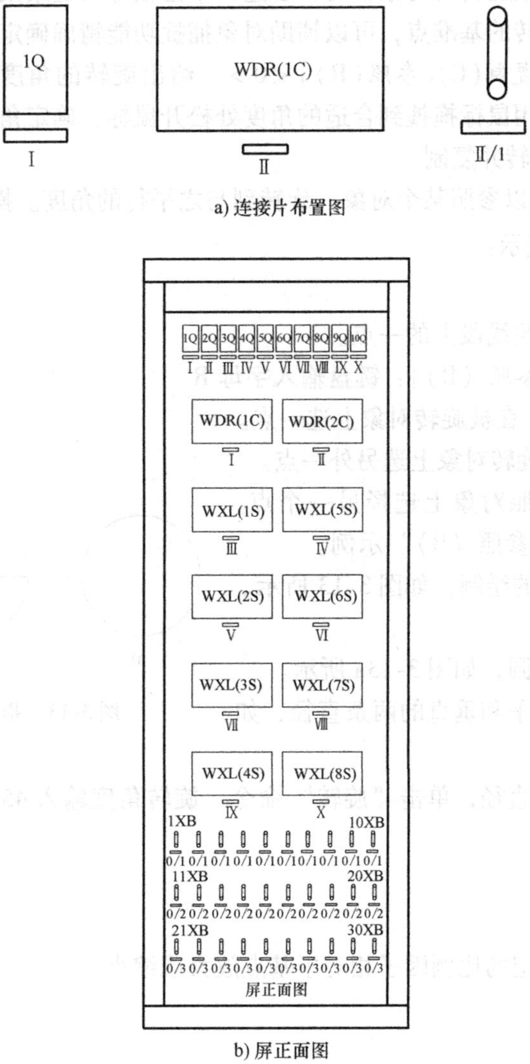

图 3-12　变电所二次回路综合屏平面布置图

3.4　图形变形类功能

3.4.1　旋转功能

旋转：将对象按基点旋转指定的角度。

执行方法：

✧ 命令行：Rotate；

✧ 菜单栏：“修改（M）”→“旋转（R）”；

✧ 功能区：。

命令行提示：

选择对象：选择要做旋转的对象，可以多选，单击鼠标右键结束选择对象。

指定基点：指定旋转的基准点，可以辅助对象捕捉功能精确确定基准点。

指定旋转角度或［复制(C)/参照(R)］<0>：给出旋转的角度，默认角度为0。可以输入角度数值，也可以用鼠标拖拽到合适的角度处松开鼠标，确定角度。

复制（C）：表示旋转并复制。

参照（R）：表示可以参照某个对象，旋转到与之平行的角度。操作过程如下：

单击，命令行提示：

选择对象：如前。

指定基点：选择参照线段上的一点。

指定旋转角度或［参照（R）］：键盘输入字母R。

指定参照角 <0>：在被旋转对象上选一点。

指定第二点：在被旋转对象上选另外一点。

指定新角度：在参照对象上选择另一个点。

可参考“缩放”中的“参照（R）”示例。

示例：指示灯符号的绘制，如图3-13所示。

步骤：

（1）首先绘制一个圆，如图3-13a所示。

（2）在圆中绘制水平和垂直的两条直径，如图3-13b所示。

（3）选中圆和两条直径，单击“旋转”命令，旋转角度输入45，即得如图3-13c所示的指示灯符号。

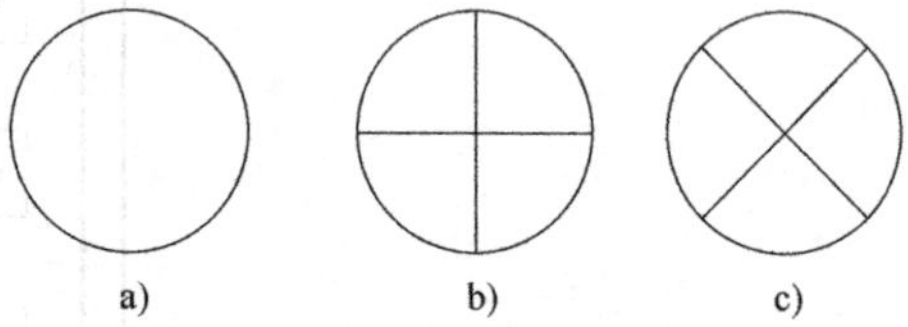

图3-13 指示灯符号的绘制

3.4.2 缩放功能

缩放：将对象按指定的比例因子相对于基点放大或缩小。

执行方法：

✧ 命令行：Scale；

✧ 菜单栏：“修改（M）”→“缩放（L）”；

✧ 功能区：。

命令行提示：

选择对象：选择要做缩放的对象，可以多选，单击鼠标右键结束选择对象。

指定基点：指定缩放的基准点。

指定比例因子或［复制(C)/参照(R)］<1.0000>：如果直接指定比例因子，则将选定的对象根据该比例因子相对于基点缩放，比例因子小于1时缩小对象，比例因子大于1时放大对象，比例因子 = 新长度值/参考长度值。如果选择“R”，则以参照的方式进行缩放。若以此方式缩放，则基点要选在所参照的物体上。

指定参照长度：在被缩放物体上指定长度。

指定新的长度或［点（P）］：在参照物体上指定另一个点。

示例：把图 3-14a 中圆的直径缩放到图中直线的长度。

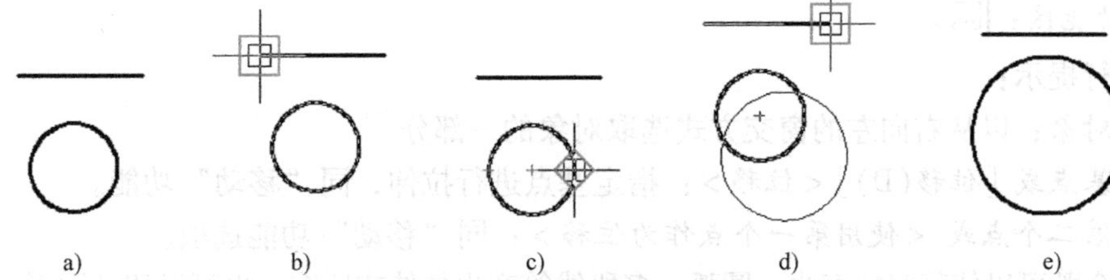

图 3-14　参照缩放的示例

步骤：

首先单击“缩放”命令，在选择对象时，选择圆。

命令行提示：指定基点。在线段上选择一个端点，如图 3-14b 所示。

命令行提示：指定比例因子或［复制（C）/参照（R）］。输入字母 R，以参照方式缩放。

命令行提示：指定参照长度。选择圆直径的两个端点，如图 3-14c 所示。

命令行提示：指定新的长度或［点（P）］。指定线段的另一个端点，如图 3-14d 所示，确定后效果如图 3-14e 所示，即完成操作。

3.4.3　延伸功能

延伸：延伸指定的对象到指定的边界。

执行方法：

✧　命令行：Extend；

✧　菜单栏：“修改（M）”→“延伸（D）”；

✧　功能区：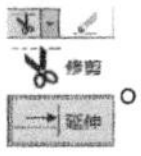
。

由于延伸功能和修剪功能是两个功能相近的命令，所以 AutoCAD2019 版把两个命令都列在了“修剪”下，两个命令的参数含义基本相同。示例如图 3-15 所示。

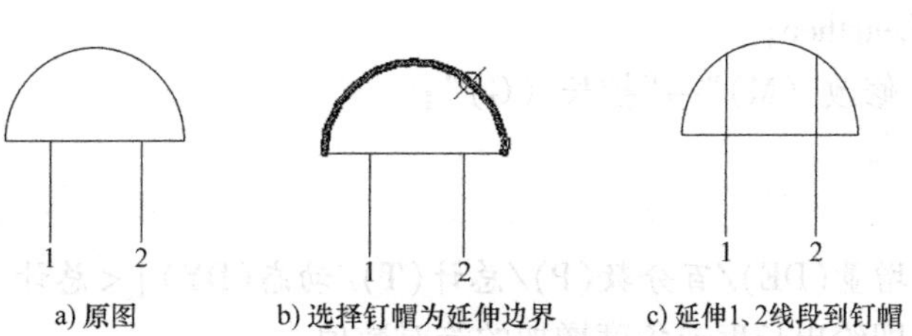

图 3-15　延伸功能操作示例

3.4.4 拉伸功能

拉伸：移动或拉伸对象。

执行方法：

✧ 命令行：Stretch；

✧ 菜单栏："修改（M）"→"拉伸（H）"；

✧ 功能区：。

命令行提示：

选择对象：以从右向左的窗交方式选取对象的一部分。

指定基点或［位移(D)］<位移>：指定基点进行拉伸，同"移动"功能。

指定第二个点或 <使用第一个点作为位移>：同"移动"功能选项。

此命令既可以使某些如直线、圆弧、多段线等产生拉伸或压缩，也可以移动图形。在"选择对象："提示下选择对象时，对于直线、圆弧、区域填充和多段线等对象，若其整体位于选择窗口之内，执行的结果是对它们进行移动；若其一部分位于窗口之内，而选择窗口边界与对象相交，执行结果是位于窗口以内的部分产生移动效果，而与边界相交的部分产生拉伸效果。

注意：选择对象须以交叉窗口或交叉多边形的方式选择被拉伸对象，且选择的部分至少要有一个端点。

拉伸操作的过程示例如图3-16所示。

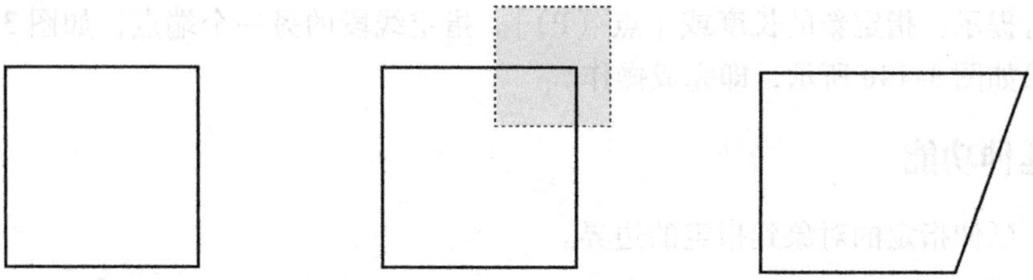

a) 原图　　b) 由右向左框住图形的一部分　　c) 图形的一部分被拉伸

图3-16 拉伸操作的过程示例

3.4.5 拉长功能

拉长：改变线段或圆弧的长度。

执行方法：

✧ 命令行：Lengthen；

✧ 菜单栏："修改（M）"→"拉长（G）"；

✧ 功能区：。

命令行提示：

选择对象或［增量(DE)/百分数(P)/总计(T)/动态(DY)］<总计（T）>：

增量（DE）：即给出长度或角度增加的绝对数值。

百分数（P）：输入的新长度是原长的百分数。大于100%时，对象拉长；小于100%

时，对象缩短。

总计（T）：输入值为改变后的新的长度或角度，与原长度或角度无关。

动态（DY）：允许利用鼠标动态地改变直线或圆弧的长度。另外，对象被拉长的方向，总是发生在距选择点最近的一端。

图 3-17 所示为一段直线和一段圆弧分别被拉长为原长的 120% 时的效果图，操作确定后，尺寸标注也会相应改变为新的长度。

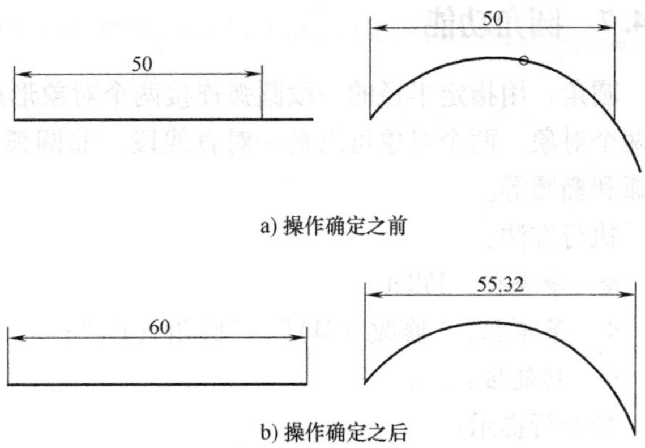

图 3-17　直线和圆弧的拉长操作

3.4.6　倒角功能

倒角：用斜线连接两个不平行的线型对象以形成倒角效果。两个对象可以是两个直线段、构造线、射线和多段线等。

执行方法：

✧　命令行：Chamfer；

✧　菜单栏："修改（M）"→"倒角（C）"；

✧　功能区：。

命令行提示：

选择第一条直线或［放弃(U)/多段线(P)/距离(D)/角度(A)/修剪(T)/方式(E)/多个(M)］：首次操作要先设定倒角的距离，输入字母 D，命令行提示：

指定第一个倒角距离 <0.0000>：输入第一个倒角边距离。

指定第二个倒角距离 <0.0000>：默认另一个倒角边距离与第一个边相等，也可以输入不同的数值，形成不等距离的倒角。

选择第一条直线或［放弃(U)/多段线(P)/距离(D)/角度(A)/修剪(T)/方式(E)/多个(M)］：依次选择预作倒角的两个线段即可。

多段线（P）：对整条多段线倒角。

角度（A）：可以设定倒角的距离和倒角的角度。

修剪（T）：确定倒角后是否对倒角的原物体的边进行修剪。执行该选项后，系统提示：

输入修剪模式选项［修剪(T)/不修剪(N)］：

修剪（T）：表示倒角后对倒角边进行修剪。

不修剪（N）：表示倒角后保留倒角后的原物体边界，不进行修剪。

方式（E）：确定按什么方法倒角。执行时，可选择按距离或按角度倒角。

多个（M）：可以一次完成多个倒角操作。

图 3-18 所示为修剪和不修剪倒角效果。

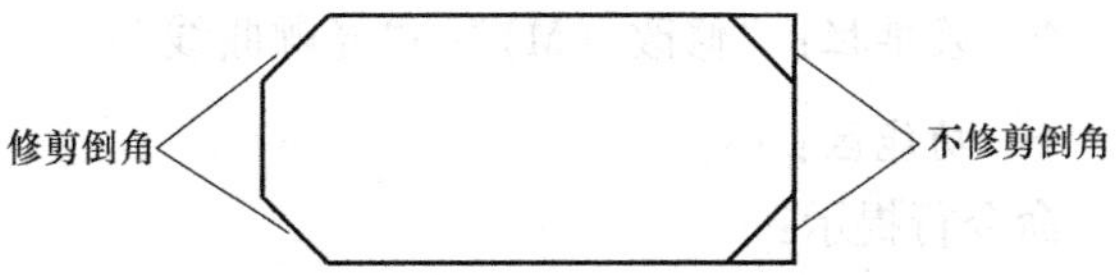

图 3-18　修剪和不修剪倒角效果图

3.4.7 圆角功能

圆角：用指定半径的一段圆弧连接两个对象形成圆角，若两个对象不相交，该命令可连接两个对象。两个对象可以是一对直线段、非圆弧多段线、样条曲线、构造线、射线、圆、圆弧和椭圆等。

执行方法：

✧ 命令行：Fillet；

✧ 菜单栏："修改（M）"→"圆角（F）"；

✧ 功能区：⌒。

命令行提示：

选择第一个对象或［放弃(U)/多段线(P)/半径(R)/修剪(T)/多个(M)］：选择倒圆角的第一个对象，为默认项。用户在选择第一个对象之后，根据提示选择相应的第二个对象，则按照当前的倒圆角设置对它们进行倒圆角。

多段线（P）：对二维多段线端点处倒圆角。

半径（R）：确定倒圆角的圆角半径。首次操作时要在选择对象前先设定半径，系统默认数值为 0。

修剪（T）：确定倒圆角操作时边界的修剪模式，同"倒角"操作。

多个（M）：可以一次完成多个圆角操作。

把图 3-19 所示的左侧图形各段进行圆角操作后形成右侧的图形。

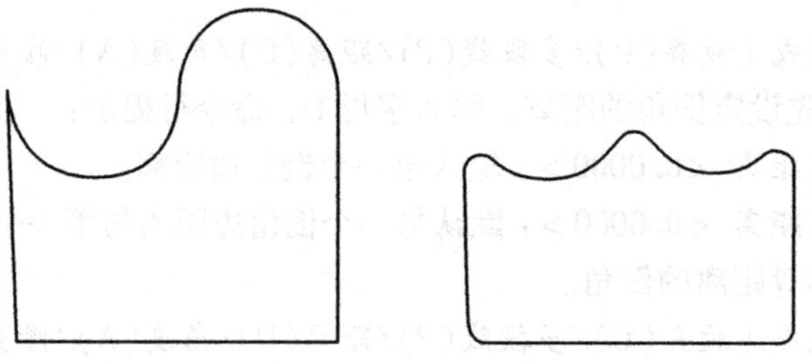

图 3-19 各种线型的圆角操作

3.4.8 光顺曲线功能

光顺曲线：在两段开放的曲线之间填充平滑或相切的样条曲线连接。这是 AutoCAD2010 版没有的功能。

执行方法：

✧ 命令行：Blend；

✧ 菜单栏："修改（M）"→"光顺曲线"；

✧ 功能区：∿。

命令行提示：

选择第一个对象或［连续性（CON）］：在第一条曲线上单击选中，会出现：

选择第二个点：在第二条曲线上选择一个端点，则在两条曲线间连接一段光滑的样条曲线。

若选择了［连续性（CON）］，则命令行提示输入连续性选项，有［相切（T）/平滑（S）］两种，决定了连接段曲线的连接方式。

3.4.9 合并功能

合并：合并两个相似对象以形成完整的一个整体。合并的对象可以是直线、开放的多段线、圆弧、椭圆弧或开放的样条曲线。

执行方法：

✧ 命令行：Join；

✧ 菜单栏："修改（M）"→"合并（J）"；

✧ 功能区：。

命令行提示：

选择源对象：

选择要合并到源的直线：

若合并成功则命令行提示：已将 1 条直线合并到源。

若合并未成功则命令行提示：已将 0 条直线合并到源。

可以视为"打断"命令的逆操作。

3.4.10 分解功能

分解：将复合的对象分解成多个基本对象。

执行方法：

✧ 命令行：Explode；

✧ 菜单栏："修改（M）"→"分解（X）"；

✧ 功能区：。

命令执行后，选择的组合对象被分解成多个基本对象。如图 3-20 所示，右侧矩形是左侧矩形复制后被分解的图形，同样单击矩形的下边界，左侧选中整个矩形，右侧只选中一条边，矩形已被分解为单个的线段。

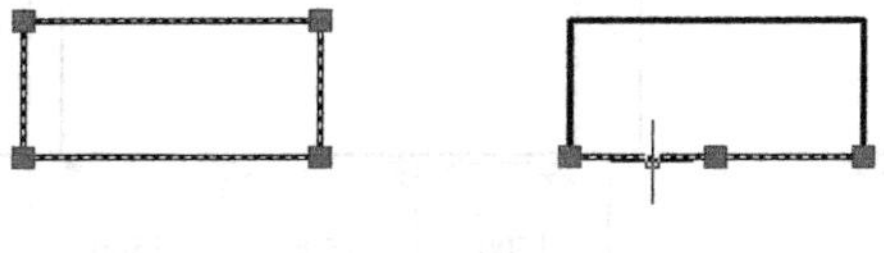

图 3-20 矩形分解前后比较

3.4.11 对齐功能

AutoCAD2019 完善了对齐功能，并把它放置在了功能区中。

对齐：将对象与其他对象对齐。可以指定一对、二对、三对源点和目标点，以移动、旋转、倾斜或放缩选定对象，从而将它与目标点对齐。

执行方法：

✧ 命令行：Align；

✧ 功能区：。

命令行提示：

选择对象：选择需要对齐操作的图元，可以多选，右击鼠标结束对象选择。

下面依次指定第一个源点、指定第一个目标点；指定第二个源点、指定第二个目标点；指定第三个源点或 <继续>。右击鼠标结束点的选择，系统会继续提问：

是否基于对齐点缩放对象？［是（Y）/否（N）］：选择“是”，则会根据几对点的距离关系缩放源对象并对齐；选择“否”，则只对齐，不改变源对象的比例。示例如图 3-21 所示。

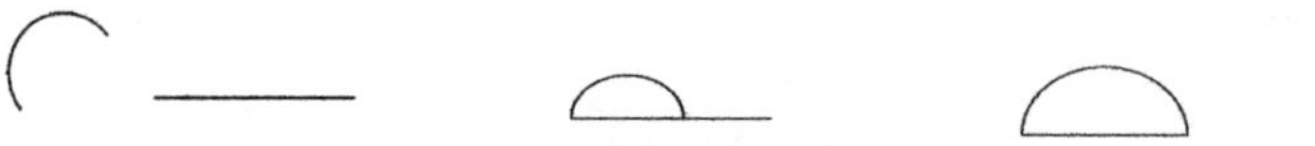

图 3-21 对齐操作的效果

3.4.12 项目实例——绘制户外变电所断面图

本实例项目绘制如图 3-22 所示的户外变电所断面布置图。

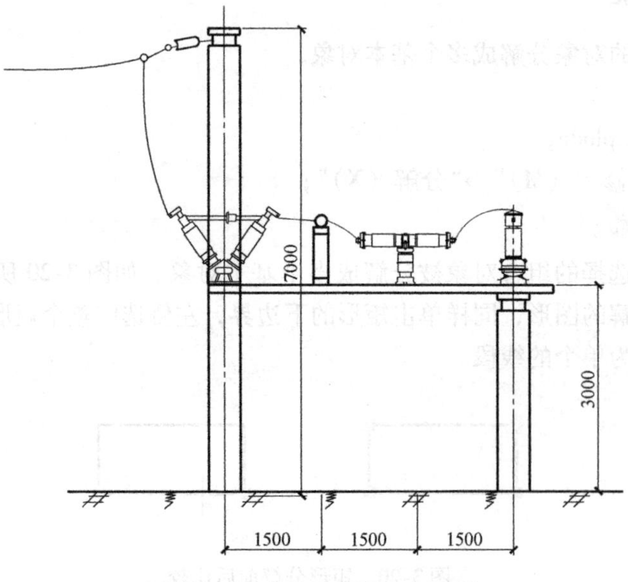

图 3-22 户外变电所断面布置图

（1）首先绘制各个户外设备的断面示意图，如图 3-23a ~ d 所示，尺寸自定，可以单独保存成图形文件或图块文件。

（2）按照尺寸绘制图 3-22 中的水泥杆和接地符号。

（3）把各设备按合适比例缩放，放置在台架上固定的位置。

（4）用“圆弧”命令连接各设备和绝缘子串。

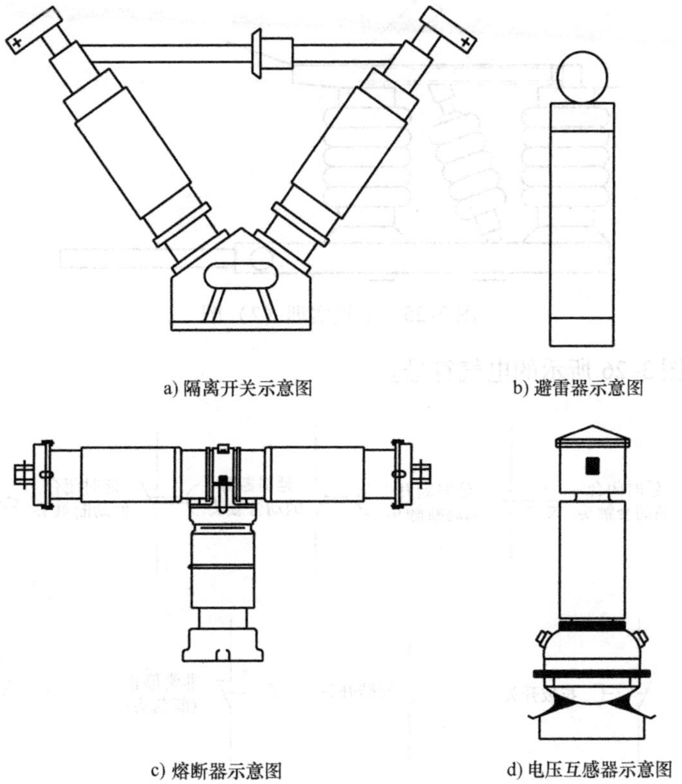

a) 隔离开关示意图　　b) 避雷器示意图

c) 熔断器示意图　　d) 电压互感器示意图

图 3-23　变电所户外部分设备示意图

3.5　上机实训

（1）绘制如图 3-24 所示的电气符号。

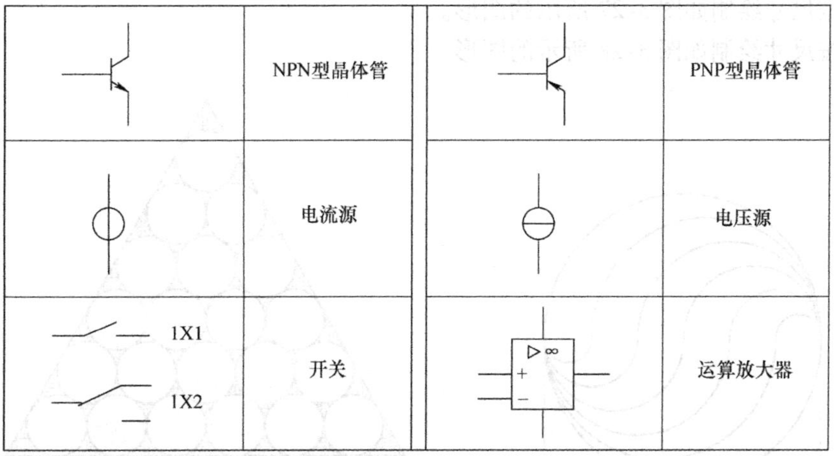

NPN型晶体管
PNP型晶体管
电流源
电压源
1X1
1X2
开关
运算放大器

图 3-24　上机实训（1）图

（2）绘制如图 3-25 所示的隔离开关示意图。

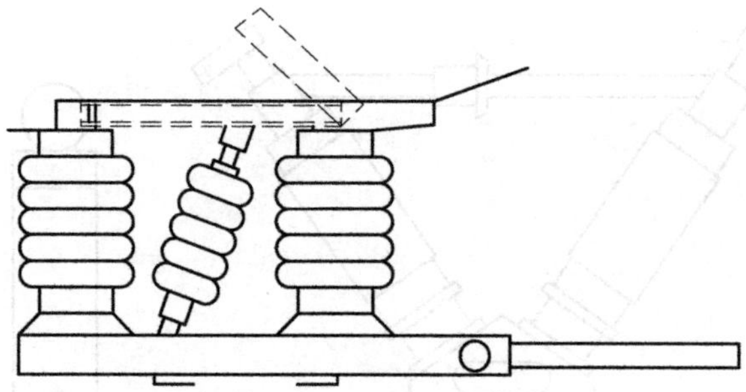

图 3-25 上机实训（2）图

（3）绘制如图 3-26 所示的电气符号。

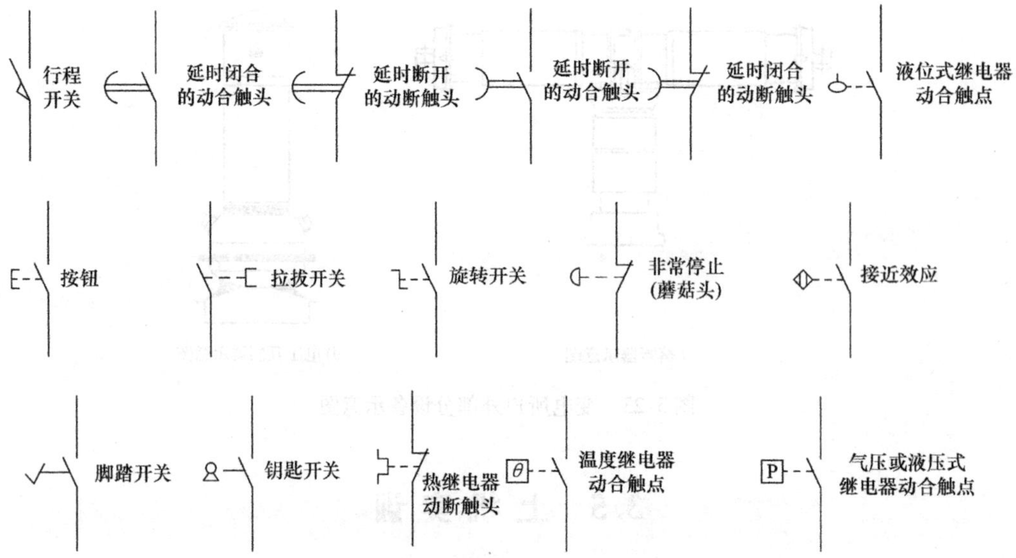

图 3-26 上机实训（3）图

（4）按尺寸绘制如图 3-27 所示的图形。
（5）按尺寸绘制如图 3-28 所示的图形。

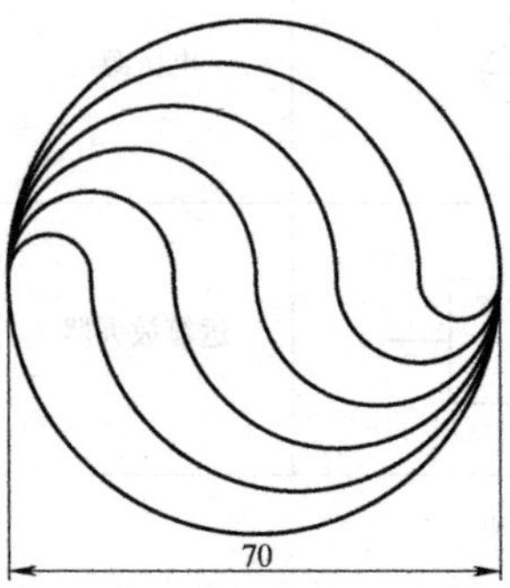

图 3-27 上机实训（4）图

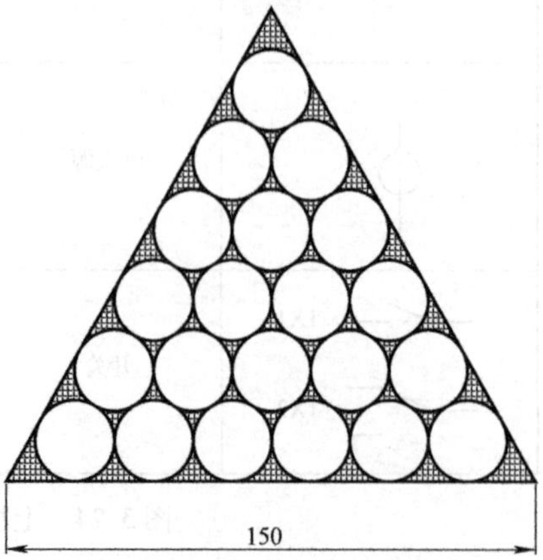

图 3-28 上机实训（5）图

（6）按尺寸绘制如图3-29所示的图形。

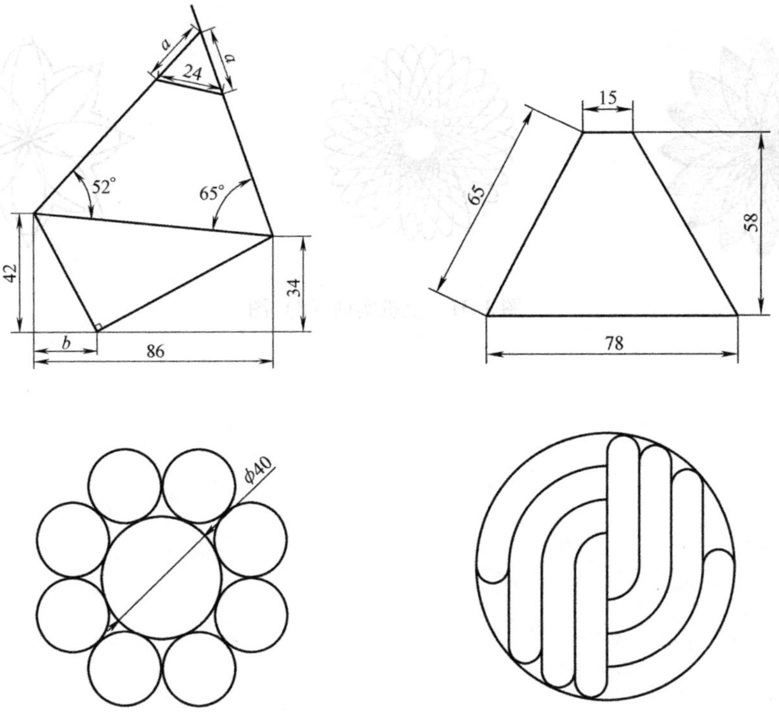

图3-29　上机实训（6）图

（7）按尺寸绘制如图3-30所示的图形。

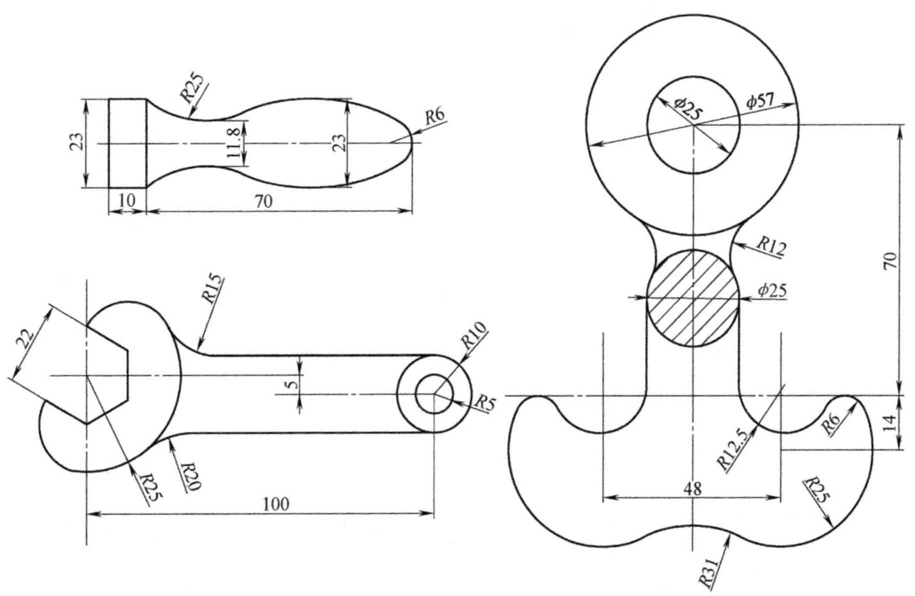

图3-30　上机实训（7）图

（8）利用“圆”“椭圆”“阵列”“修剪”等命令绘制如图 3-31 所示的图形或自己设计类似的图形。

图 3-31 上机实训（8）图

第4章 精确绘图与编辑

AutoCAD 提供了一些绘图的辅助工具，利用这些工具可以绘制出更加精确细致的图形。这些工具包括精确定位、对象捕捉、对象追踪、正交模式和夹点编辑等。

4.1 精确定位

精确定位工具是指能够帮助用户快速准确地定位某些特殊点（如端点、中点、圆心等）和特殊位置（如水平位置、垂直位置）的工具，包括“捕捉模式”“栅格”“正交模式”“极轴追踪”“二维对象捕捉”“对象捕捉追踪”“动态 UCS”“动态输入”“线宽”和“等轴测草图”等多个功能按钮，这些工具集中在绘图区状态栏中。

4.1.1 捕捉模式和栅格

捕捉模式和栅格是 AutoCAD 提供的精确绘图工具之一。通过捕捉模式可以将绘图区的特定点拾取锁定；栅格是在绘图区显示出具有指定间距的栅格，通过捕捉这些栅格的交点可以约束光标点落在这些交点上，以精确掌握绘图的尺寸。栅格不是图形的组成部分，也不能被打印出来。用户可以启用捕捉模式和栅格功能，也可以在不需要时关闭它们，以不妨碍用户的绘图和编辑功能。

执行方法：

✧ 状态栏：捕捉模式、栅格，或 、；

✧ 快捷键：<F9>（捕捉），<F7>（栅格）。

通过状态栏和快捷键方式打开和关闭捕捉和栅格功能，也可以打开“捕捉和栅格”选项卡，如图 4-1 所示。这里可以设置捕捉的最小间距和栅格的最小间距等。

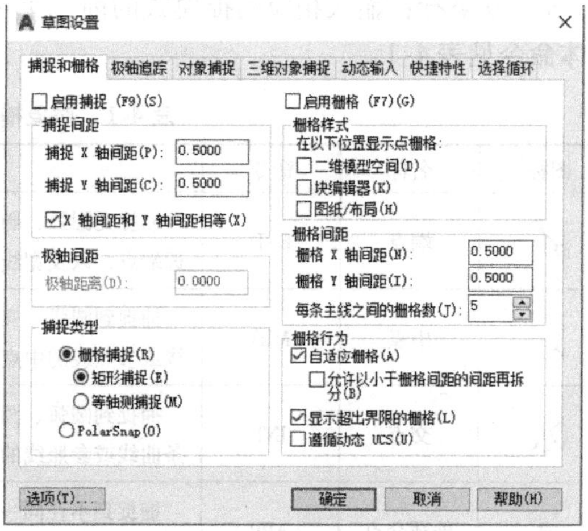

图 4-1 “捕捉和栅格”选项卡

✧ 捕捉 X 轴间距/捕捉 Y 轴间距：确定捕捉栅格点在水平和垂直两个方向上的间距，间距值必须为正实数。

✧ X 轴间距和 Y 轴间距相等：捕捉间距和栅格间距强制使用同一 X 和 Y 数值。二者也可以不同。

✧ 栅格 X 轴间距/栅格 Y 轴间距：指定 X/Y 方向上的栅格间距。如果该值为 0，则 AutoCAD 会自动捕捉栅格间距。

✧ 捕捉类型：确定捕捉的类型。其中，“栅格捕捉”是指按正交位置捕捉位置点；“矩形捕捉”是指捕捉栅格是标准的矩形；“等轴测捕捉”是指捕捉栅格和光标的十字线不再相互垂直，而是成绘制等轴测图时的特定角度。

✧ 栅格样式：是否显示像 AutoCAD2010 版那样的点状栅格，目前版本为线状栅格。

4.1.2 正交模式

在画线和移动对象时，可使用正交模式使光标只在水平或垂直方向移动，从而画出水平线或垂直线，以及在水平或垂直方向移动对象。

执行方法：

✧ 命令行：ORTHO；

✧ 状态栏：正交 或 ；

✧ 快捷键：<F8>。

4.2 对象捕捉

4.2.1 单一对象捕捉

单一对象捕捉：一种暂时的、单一的捕捉模式，每次操作可以捕捉到一个特殊点，操作后功能关闭。

执行方法：

✧ 工具栏：调出对象捕捉工具栏 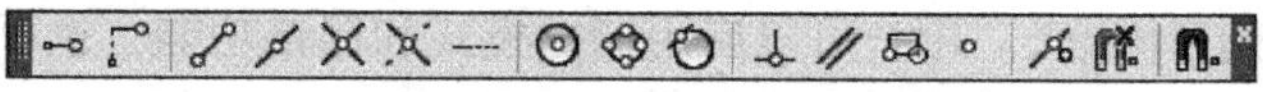；

✧ 快捷键：在绘图区任意位置，按 <Shift> 键不放，同时单击鼠标右键；

✧ 命令行：输入相应捕捉模式的前三个字母。例如，端点（END）、中点（MID）等。具体命令见表 4-1。

表 4-1 对象捕捉模式的含义

图标	名称	命令	功能说明
	端点	END	捕捉到圆弧、椭圆弧、直线、多线、多段线、样条曲线、面域或射线的最近端点，以及宽线、实体或三维面域的最近角点
	中点	MID	捕捉到圆弧、椭圆、椭圆弧、直线、多线、多段线、面域、实体、样条曲线或参照线的中点
	交点	INT	捕捉到圆弧、圆、椭圆、椭圆弧、直线、多线、多段线、射线、面域、样条曲线或参照线的交点
	外观交点	APP	捕捉到不在同一平面但是可能看起来在当前视图中相交的两个对象的外观交点

（续）

图标	名称	命令	功 能 说 明
	延长线	EXT	当光标经过对象的端点时，显示临时延长线或圆弧，以便用户在延长线或圆弧上指定点
	圆心	CEN	捕捉到圆、圆弧、椭圆或椭圆弧的圆心
	象限点	QUA	捕捉到圆弧、圆、椭圆或椭圆弧的 0°、90°、180°、270°位置上的点
	切点	TAN	捕捉到圆弧、圆、椭圆、椭圆弧或样条曲线的切点
	垂足	PER	捕捉到圆弧、圆、椭圆、椭圆弧、直线、多线、多段线、射线、面域、实体、样条曲线或参照线的垂足
	平行线	PAR	捕捉到对象的平行线
	插入点	INS	捕捉到属性、块、形或文字的插入点
	节点	NODE	捕捉到点对象、标注定义点和标注文字起点
	最近点	NEA	捕捉到圆弧、圆、椭圆、椭圆弧、直线、多线、点、多段线、射线、样条曲线或参照线的最近点

4.2.2　自动对象捕捉

自动对象捕捉：能自动捕捉到已经设定的特殊点，是一种长期的、多效的捕捉模式。

执行方法：

✧　状态栏：；

✧　快捷键：<F3>。

设置方法：

✧　状态栏：单击鼠标右键设置；

✧　命令行：Osnap 或 Dsettings。

工具和快捷键<F3>是打开和关闭自动对象捕捉功能的按钮，是开关式按钮，通过右侧的下三角符号，选择“对象捕捉设置”可以打开“对象捕捉”选项卡，如图 4-2 所示。

选取相应的选项即设定了某种对象捕捉点，也可以全部选择和全部清除选项。

注意：“正交”“对象捕捉”等命令是透明命令，可以在其他命令执行过程中操作，而不中断原命令操作。

4.2.3 项目实例——绘制电气控制主接线图

本例通过绘制如图 4-3 所示的电气控制主接线图，练习绘制基本的二维图形及二维图形编辑功能，并运用正交、对象捕捉等精确绘图工具。

（1）绘制圆，捕捉圆的象限点，开启正交模式绘制适当长度直线，在直线的适当位置（开关）利用“打断”命令将直线打断，取消正交模式，绘制开关，如图 4-4a 所示。

（2）利用“复制”或“矩形阵列”命令将单相编辑成三相，并通过捕捉中点和修改线型完成开关的绘制，并继续完成三相异步电动机的绘制，如图 4-4b 所示。

（3）通过“直线”命令以及中点、端点的对象捕捉，完成控制器触头和线圈的控制电路部分，如图 4-4c 所示。

（4）添加文字，完成如图 4-3 所示的电气控制主接线图。

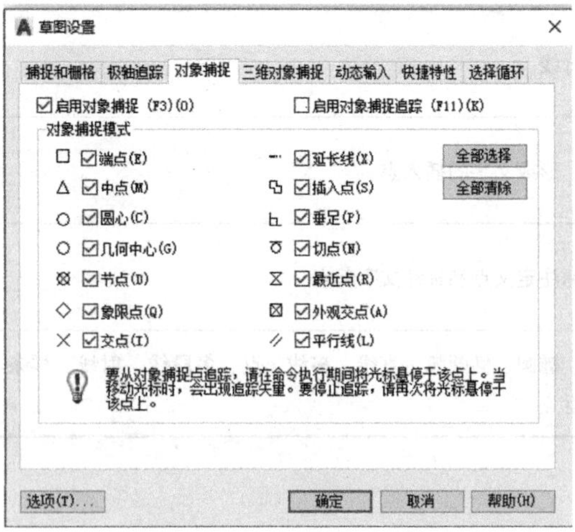

图 4-2 “对象捕捉”选项卡

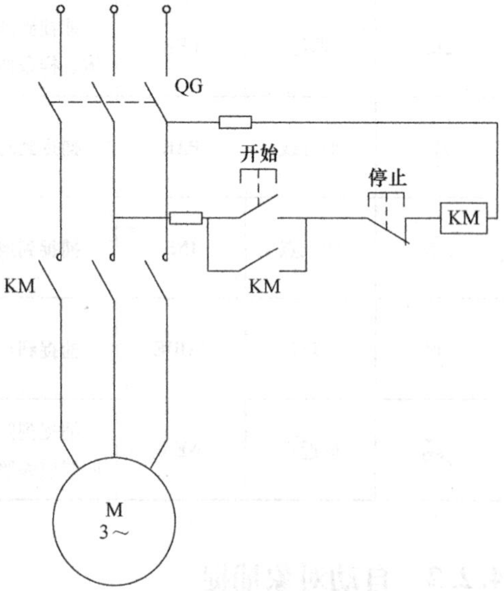

图 4-3 电气控制主接线图

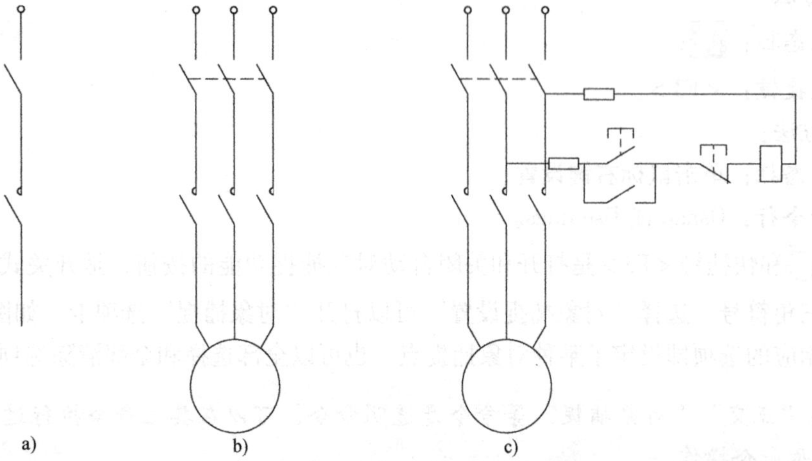

图 4-4 电气控制主接线图绘制过程

4.3 对象追踪

对象追踪包括极轴追踪和对象捕捉追踪功能，可以使用户在特定的角度和位置绘制图形。当该功能开启后，在执行绘图时屏幕会出现临时辅助线，帮助用户在指定的角度和位置上精确地绘出图形对象。

极轴追踪：在用户确定起始点后，系统自动在设定的方向显示出当前点的坐标、极径长度、角度等，如图4-5所示。

对象捕捉追踪：在用户确定起始点后，系统会基于指定的捕捉点沿指定方向追踪，如图4-6所示。

极轴追踪执行方法：

✧ 快捷键：< F10 >；

✧ 状态栏：。

对象捕捉追踪执行方法：

✧ 快捷键：< F11 >；

✧ 状态栏：。

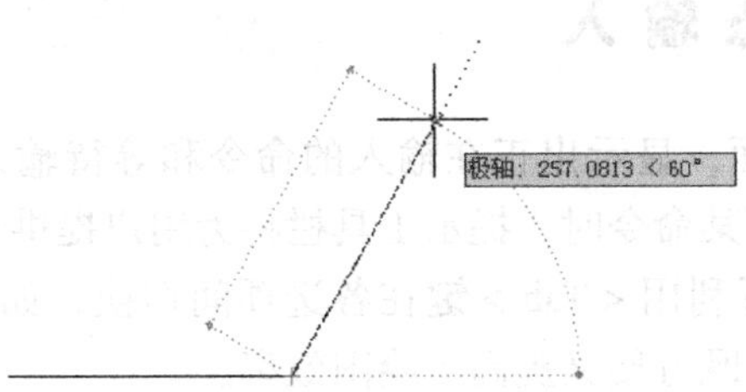

图4-5 极轴追踪示例

图4-6 对象捕捉追踪示例

1. 极轴追踪设置

可以通过单击状态栏中的任一小三角形打开“极轴追踪”选项卡，如图4-7所示。

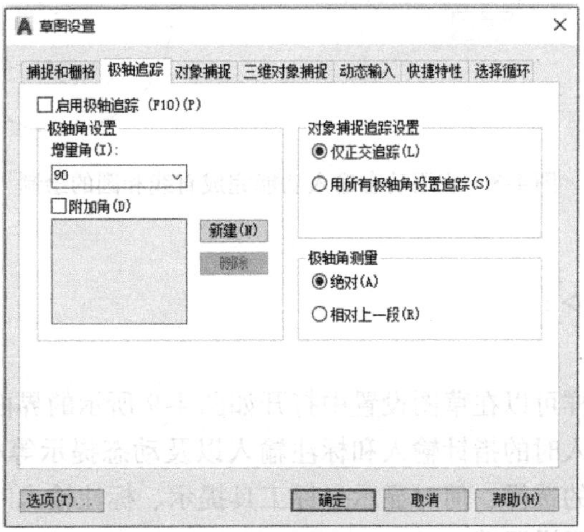

图4-7 “极轴追踪”选项卡

图 4-7 中选项的含义：

✧ 增量角：用于设置角度增量的大小。默认为 90°，即可以捕捉 90°的整数倍角度：0°、90°、180°、270°。用户也可以通过下拉列表框或直接输入数值方式设定新的增量角。

✧ 附加角：用来设置附加角度。附加角和增量角不同，在极轴追踪中会捕捉增量角及其整数倍角度，并且捕捉附加角设定的角度，但不捕捉附加角的整数倍角度。如增量角设置为 90°，附加角设置为 3°，则极轴追踪中会捕捉 0°、3°、90°、180°、…。附加角可以设置多个。

✧ 新建：用于新增一个附加角选项。

✧ 删除：用于删除一个选定的附加角。

2. 对象捕捉追踪设置

✧ 仅正交追踪：设置在对象捕捉追踪时，仅采用正交方式。

✧ 用所有极轴角设置追踪：设置在对象捕捉追踪时，采用所有极轴角追踪。

3. 极轴角测量

✧ 绝对：用于设置极轴角为当前坐标系的绝对角度。

✧ 相对上一段：用于设置极轴角为前一个绘制对象的相对角度。

4.4 动态输入

动态输入是指在光标附近提供一个命令界面，显示出正在输入的命令和等待输入的命令。该信息会随着光标移动而动态更新。当执行某命令时，提示工具栏将为用户提供输入数据的空间，用户根据提示即可完成相关操作，可利用 <Tab> 键在各选项间切换，如图 4-8 所示。动态输入帮助设计人员专注于绘图区域，既方便又提高了绘图效率。

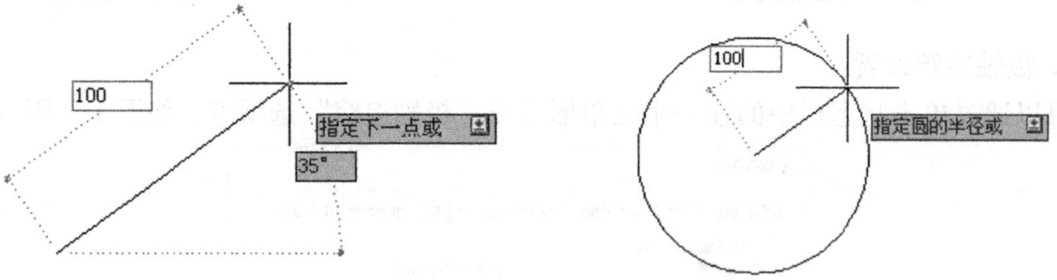

图 4-8 应用动态输入功能完成直线和圆的绘制

执行方法：

✧ 快捷键：<F12>；

✧ 状态栏：。

动态输入的设置同样可以在草图设置中打开如图 4-9 所示的界面。

这里可以对动态输入时的指针输入和标注输入以及动态提示等相关项目分别进行设置，包括指针输入时坐标系的选择、何时显示坐标工具提示、标注输入时同时显示的标注的个数以及工具提示界面的外观设置等。

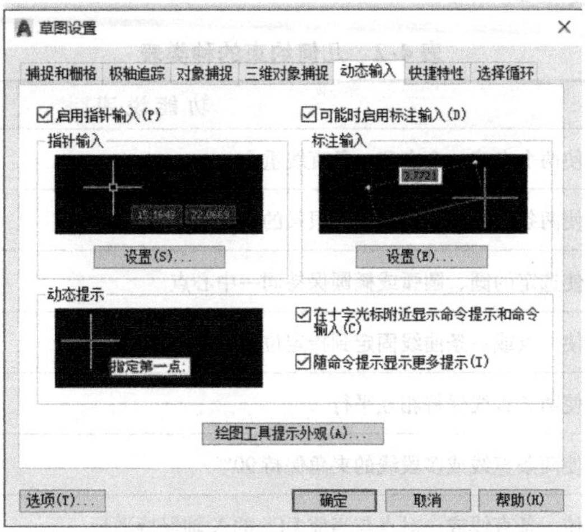

图 4-9 “动态输入”选项卡

4.5 对象约束

使用过其他 CAD 设计软件（如 Solid Works 等）的设计人员对尺寸驱动的概念肯定不会陌生，但对于一直使用 AutoCAD 的人员来说，可能对于尺寸驱动还不十分熟悉。尺寸驱动就是绘图时可以先不考虑尺寸大小，把图形结构画好后，再使用标注尺寸输入正确的尺寸，最后运用对象约束，把图形强制“驱动”到所要求的大小或形状。对象约束包括几何约束和标注约束。

4.5.1 几何约束

几何约束用于确定二维对象间或对象上各点间的几何关系，如平行、垂直、同心或重合等。例如，可添加平行约束使两条线段平行，添加重合约束使两点重合等。

1. 添加几何约束

执行方法：

✧ 菜单栏：“参数”→“几何约束”；

✧ 功能区：“参数化”→“几何”（二维草图与注释空间）；

✧ 命令行：Geomconstraint。

菜单栏和功能区选项卡如图 4-10 和图 4-11 所示。

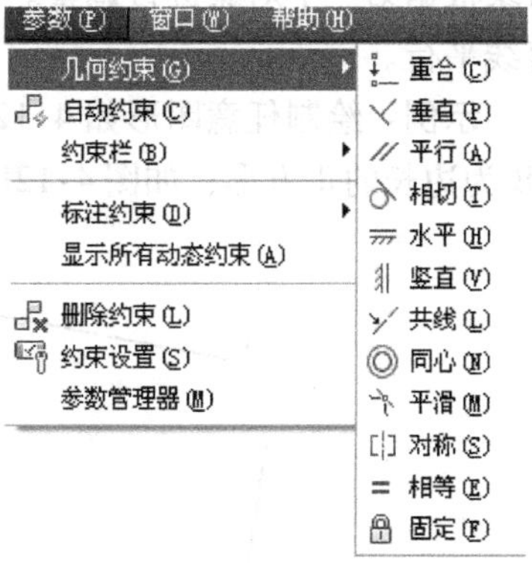

图 4-10 几何约束菜单

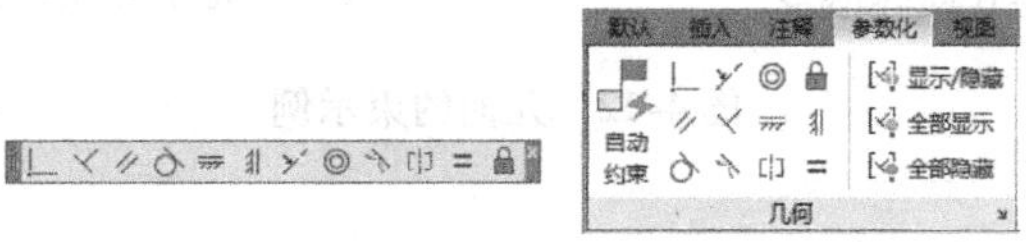

图 4-11 两种绘图空间中几何约束功能区

几何约束的种类见表 4-2。

表 4-2 几何约束的种类表

图标	名称	功能说明
	重合	使两个点或一个点和一条直线重合
	共线	使两条直线位于同一条无限长的直线上
	同心	使选定的圆、圆弧或椭圆保持同一中心点
	固定	使一点或一条曲线固定到指定位置和方向上
	平行	使两条直线保持相互平行
	垂直	使两条直线或多段线的夹角保持 90°
	水平	使一条直线或一对点与当前 UCS 的 X 轴保持平行
	竖直	使一条直线或一对点与当前 UCS 的 Y 轴保持平行
	相切	使两条曲线保持相切或与其延长线保持相切
	平滑	使一条样条曲线与其他样条曲线、直线、圆弧或多段线保持几何连续性
	对称	使两个对象或两个点关于选定直线保持对称
	相等	使两条直线或多段线具有相同长度，或使圆弧具有相同半径
	自动约束	自动地将合适的几个约束加到指定公差内的几何形状上

在添加几何约束时，选择两个对象的顺序将决定对象的更新效果。通常，所选的第二个对象根据第一个对象进行调整。例如，应用平行约束，选择的第二条直线将调整去与第一条直线平行。

示例：绘制任意图形如 4-12a 所示，应用水平约束、竖直约束和相等约束把它改成以 AB 为边长的正方形，如图 4-12b 所示。

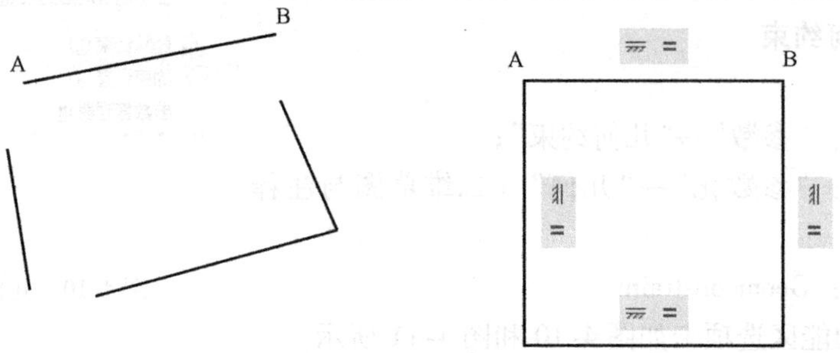

a) 任意绘制图形　　b) 应用几何约束修改后的图形

图 4-12 几何约束示例

2. 编辑几何约束

添加几何约束后，在对象的旁边出现约束图标。将光标移动到图标或图形对象上，此对象和图标将被亮显。对已添加到图形中的几何约束可以进行显示、隐藏和删除等操作。

执行方法：

✧ 菜单栏：“参数”→“约束栏”→“全部显示/全部隐藏” 或 “参数”→“删除约束”；

✧ 功能区：“参数化”→“几何”→“显示/全部显示/全部隐藏”；

✧ 快捷菜单：在已有约束上单击鼠标右键，弹出快捷菜单。

可以通过以下方法编辑受约束的几何对象：

✧ 使用夹点编辑模式修改受约束的几何图形，该图形会保留对象的所有约束。

✧ 使用“移动”“复制”“旋转”“缩放”等命令修改受约束的几何图形后，会保留对象的约束。

✧ 有些情况下，使用“修剪”“拉长”“打断”等命令修改受约束对象后，所加约束会被删除。

4.5.2　标注约束

标注约束用于控制二维对象的大小、角度以及两点之间的距离等，此类约束可以是数值，也可以是变量及方程式，如图 4-13 所示。改变标注约束，则约束将驱动对象发生相应的变化。这正是“参数化”绘图的体现。

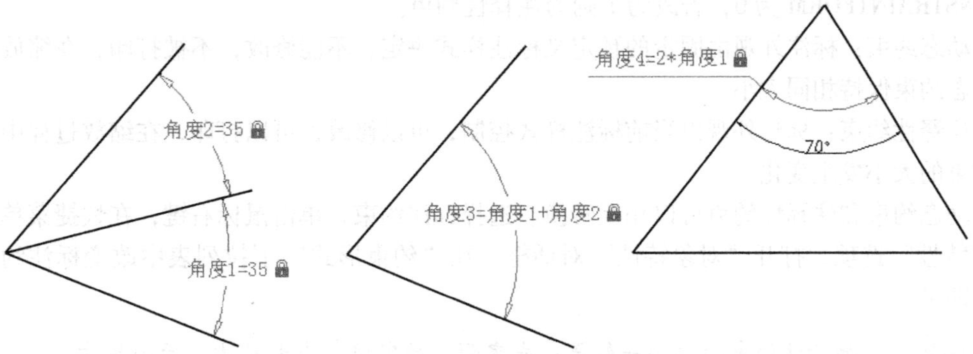

图 4-13　标注约束示例

1. 添加标注约束

执行方法：

✧ 菜单栏：“参数”→“标注约束”；

✧ 功能区：“参数化”→“标注”（二维草图与注释空间）；

✧ 命令行：Dimconstraint。

菜单栏和功能区选项卡如图 4-14 和图 4-15 所示。

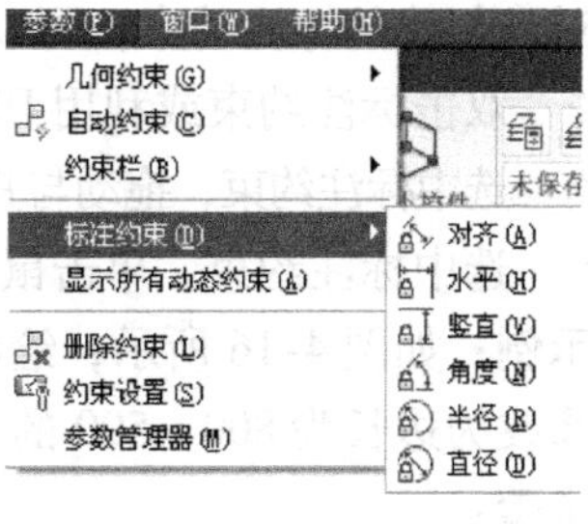

图 4-14　标注约束菜单

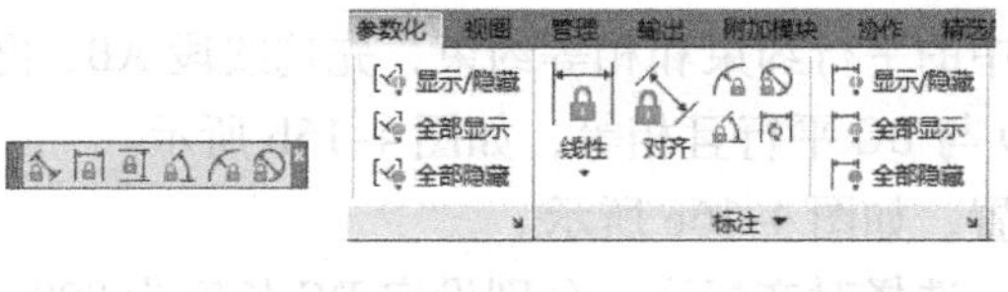

图 4-15　两种绘图空间中标注约束功能区

标注约束的种类、转换及显示见表 4-3。

表 4-3 标注约束的种类、转换及显示表

图标	名称	功 能 说 明
	线性约束	约束两点之间的水平或竖直距离
	对齐约束	约束两点、点与直线、直线与直线的距离
	半径约束	约束圆或圆弧的半径
	直径约束	约束圆或圆弧的直径
	角度约束	约束直线间的夹角、圆弧的圆心角或 3 个点构成的角度
	约束转换	（1）将普通尺寸标注（与标注对象关联）转换为动态约束或注释性约束 （2）将动态约束与注释性约束相互转换 （3）利用“形式”选项指定当前标注约束为动态约束或注释性约束
	显示动态约束	显示或隐藏图形中的动态约束

标注约束分为两种形式：动态约束和注释性约束。默认情况下是动态约束，系统变量 CCONSTRAINTFORM 为 0，若改为 1 则为注释性约束。

动态约束：标注外观由固定的预定义标注样式决定，不能修改，不被打印，在缩放过程中动态约束保持相同大小。

注释性约束：标注外观由当前标注样式控制，可以修改，可以打印，在缩放过程中注释性约束的大小发生变化。

动态约束和注释性约束可以相互转换。选择标注约束，单击鼠标右键，在快捷菜单中选择“特性”选项，打开“对象特性”对话框，在“约束形式”下拉列表中改变标注约束的形式即可。

注意：添加标注约束的顺序一般是：先定形，后定位；先大尺寸，后小尺寸。

2. 编辑标注约束

对已创建的标注约束，可以采用以下方法编辑：

✧ 双击标注约束或利用 DDEDIT 命令编辑约束的值、变量名称或表达式。

✧ 选中标注约束，拖动与其关联的三角形夹点改变约束的值，同时驱动图形对象改变。

✧ 选中标注约束，单击鼠标右键，利用快捷菜单中相应的选项编辑约束。

示例：如图 4-16 所示，绘制如图 4-16a 所示的任意四边形，利用几何约束和标注约束把它修改为边长为 800、500 的平行四边形，如图 4-16d 所示。

步骤：

（1）任意绘制一个四边形，如图 4-16a 所示。

（2）运用几何约束中的平行约束和相等约束，先选线段 AB，再选线段 DC，使二者平行且相等，同样操作使 AD 与 BC 平行且相等，如图 4-16b 所示。

（3）调整各线段位置，如图 4-16c 所示。

（4）运用标注约束，选择对齐标注，分别设定 DC 长度为 800，AD 长度为 500，再适当

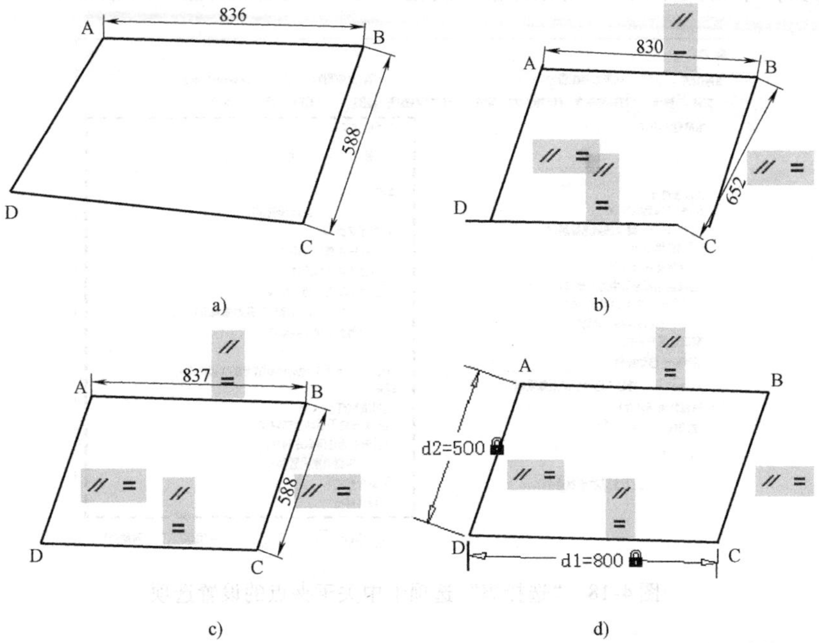

图 4-16　标注约束示例

调整线段位置即可。最后效果图如图 4-16d 所示。

4.6　夹 点 编 辑

在没有执行任何命令的情况下，用鼠标选择对象后，这些对象上出现若干个蓝色小方格，这些小方格称为对象的特征点、关键点或夹点或钳夹点，如图 4-17 所示。

夹点编辑是 AutoCAD 提供的一种快速修改图形的方式，使用 AutoCAD 夹点功能，可以方便地对文字和图形进行拉伸、移动、旋转、缩放以及镜像等操作。

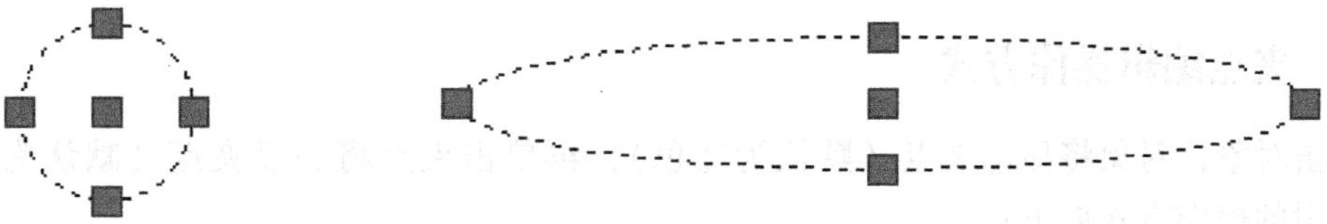

图 4-17　显示对象夹点

4.6.1　夹点功能设置

执行方法：

✧　菜单栏："工具"→"选项"→"选择集"；

✧　命令行：DDgrips。

执行此命令后，显示"选择集"选项卡的"选项"对话框，如图 4-18 所示，右侧为夹点设置的选项，单击其中的“夹点颜色”按钮，打开“夹点颜色”对话框。

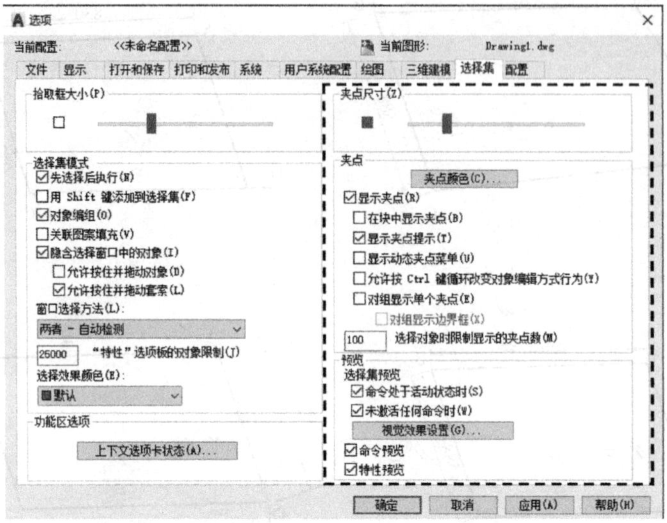

图 4-18 “选择集”选项卡中关于夹点的设置选项

各选项说明如下：

✧ 夹点尺寸：用于调整特征点方格的大小。

✧ 未选中夹点颜色：用于设置未选中的特征点方格的颜色（默认为蓝色）。

✧ 选中夹点颜色：用于设置选中的特征点方格的颜色（默认为红色）。

✧ 悬停夹点颜色：用于未选中特征点时，鼠标指针停在特征点方格时的颜色显示（默认为橘红色）。

✧ 夹点轮廓颜色：用于设置夹点外框的线条颜色。

✧ 显示夹点：用于打开夹点功能。

✧ 在块中显示夹点：用于确定块中夹点是否可用方式。

✧ 显示夹点提示：用于设置当光标位于特征点时，是否出现提示夹点类型的说明。

✧ 选择对象时限制显示的夹点数：设置对象夹点的最多个数，默认为 100 个。

4.6.2 夹点编辑操作方式

单击对象，对象将显示夹点（默认为蓝色），再单击夹点将亮显夹点（默认为红色）。夹点编辑的操作方式如下：

✧ 选中对象，再选中一个夹点。

✧ 依次按回车键，系统循环显示拉伸、移动、旋转、缩放、镜像五种操作。

✧ 选中某个操作后，根据命令行的提示完成该操作。

✧ 输入 U，则放弃前一步操作。

✧ 输入 X 回车，则结束夹点编辑。

说明：

（1）拉伸、移动、旋转、缩放、镜像模式的“复制”选项都能进行多重复制，连续得到多次拉伸、移动、旋转、缩放、镜像的结果。

（2）对于拉伸：

1）当选中的夹点位于直线、多段线、多线等对象的端点时，则拉伸功能可完成拉伸、旋转的功能。

2）当选中的夹点位于直线、多段线、多线等对象的中点时，或圆、椭圆的圆心时，则拉伸功能等效于移动功能。

3）对圆、椭圆、弧等，若选中的夹点位于圆周上，则拉伸功能等效于对半径（椭圆则是长轴或短轴）进行缩放。

4）对圆环，若选中的夹点位于0°、180°方向的象限点，或位于90°、270°方向的象限点时，拉伸的结果不同，如图4-19所示。

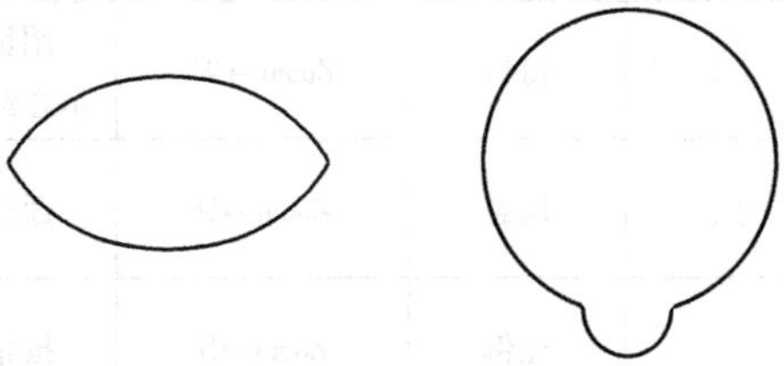

图4-19　对圆环的0°、180°夹点拉伸和90°、270°夹点拉伸的效果

5）如果同时选取多个夹点对象，则只有选定拉伸基点的对象被拉伸。若要拉伸多个对象，则选择要拉伸的若干个对象，按住 <Shift> 键并单击多个夹点以亮显这些夹点，松开 <Shift> 键并通过单击夹点选择一个夹点作为基准夹点，激活夹点的“拉伸”模式，选定的多个对象被拉伸。

（3）对于移动：如果同时选取多个夹点对象，则这些对象同时移动。

（4）对于旋转、缩放、镜像操作：

1）默认情况是把选择的夹点作为操作的基点，并旋转、缩放、镜像对象，也可以用“基点（B）”选项设置新的基点。

2）如果同时选取多个夹点对象，则这些对象同时旋转、缩放或镜像。

4.7　显示控制

显示控制是指对图形的整体或局部的屏幕显示内容进行放大、缩小或平移操作，以便于用户观察图形的整体或局部细节。它只是图形显示的放大或缩小，不是图形实际尺寸的放缩。

4.7.1　图形缩放

在绘图过程中，放大图形便于观察局部细节，缩小图形便于观察整个图形。所以图形缩放只是在视觉上改变图形的大小和位置，图形真正大小并不改变，就像用放大镜观察地图一样。

执行方法：

✧ 菜单栏：“视图”→“缩放”；

✧ 标准工具栏：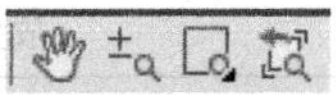；

✧ 缩放工具栏：；

✧ 命令行：Zoom（缩写为Z）；

✧ 鼠标滚轮操作。

各缩放工具的功能说明见表4-4。

表 4-4 显示缩放工具的含义

图标	名称	命令	功能说明
	实时缩放	Zoom→↙	图形随鼠标的拖动任意放大或缩小。向上拖动，图形放大；向下拖动，图形缩小
	上一个	Zoom→P	显示前一个缩放的视图
	窗口	Zoom→W	用鼠标在绘图区拉出一个矩形窗口，图形将窗口内的图形最大化地显示在绘图区
	动态	Zoom→D	通过两个边框来选择屏幕和图纸上的显示内容
	比例	Zoom→S	按指定的缩放比例数值进行缩放
	圆心	Zoom→C	改变视图的中心点或高度来缩放视图。指定一点作为新的显示中心，输入显示高度，或输入相对于当前图形的缩放系数（后跟字母 x）
	对象	Zoom→O	系统提示选择缩放对象，选择对象后，以“窗口”形式缩放
	放大	Zoom→2	单击该按钮一次，将放大 1 倍，成为当前的 2 倍
	缩小	Zoom→0.5	单击该按钮一次，将缩小为当前的 0.5 倍
	全部	Zoom→A	将绘图界面中的所有图元显示出来
	范围	Zoom→E	最大限度地将图形全部显示在绘图区域

注意：“显示缩放”命令与 Scale 命令的不同。

鼠标滚轮操作：

滑轮鼠标上的两个按钮之间有一个小滑轮。左右按钮的功能和标准鼠标一样。滑轮可以转动或按下。可以使用滑轮在图形中进行缩放和平移，而无需使用任何命令。默认情况下，缩放比例设为 10%，每次转动滑轮都将按 10% 的增量改变缩放级别。ZOOMFACTOR 系统变量控制滑轮转动（无论向前还是向后）的增量变化，其数值越大，增量变化就越大。

鼠标滚轮操作及其功能见表 4-5。

表 4-5 鼠标滚轮操作及其功能

操作	功能
转动滑轮：向前，放大；向后，缩小	放大或缩小
双击滑轮按钮	缩放到图形范围
按住滑轮按钮并拖动鼠标	平移
按住 <Ctrl> 键以及滑轮按钮并拖动鼠标	平移（操纵杆）

4.7.2　图形平移

平移图形用于观察图形的不同部分。

执行方法：

✧　菜单栏："视图"→"平移"；

✧　鼠标右键→快捷菜单→平移（A）：；

✧　命令行：Pan（缩写为 P）。

说明：

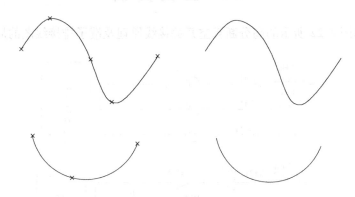

（1）执行平移操作后，若移动到图形的边沿时，光标就变成一个三角形显示。

（2）使用"缩放"按钮和"平移"按钮可以进行相应的切换，也可以单击鼠标右键利用快捷菜单实施缩放和平移之间的切换。

（3）按 <Esc> 键或回车键退出缩放和平移操作，也可以单击鼠标右键利用快捷菜单选择"退出"命令实现退出缩放和平移操作。

4.7.3　图形重画

在 AutoCAD 中，使用"重画"命令，系统将在显示内存中更新屏幕，消除临时标记、残留的光标点等非图形内容。使用"重画"命令，可以刷新显示所有视图视口。

执行方法：

✧　菜单栏："视图"→"重画"；

✧　命令行：Redraw。

重画功能执行前后对比如图 4-20 所示。

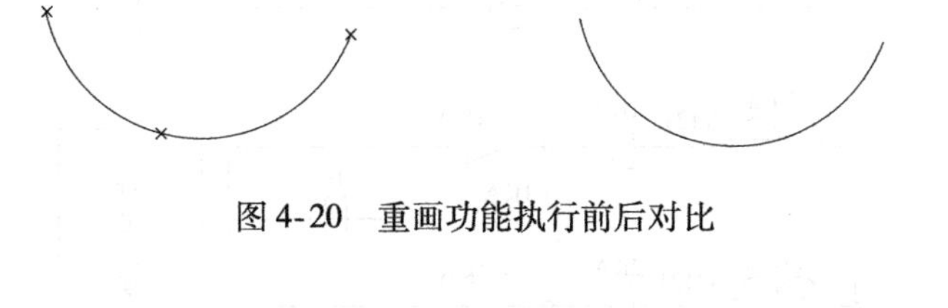

图 4-20　重画功能执行前后对比

4.7.4　图形重生成

图形重生成将刷新当前窗口中的所有图形对象，使原来显示不光滑的图形重新变得光滑。全部"重生成"命令可以同时更新多重视口。

执行方法：

✧　菜单栏："视图"→"重生成"；

✧ 命令行：Regen（缩写为 RE）。

图形重生成前后对比如图 4-21 所示。

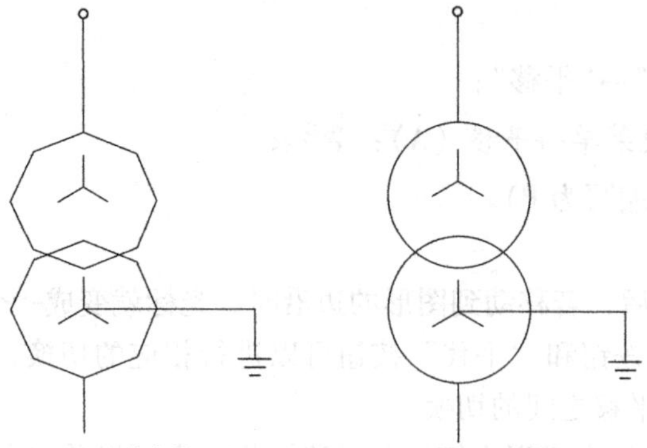

图 4-21 图形重生成前后对比

说明：重生成与重画在本质上是不同的，利用“重生成”命令可重生成屏幕，此时系统从磁盘中调用当前图形的数据，比“重画”命令执行速度慢，更新屏幕花费时间较长。在 AutoCAD 中，某些操作只有在使用“重生成”命令后才生效，如改变点的格式。如果一直使用某个命令修改编辑图形，但该图形似乎看不出发生什么变化，此时可使用“重生成”命令更新屏幕显示。

4.8 上机实训

（1）绘制如图 4-22 所示的高分断真空开关接线原理及端子排接线图的局部电路图。

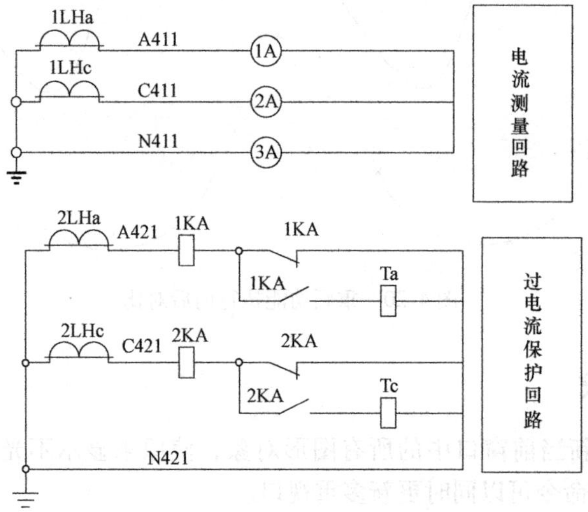

图 4-22 上机实训（1）图

（2）绘制如图 4-23 所示的箱式终端开闭站综合部分电气主接线图的局部电路图。

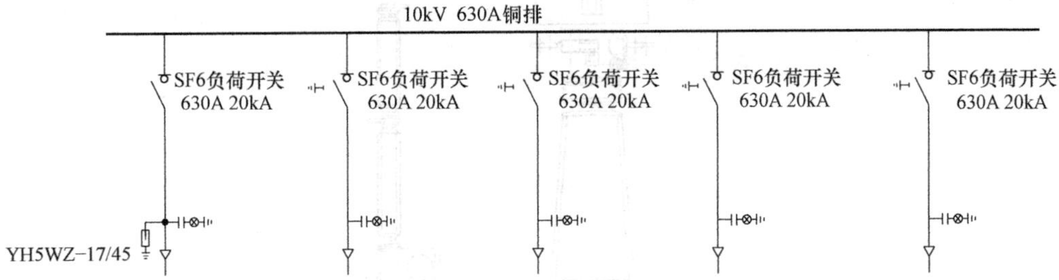

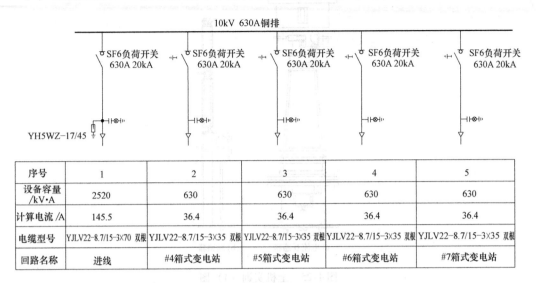

序号	1	2	3	4	5
设备容量 /kV·A	2520	630	630	630	630
计算电流 /A	145.5	36.4	36.4	36.4	36.4
电缆型号	YJLV22-8.7/15-3X70 双根	YJLV22-8.7/15-3X35 双根	YJLV22-8.7/15-3X35 双根	YJLV22-8.7/15-3X35 双根	YJLV22-8.7/15-3X35 双根
回路名称	进线	#4箱式变电站	#5箱式变电站	#6箱式变电站	#7箱式变电站

图 4-23　上机实训（2）图

（3）绘制如图 4-24 所示的电气接线图。

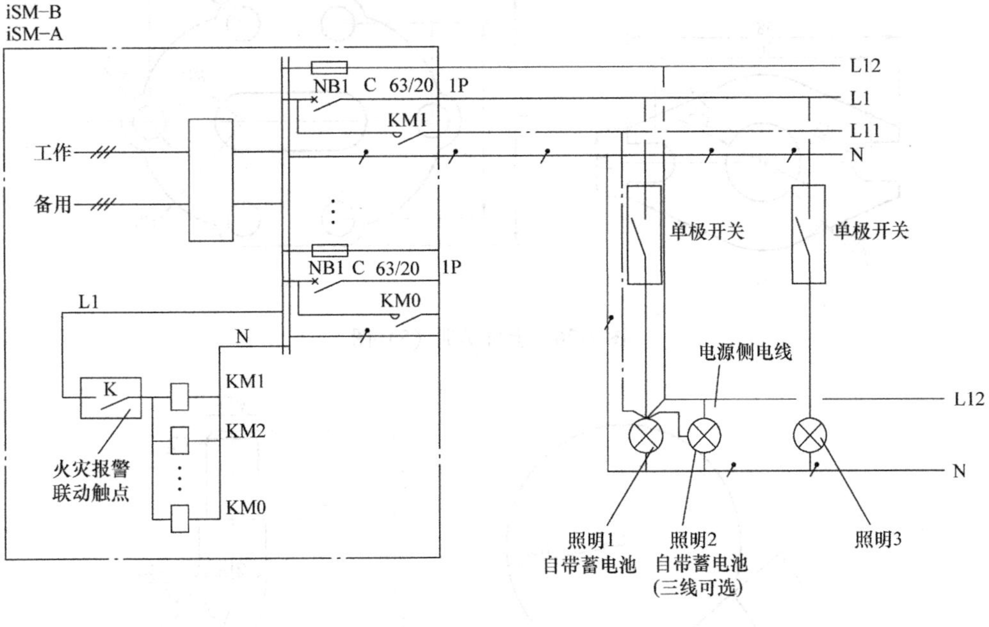

图 4-24　上机实训（3）图

（4）绘制如图 4-25 所示的电流互感器和断路器的示意图。

（5）绘制如图 4-26 所示的图例。

（6）绘制如图 4-27 所示的图例。

（7）绘图并练习使用如图 4-28 所示的约束。

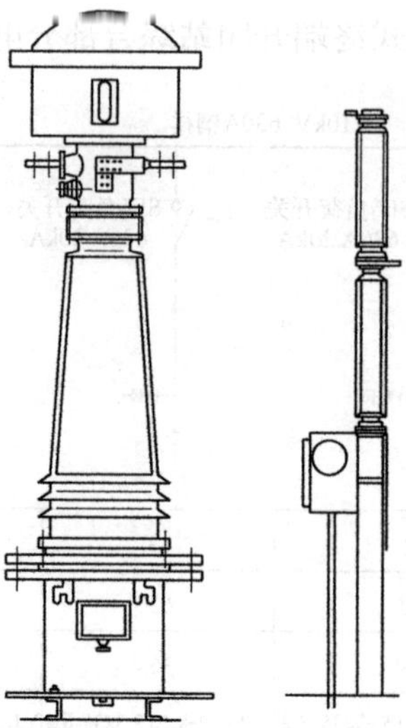

a) 电流互感器　　b) 断路器

图 4-25　上机实训（4）图

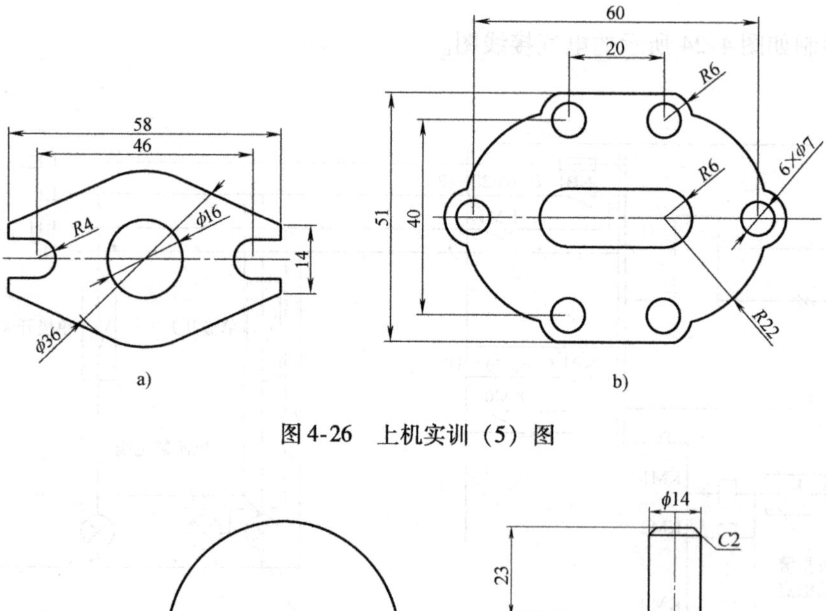

a)　　b)

图 4-26　上机实训（5）图

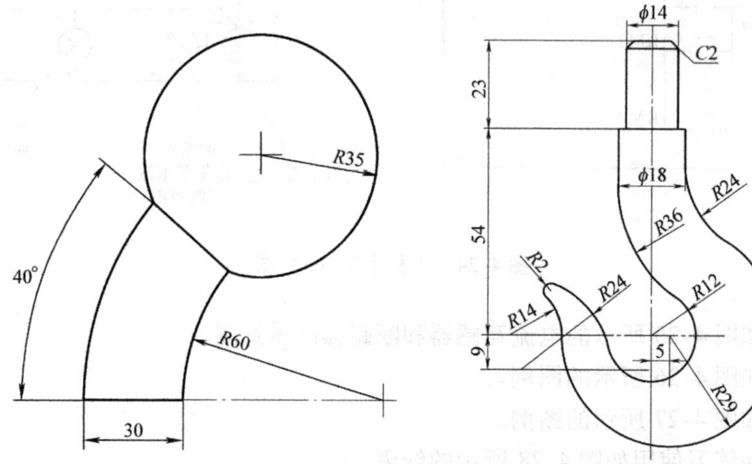

图 4-27　上机实训（6）图

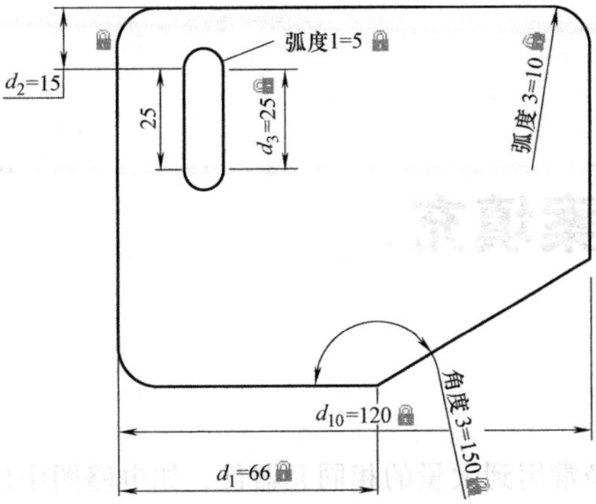

图 4-28　上机实训（7）图

第5章

图块与图案填充

在工程图绘制中，经常用到大量的相同元器件，如电路图中的电阻、电容、开关等元件，增加了重复性的工作。对于此类问题，AutoCAD 提供了一种解决方案，即将一些经常重复使用的对象形成一个块（Block），并按指定的名称保存起来，可随时将它插入到需要的图形中。

在绘制图形时还经常会遇到这种情况，比如绘制物体的剖面或断面时，需要使用某一种图案来充满某个指定区域，这个过程称为图案填充（Hatch）。图案填充经常用于在剖视图中表达对象的材料类型，从而增加了图形的可读性。本章将就这两方面内容加以介绍。

5.1 创建图块

5.1.1 基本概念

块是由若干个单个实体组合成的复杂实体。用 AutoCAD 画图的最大优点就是它具有库的功能且能重复使用图形的部件。一个块可以由多个对象构成，但却是作为一个整体来使用。块可以用“移动”“复制”“删除”“旋转”“阵列”和“镜像”等命令来进行操作，也可以使用“分解”命令将其分解为相对独立的多个对象。

用户定义块的优点如下：

✧ 建立用户图形库：用户可以反复使用它们，以共享资源，减少重复劳动。

✧ 节省时间：当用户创建一个块后，AutoCAD 将该块存储在图形数据库中，此后用户可根据需要多次插入同一个块，而不必重复绘制和存储，因此节省了大量的绘图时间。

✧ 节省空间：插入块并不需要对块进行复制，而只是根据一定的位置、比例和旋转角度来引用。AutoCAD 只存储一次块的信息，以后插入时，仅记忆相关实体的位置信息，而不需记忆实体其他信息，从而节省了计算机的存储空间。例如，一个块包含了 10 条直线，引用 5 次，AutoCAD 只需存入 15 个实体，其中包括 10 条直线的块和 5 个块的引用。块越大，节省的空间越大。

✧ 方便修改：可以做到“一改全改”。可保证符号的统一性、标准性。

5.1.2 块的创建

执行方法：

✧ 菜单栏：“绘图”→“块”→“创建”；

✧ 功能区：“块”→ ；

✧ 命令行：Block（快捷键 <B>）。

用上述方法中的任一种启动命令后，系统会给出如图 5-1 所示的“块定义”对话框。

“块定义”对话框中各选项的含义如下：

✧ 名称：用户可以直接在后面的文本框中输入块的名字。

✧ 基点：指定图块的基准点，也是图块插入时的基准点。用户可以在 X/Y/Z 的输入框中直接输入插入点的 X、Y、Z 的坐标值；也可以单击“拾取点”按钮，用十字光标直接在作图屏幕上选取；或选取“在屏幕上指定”复选框，在绘图区指定基准点。

✧ 对象：选取要定义块的实体。在该设置区中有以下几个选项：

➢ 保留：用户创建图块后，保留构成图块的原有实体图形，它们仍作为独立实体。

➢ 转换为块：用户创建图块后，将构成图块的原有实体转化为一个图块。

➢ 删除：用户创建图块后，删除构成图块的原有实体。

✧ 方式：指定块的行为。“使块方向与布局匹配”指定在图样空间视图中块参照的方向与布局的方向匹配；“按统一比例缩放”指定是否阻止块参照不按统一比例缩放；“允许分解”指定块参照是否可以被分解。

✧ 设置：设定插入块的单位。单击下拉箭头，将出现如图 5-2 所示的下拉列表选项，用户可从中选取所插入块的单位。

图 5-1 “块定义”对话框

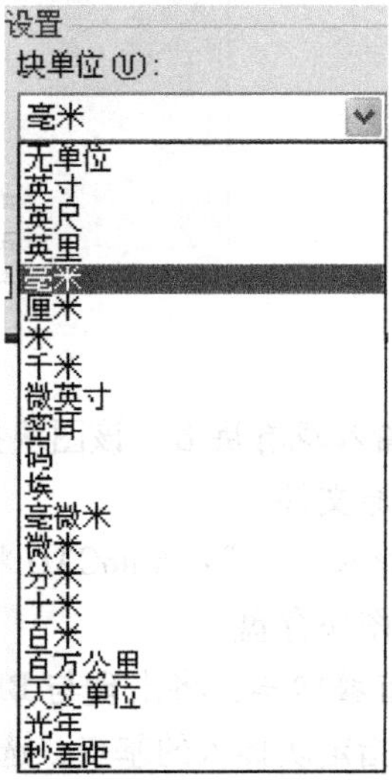

图 5-2 插入块的单位

✧ 说明：该文本框可以输入图块的详细描述。

理论上，用户可以任意选取一点作为插入点，但实际的操作中，建议用户选取实体的特征点，如中心点、右下角等作为插入点。

注意：块名称最多可以包含 255 个字符，包括字母、数字、空格，以及操作系统或程序未作他用的任何特殊字符。块名称及块定义保存在当前图形中。

5.1.3 块存盘

5.1.2 节中创建的块，只能在同一图形中使用。有时用户需要调用其他图形中定义的块。AutoCAD 提供了一个块存盘（Wblock）命令，并形成扩展名为“.dwg”的图形文件，定义的图块不仅可以插入到当前图形文件中，也可以供其他文件调用。

执行方法：

命令行：-Wblock 或 Wblock。

输入命令-Wblock，系统会显示如图 5-3 所示的“创建图形文件”对话框。用户如果在对话框中的“文件名”文本框中输入新的文件名后，系统命令行继续提示：

输入现有块名或［块=输出文件（=）/整个图形（*）］<定义新图形>：

✧ 输入“=”：将与指定文件名同名的图块保存在磁盘上。

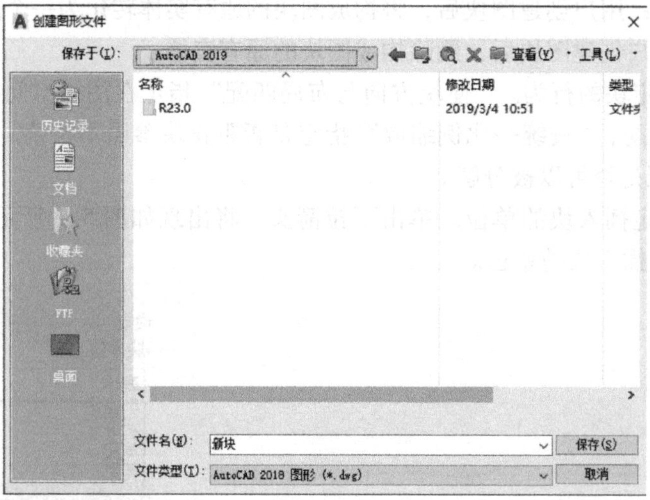

图 5-3 “创建图形文件”对话框

✧ 输入现有块名：该图块按指定的文件名存盘，替换原文件。

✧ 输入“*”：AutoCAD 将把当前整个图形作为一个图块存盘。

✧ 直接回车：将出现与 Block 命令类似的提示，需要指定块插入的基点，选择对象构成图块。

若直接输入命令 Wblock，系统弹出如图 5-4 所示的“写块”对话框。

“写块”对话框中各选项的含义如下：

✧ 源：在该设置区中，用户可以通过以下几个单选按钮来设置块的来源。

➢块：将已定义的图块进行图块存盘操作。

➢整个图形：将当前的图形文件进行图块存

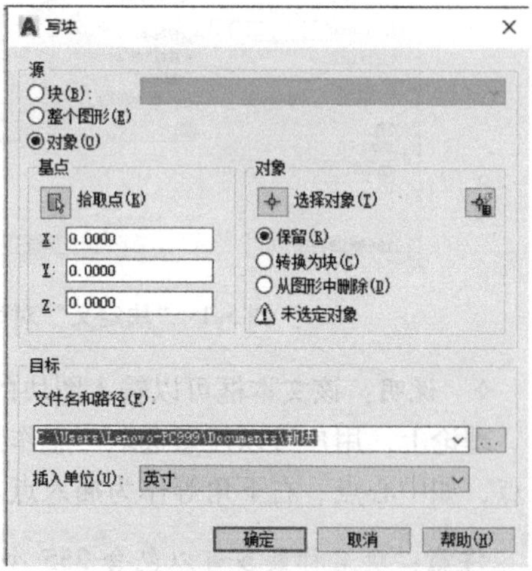

图 5-4 “写块”对话框

盘操作。

➢对象：将用户选择的实体目标直接定义为图块并进行图块存盘操作。其具体操作还要通过“基点”和“对象”选项卡实现。

✧基点：图块插入的基点设置，可以输入坐标，也可以在绘图区选取。

✧对象：选取对象。其中有以下三个选项：

➢保留：保留原图形是独立图元不变。

➢转换为块：把原图形转换成图块。

➢从图形中删除：形成块后，删除原图形对象，不保留在当前绘图窗口中。

✧目标：目标参数描述。在该设置区中，用户可以设置块的以下几项信息：

➢文件名和路径：设置图块存盘后的文件名和存盘路径。单击对话框按钮…，将出现如图 5-5 所示的“浏览图形文件”对话框，可以从中选取块文件的位置。用户也可以直接在输入框中输入块文件的位置。

➢　插入单位：用户可以通过其下拉列表选项选取新的块文件的单位。

用户所设置的以上信息将作为下次调用该块时的描述信息。

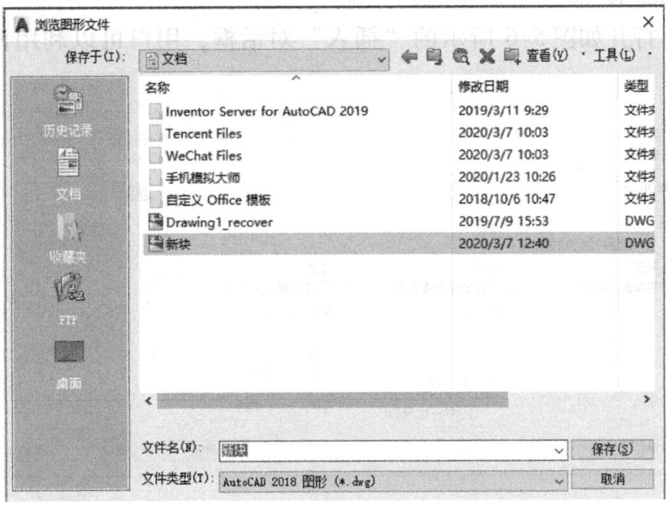

图 5-5 “浏览图形文件”对话框

注意：用户在执行 Wblock 命令时，不必先定义一个块，只要直接将所选的图形实体作为一个图块保存在磁盘上即可。当所输入的块不存在时，系统会显示“AutoCAD 提示信息”对话框，提示块不存在，是否要重新选择。在多视窗中，Wblock 命令只适用于当前窗口。存储后的块可以重复使用，而不需要从提供这个块的原始图形中选取。

5.1.4　块的插入

AutoCAD 允许用户将已定义的块插入到当前的图形文件中。在插入块时，需确定以下几组特征参数，即要插入的块名、插入点的位置、插入的比例系数以及图块的旋转角度。

执行方法一：

✧ 命令行：Insert。

用户可以通过直接输入“ Insert”字符来启动插入命令，然后在命令行的提示下完成这一操作：

输入块名或 [?]：给出已有块的名字或输入“?”号查询已定义的图块信息。

指定插入点或 [基点 (B)/比例 (S)/X/Y/Z/旋转 (R)]：指定插入点；或选择 [ ] 中的选项，各选项的具体含义如下：

✧ 基点：为块参照指定基点。

✧ 比例：对插入块提供全部（X、Y、Z 三个方向）插入比例系数。

✧ 旋转：预先设定块的旋转角。当块被插入到指定的位置时，将以指定的旋转角显示。

执行方法二：

✧ 菜单栏：“插入”→“块”；

✧ 功能区选项卡：“默认”→“块”→ ；

✧ 命令行：Insert。

执行命令后，打开如图 5-6 所示的“插入”对话框，用户可以利用该对话框插入图形文件。

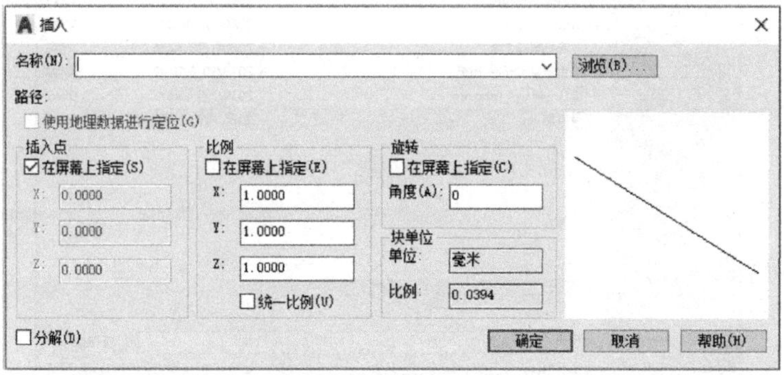

图 5-6 “插入”对话框

“插入”对话框中各选项的含义如下：

✧ 名称：用户可以直接在输入框中输入或选择要插入的图块名。

✧ 浏览：单击该按钮，将出现如图 5-7 所示的“选择图形文件”对话框，用户可选取已有的图形文件。

✧ 插入点：插入点是块插入的基准点，一般与图形的参考点重合。用户可以设置 X 轴、Y 轴和 Z 轴的坐标值，也可以通过“在屏幕上指定”复选框利用定点设备来设置插入点。

✧ 比例：AutoCAD 自动调整被插入块的比例而不理会新图形的边界。比例系数是块进行缩放的系数，X 轴、Y 轴和 Z 轴的比例系数可以相同也可以不同。使用负比例系数，图形将绕着负比例系数作用的轴做镜像变换。若用户选择“在屏幕上指定”复选框，则利用定

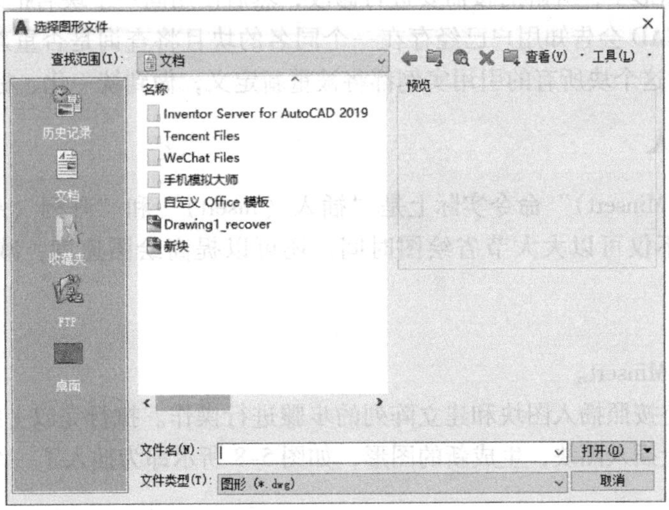

图 5-7　“选择图形文件”对话框

点设备设置比例系数；若用户选择“统一比例”复选框，则 X、Y、Z 方向的比例系数一致。

✧ 旋转：插入块的旋转角度。用户可以选择“在屏幕上指定”复选框，或用“角度”输入框设置旋转的角度。

✧ 块单位：设置所插入块的单位和比例。

注意： 块可以互相嵌套，即可把一个块放入另一个块中。块的定义可包括多层嵌套，嵌套块的层数没有限制，但不能使用嵌套的块的名称作为将要定义的新块的名称，即块定义不能嵌套自己。

块的各项值也可预先设定，这样对拖动图形是很有帮助的。若没有预设块的各项值，则块按照默认值插入。AutoCAD 通常按 1:1 的比例和 0°旋转角把块放入图形中。

当块被插入图形中时，块将保持它原始的层定义。即假如一个块中的实体最初位于名为“0”的层中，当它被插入时，它仍在“0”层上。但若图形图层上有与块中同名的图层时，则块中该图层的线型与颜色按图形图层上同名的层所确定的绘图。

初始位于 0 层上的实体在插入时，AutoCAD 将自动把实体分配到块所插入的层上。图层的相关概念请参考本书第 6 章图层与对象特性。

5.1.5　重新定义插入的块

如果在一幅图形中一个块被插入了若干次，用户可以通过重新定义这些复制的块中的一个，使所有复制的块一起改变。

如果把一个完整的图形当成一个块插入，可以编辑原始图形。但此功能还不能重新定义块，必须重新发出 Block 命令（在该块插入的图形文件中），当提示输入块名时，使用“块名 = 文件名”的标识格式。这样 AutoCAD 会强迫被插入块的所有复制块重新生成，使它们统一发生改变。

把块插入到图形中，分解后按需要进行修改，然后使用同一个块名把编辑的块重新定义为块。这时 AutoCAD 会告知用户已经存在一个同名的块且将查询是否重新定义块。若选择“重新定义块”则这个块所有的引用实例都将被重新定义，做到统一化、标准化。

5.1.6 多重插入

“多重插入（Minsert）”命令实际上是“插入（Insert）”和“阵列（Array）”的一个组合命令。该命令不仅可以大大节省绘图时间，还可以提高绘图速度，减少所占用的磁盘空间。

执行方法：

✧ 命令行：Minsert。

命令行提示将按照插入图块和建立阵列的步骤进行操作。执行完以上操作后，AutoCAD 会根据用户的设置插入图块，生成新的图形，如图 5-8 所示即为插入了一个 3 行 4 列的图块的操作结果。

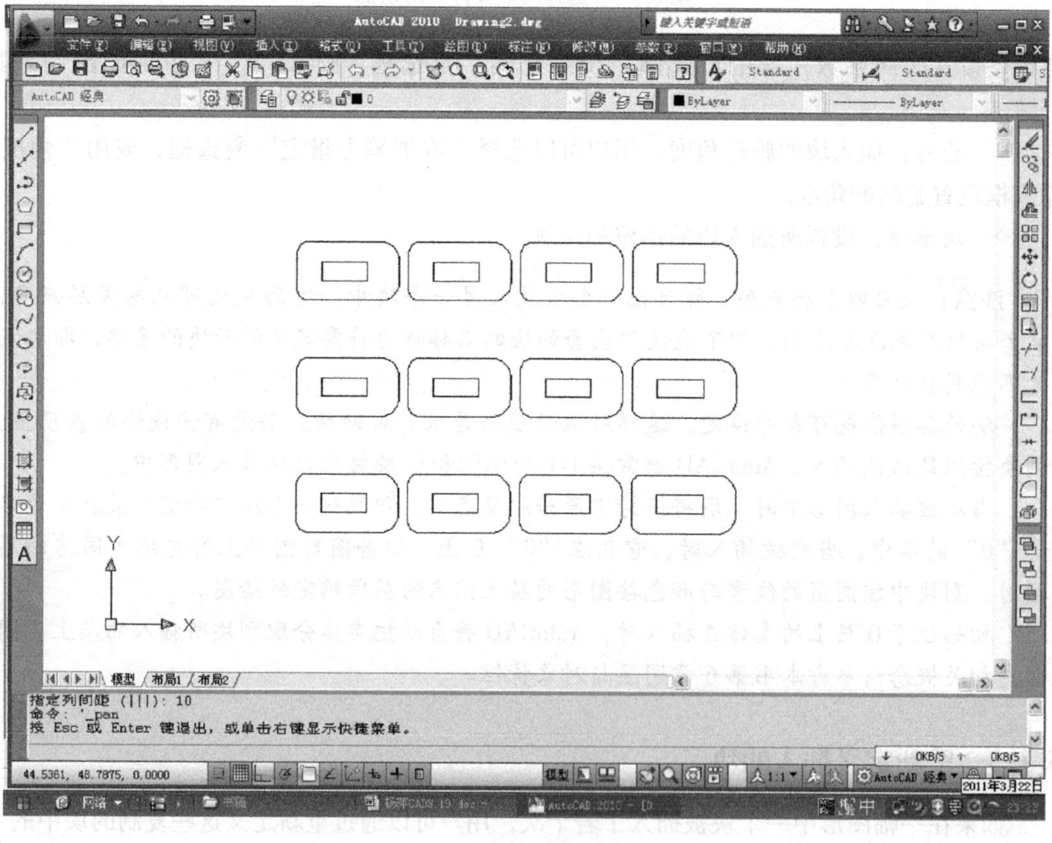

图 5-8 多重插入块

Minsert 命令生成的整个阵列有以下特点：

整个阵列是一个块，不能单独编辑。用 Explode 命令不能把块分解为单独实体。如果原始块插入时发生了旋转，则整个阵列将围绕原始块的插入点旋转。

5.2　图案填充

对于复杂的剖面图形，为了区分各组成部分，常采用不同的图例加以体现。AutoCAD 提供的“图案填充”命令可以帮助用户绘制出这些图形。AutoCAD 为用户提供了丰富的填充图案的图案文件，用户也可以定义自己的图案进行填充。

在 AutoCAD 中，无论一个图案填充多么复杂，系统都将其认作一个独立的图形对象，可作为一个整体进行各种操作。但是，如果使用 Explode 命令将其分解，则图案填充将按其图案的构成分解成许多相互独立的直线对象。因此，分解图案填充将大大增加文件的数据量，建议用户除了特殊情况不要将其分解。

在 AutoCAD 中绘制的填充图案可以与边界具有关联性（Associative）。一个具有关联性的填充图案是和其边界联系在一起的，当边界发生改变时填充图案会自动更新以适合新的边界；而非关联性的填充图案则独立于它们的边界。

注意： 如果对一个具有关联性填充图案进行移动、旋转、缩放和分解等操作，该填充图案与原边界对象将不再具有关联性。如果对其进行复制或带有复制的镜像、阵列等操作，则该填充图案本身仍具有关联性，而其复制则不具有关联性。

执行方法：

✧　菜单栏：“绘图”→“ 图案填充”；

✧　工具栏/功能区：；

✧　命令行：bhatch/hatch/h/bh。

执行上述任一种命令后，AutoCAD2019 将给出“图案填充创建”功能区，如图 5-9 所示。

图 5-9　“图案填充创建”功能区

“图案填充创建”功能区包括 6 个选项卡，分别是“边界”“图案”“特性”“原点”“选项”和“关闭”，用以执行图案填充的功能。为了兼顾低版本用户的使用习惯，这些功能通过以下界面进行说明。

单击“选项”选项卡右下角的箭头符号，会打开如图 5-10 所示的界面。这里包含了上面功能区介绍的各部分功能，下面分别加以说明。

1. 图案填充选项卡

“图案填充”选项卡主要对填充图案进行设定，包括填充的类型和填充图案的选择，图案的角度和比例，图案填充的原点、边界和关联选项等。

✧　类型：设置图案类型。单击输入框右边的下拉箭头则弹出如图 5-11 所示的设置图案填充类型下拉列表选项。

图 5-10 “图案填充和渐变色”窗口

图 5-11 设置图案填充类型

➢ 预定义：用 AutoCAD 的标准填充图案文件（ACAD. PAT）中的图案进行填充。

➢ 用户定义：用用户自己定义的图案进行填充。

➢ 自定义：选用 ACAD. PAT 图案文件或其他图案中的图案文件进行填充。

✧ 图案：填充图案的样式。单击下拉箭头，则出现如图 5-12 所示的填充图案样式名下拉列表选项。单击图案右边的对话框按钮[...]，将出现如图 5-13 所示的“填充图案选项板”对话框，显示 AutoCAD 中已有的填充样式。

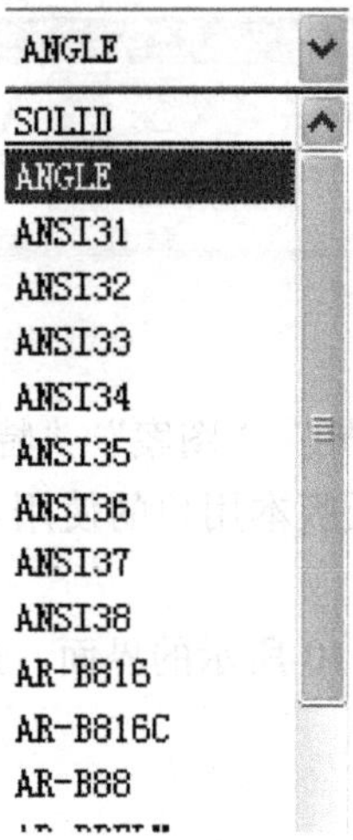

图 5-12 图案填充样式名

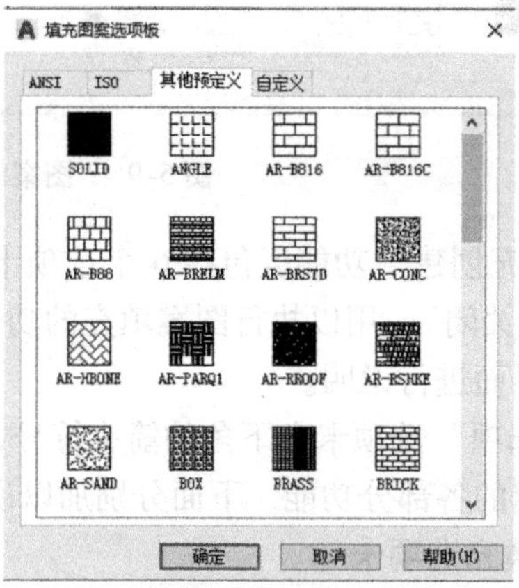

图 5-13 “填充图案选项板”对话框

✧ 样例：显示所选填充样式的图案。

✧ 自定义图案：从用户自定义的填充图案中选取填充图案。用户若没有在类型中选取

“自定义”选项，则不能执行该选项。

✧ 角度：确定图案填充时的旋转角度。每种图案的旋转角度初始均为 0°，用户可以根据需要在输入框中输入任意值。

✧ 比例：确定填充图案的比例值。每种图案的比例值初始均为 1，用户可以根据需要放大或缩小，可以在比例输入框中输入所确定的比例值。

✧ 相对图纸空间：用户如果单击该选项，则所确定的图形比例是相对于图纸空间而言的。

✧ 间距：确定图案指定线之间的距离。当用户在类型中选用“用户定义”时，该选项才可用。

✧ ISO 笔宽：根据所选的笔宽确定有关的图案比例。用户只有在选取了已定义的 ISO 填充图案后，才能确定它的内容；否则，该选项不可用。

✧ 添加：拾取点：以拾取点的形式自动确定填充区域的边界。单击该按钮时，AutoCAD 会自动切换到作图屏幕，同时提示“拾取内部点或［选择对象（S）/删除边界（B）］:”。用户在希望填充的区域内任意单击一点（见图 5-14a），则 AutoCAD 会自动确定包围该点的填充边界，且以虚线显示（见图 5-14b），执行填充命令的结果如图 5-14c 所示。

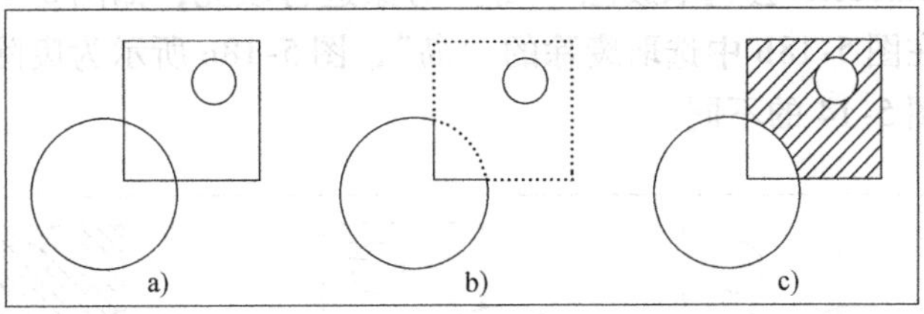

图 5-14　利用“拾取点”选项进行填充

若无法给出一个封闭的填充区域信息，AutoCAD 会弹出如图 5-15 所示的“图案填充-边界定义错误”对话框，否则会继续进行填充。

✧ 添加：选择对象：以选取对象的方式确定填充区域的边界。单击该按钮时，AutoCAD 会自动切换到作图屏幕，并有以下提示：

选择对象或［拾取内部点(K)/删除边界(B)］:

用户可根据需要选取构成区域边界的对象。如图 5-16a 所示，选取圆作为图案填充的边界，图 5-16b 以虚线显示图案填充边界，图 5-16c 所示为执行图案填充的结果。

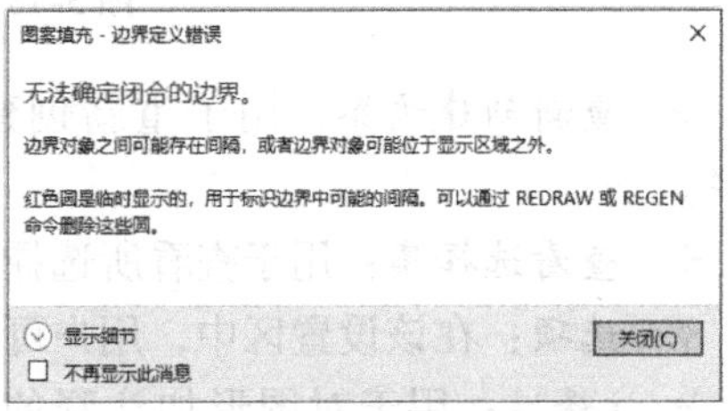

图 5-15　“图案填充-边界定义错误”对话框

用户也可以选取文本作为图案填充的边界。如图 5-17a 所示，选取圆和文本作为填充的边界，图 5-17b 以虚线显示图案填充的边界，图 5-17c 所示为填充后的结果。

✧ 删除边界：假如在一个边界包围的区域内又定义了另一个封闭边界，则称为“岛”。若用户不选取该项，则可以实现对两个边界之间的填充，即形成所谓非填充“岛”。若用户

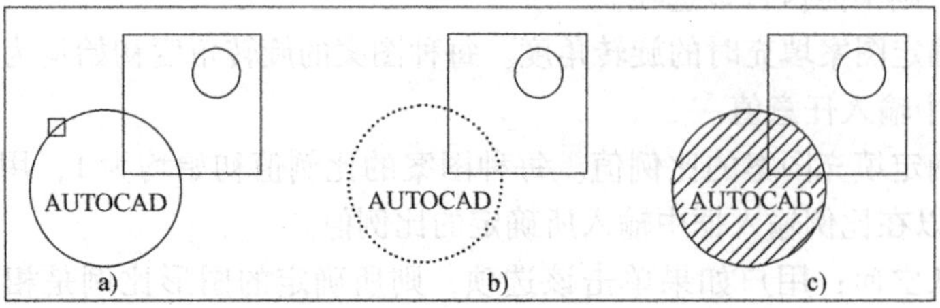

图 5-16 选取对象的方式进行填充

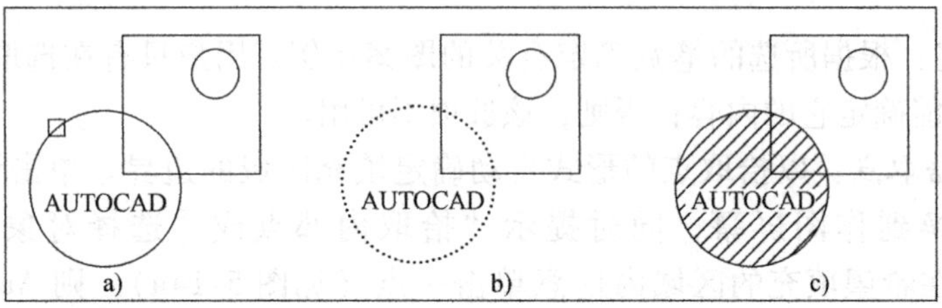

图 5-17 选取文本作为填充边界

单击该选项按钮，AutoCAD 会选取废除“岛”对象进行填充，如图 5-18 所示。在图 5-18a 中选取填充边界，在图 5-18b 中选取废除的“岛”，图 5-18c 所示为废除“岛”后的图案填充的结果，注意与图 5-14 的不同。

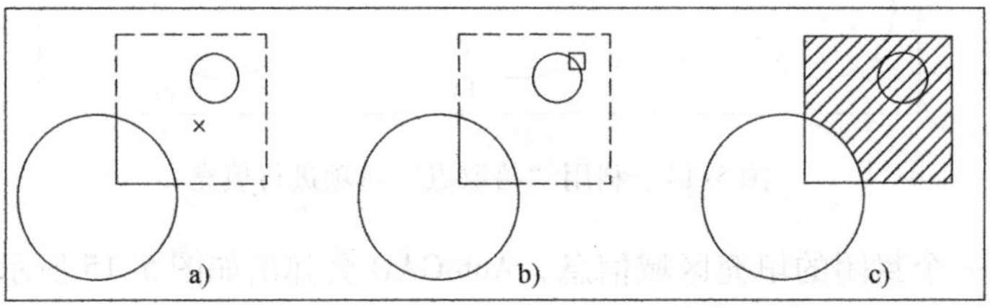

图 5-18 废除“岛”的图案填充

✧ 重新创建边界：用于重新创建图案填充的边界，可设置填充图案是否与新边界关联。

✧ 查看选择集：用于查看所选择的填充边界。如果未定义边界，则此选项不可用。

✧ 选项：在该设置区中，用户可以对以下四项进行设置。

➢ 注释性：用于对图形加注释的对象的特性。该特性使用户可以自动完成注释缩放过程。

➢ 关联：控制图案填充的关联性。关联的图案填充在用户修改其边界时将会更新。

➢ 创建独立的图案填充：控制当指定了几个单独的闭合边界时，是创建单个图案填充对象，还是创建多个图案填充对象。

➢ 绘图次序：为图案填充指定绘图次序。图案填充可以放在所有其他对象之后、所有其他对象之前、图案填充边界之后或图案填充边界之前。

✧ 继承特性：用于选定已有的填充图案作为当前填充图案。

✧ 图案填充原点：控制填充图案生成的起始位置。某些图案填充（如砖块图案）需要与图案填充边界上的一点对齐。默认情况下，所有图案填充原点都对应于当前的 UCS 原点。

➢ 使用当前原点：使用存储在系统变量 HPORIGINMODE 中的设置。默认情况下，原点设置为 0，0。

➢ 指定的原点：指定新的图案填充原点。单击此选项可使以下三个选项可用。“单击以设置新原点”选项：直接指定新的图案填充原点；“默认为边界范围”选项：根据图案填充对象边界的矩形范围计算新原点，可以选择该范围的四个角点及其中心；“存储为默认原点”选项：将新图案填充原点的值存储在系统变量 HPORIGIN 中。

2. 渐变色选项卡

“渐变色”选项卡如图 5-19 所示，是定义要应用的渐变填充的外观。

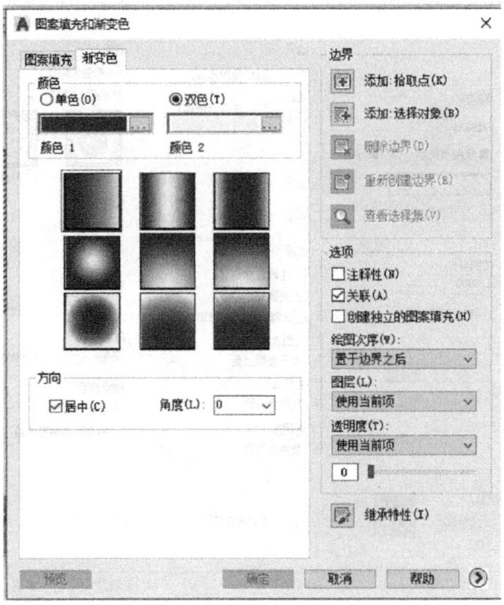

图 5-19　“渐变色”选项卡

✧ 颜色：设定填充的颜色效果。“单色”指定使用从较深色调到较浅色调平滑过渡的单色填充。“双色”指定在两种颜色之间平滑过渡的双色渐变填充。

✧ 渐变图案：显示用于渐变填充的九种固定图案。这些图案包括线性扫掠状、球状和抛物面状等。

✧ 方向：指定渐变色的角度以及其是否对称。“居中”指定对称的渐变配置。如果没有选定此选项，渐变填充将朝左上方变化，创建光源在对象左边的图案。“角度”指定渐变填充的角度，相对当前 UCS 指定角度。此选项与指定图案填充的角度互不影响。

另外，若在命令行中输入命令 – Hatch，则以命令行提示的过程完成图案填充。命令行提示：

指定内部点或［特性(P)/选择对象(S)/绘图边界(W)/删除边界(B)/高级(A)/绘图次序(DR)/原点(O)/注释性(AN)］：

✧ 内部点：根据围绕指定点构成封闭区域的现有对象确定边界。如果打开了“孤岛检测"，最外层边界内的封闭区域对象将被检测为孤岛。

注意：无法确定边界时在未连接的端点上显示红色圆圈。

✧ 特性：指定要应用的新填充图案特性。

✧ 选择对象：根据选择的对象确定填充区域。

✧ 绘图边界：使用指定点定义图案填充或填充的边界。

✧ 删除边界：从边界定义中删除之前添加的任何边界。

✧ 高级：设置用于创建图案填充边界的方法。选择此项后命令行提示：

输入选项 [边界集(B)/保留边界(R)/孤岛检测(I)/样式(S)/关联性(A)/允许的间隙(G)/独立的图案填充(H)]：此选项类似于在图 5-19 中单击右下角 ⊙ 按钮展开的如图 5-20所示的"孤岛"设置选项。

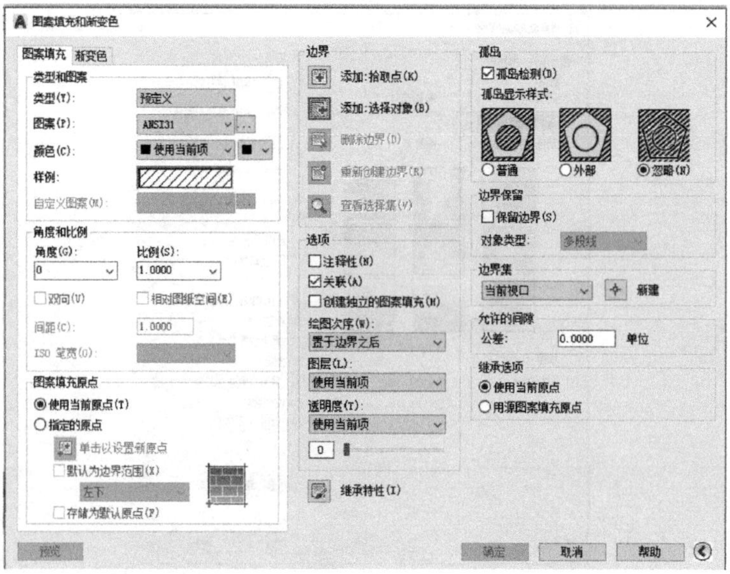

图 5-20 "图案填充"高级选项卡

下面以选项卡的顺序对主要选项加以说明。

✧ 孤岛检测：指定选择边界时是否需要检测孤岛。

✧ 保留边界：指定在填充后，边界是否以填充图案的边界得以保留下来。未选中该选项时是以原图元的边界为边界。

✧ 边界集：定义从指定内部点定义边界时要分析的对象。

✧ 孤岛显示样式：指定有多层边界时填充对象的方法。

➢ 普通：从外部边界向内填充，直至遇到内部第一条边界停止填充，在内部第二条边界和第三条边界间填充，第三条边界和第四条边界间不填充，依次类推，如图 5-21 所示。

➢ 外部：从外部边界向内填充，直至遇到第一条封闭的曲线即结束图案填充，如图 5-21所示。

➢ 忽略：忽略所有内部对象，填充最外层边界以内区域，如图 5-21 所示。

图 5-21　“孤岛”选项示意图

5.3　项目实例——柱上变压器的绘制

本综合实例将对如图 5-26 所示的柱上变压器进行绘制。为了方便本图和其他相关图形的绘制，利用图块命令制作典型图块存储以供使用。

（1）分别在空白图纸中绘制如图 5-22 ~ 图 5-25 所示的图形。

（2）利用图块创建命令中的任一种形式，分别创建成典型图块，命名后，选择“按统一比例缩放”；或用 Wblock 命令进行写块操作，把各个图块存成图形文件以供其他文件或绘图者使用。

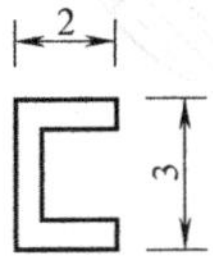

图 5-22　角钢截面图块

图 5-23　接地符号图块

（3）在空白绘图空间中分别插入各图块，移动到合适的位置，按照图 5-26 所示补充其余的图形，对图形的位置和大小等进行精确编辑，完成柱上变压器图形的绘制。

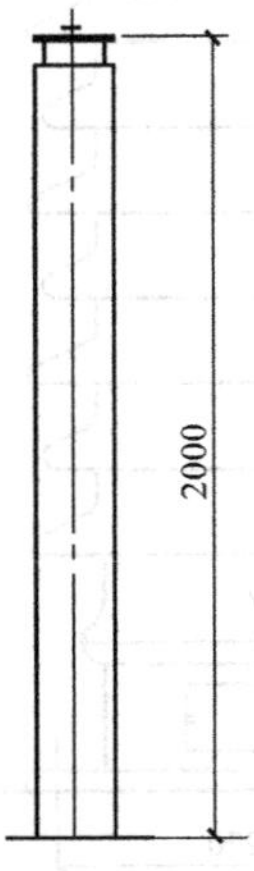

图 5-24　单根支柱图块

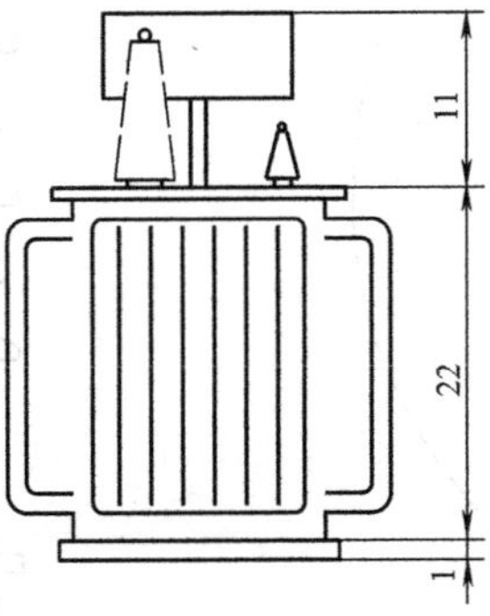

图 5-25　变压器图块

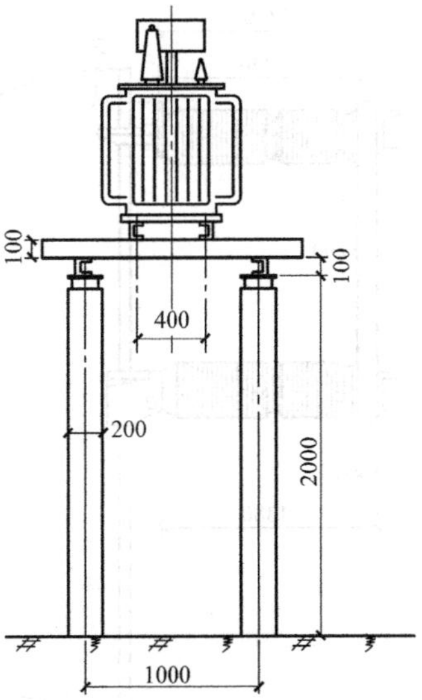

图 5-26　柱上变压器

5.4 上机实训

（1）绘制如图 5-27 所示的图形，并创建成图块文件。

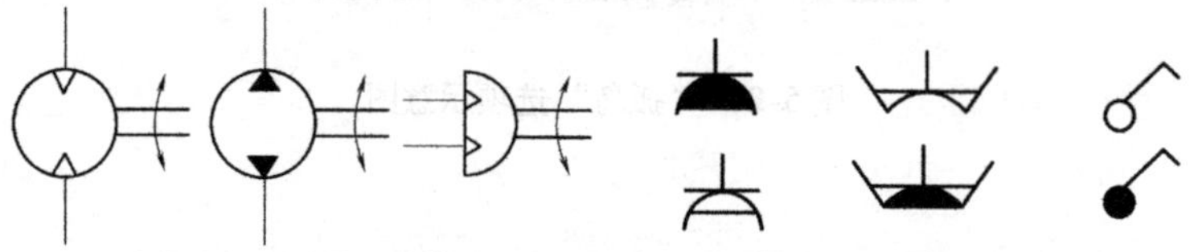

图 5-27 上机实训（1）图

（2）绘制如图 5-28 所示的机械零件，并填充剖面线。

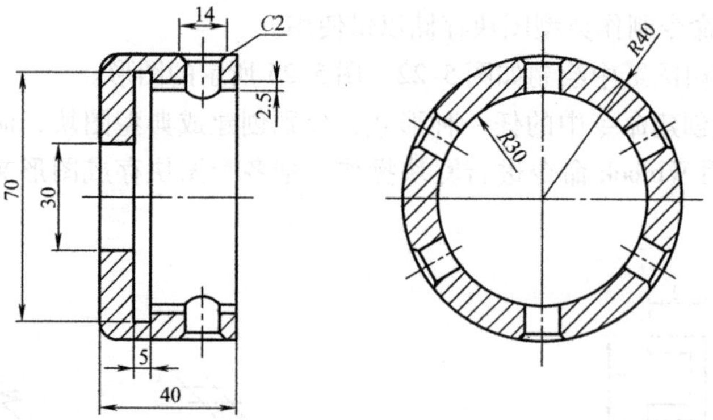

图 5-28 上机实训（2）图

（3）绘制如图 5-29 所示的隔离开关图形，并把相应结构保存成图块文件。
（4）绘制如图 5-30 所示的互感器外形图。

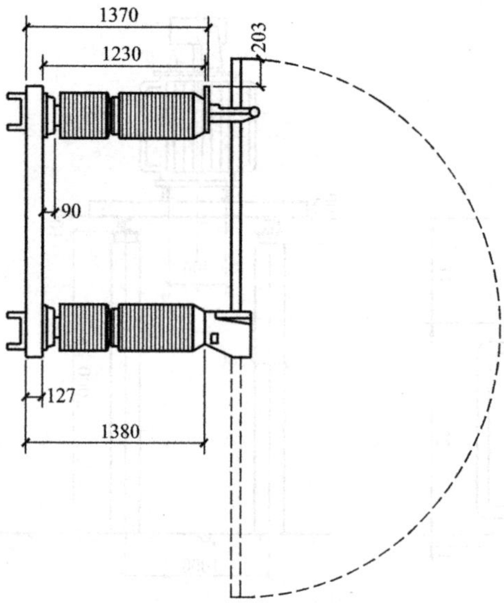

图 5-29 上机实训（3）图

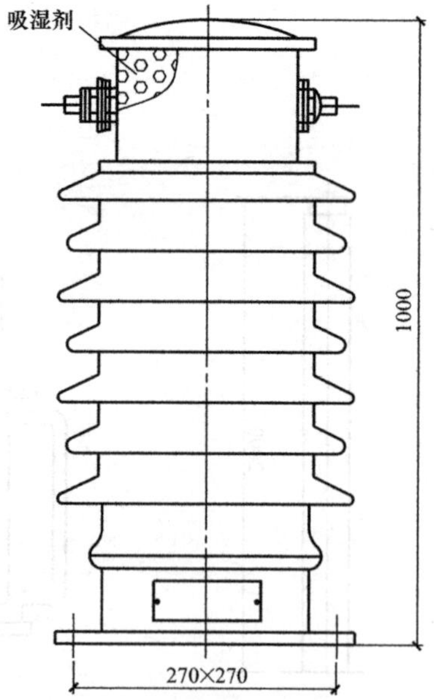

图 5-30 上机实训（4）图

（5）绘制如图 5-31 所示的图形并填充图案。
（6）绘制如图 5-32 所示的图形并填充图案。
（7）绘制如图 5-33 所示的图形并填充图案。
（8）绘制如图 5-34 所示的图形并填充图案。
（9）绘制如图 5-35 所示的图形。

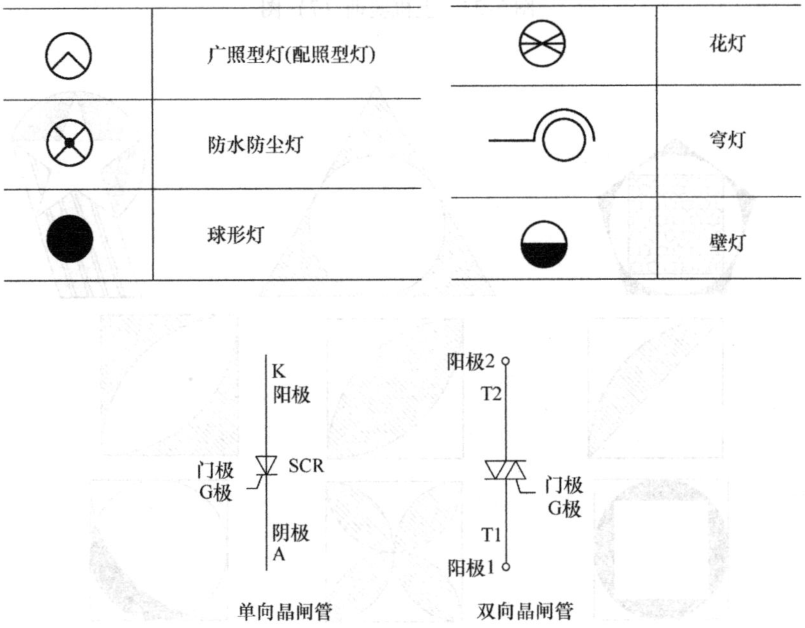

图 5-31　上机实训（5）图

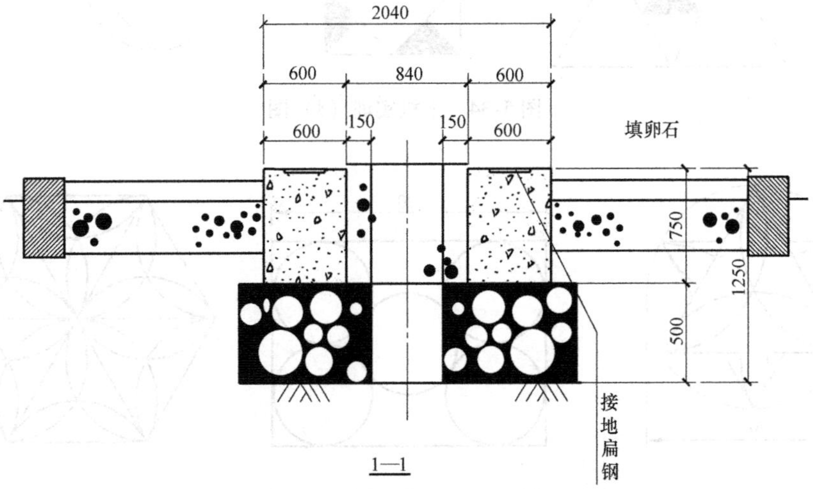

图 5-32　上机实训（6）图

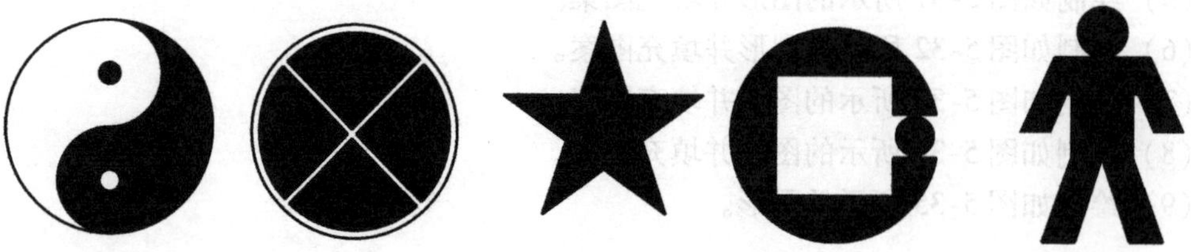

图 5-33 上机实训（7）图

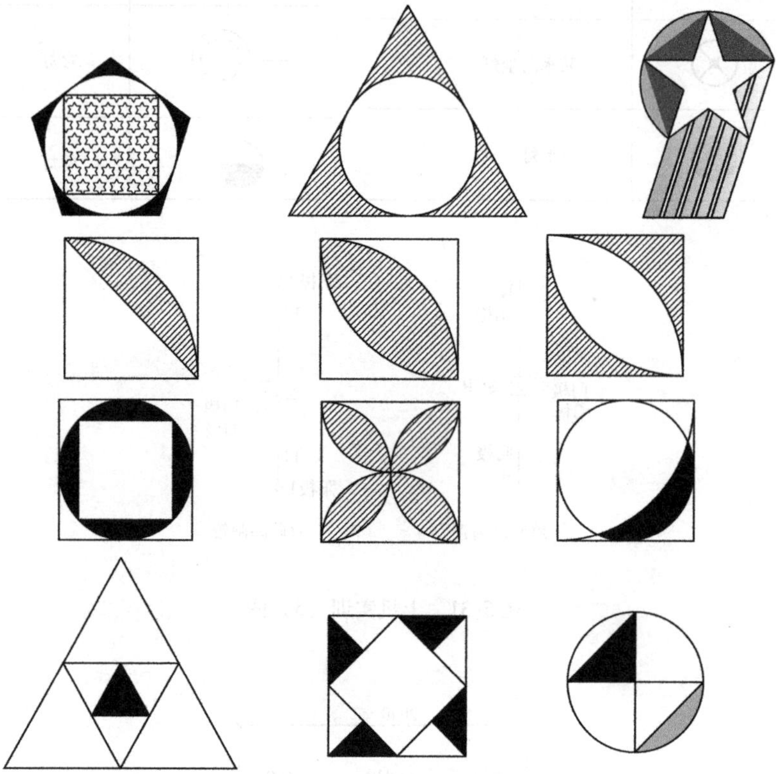

图 5-34 上机实训（8）图

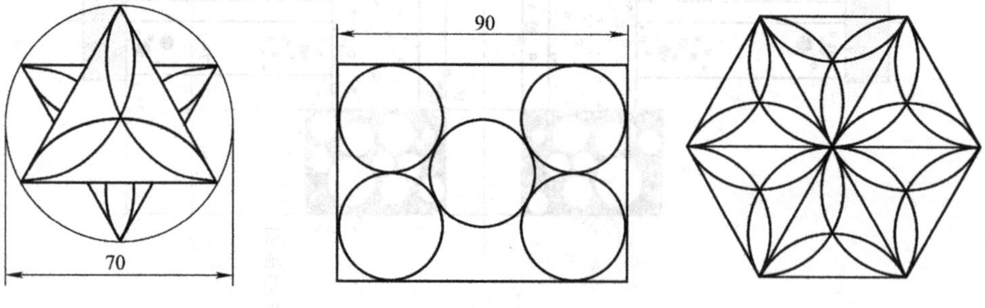

图 5-35 上机实训（9）图

第6章 图层与对象特性

6.1 图层概述

为了理解图层的概念，首先回忆一下手工制图时用透明纸作图的情况：当一幅图过于复杂或图形中各部分干扰较大时，可以按一定的原则将一幅图分解为几个部分，然后分别将每一部分按照相同的坐标系和比例画在透明纸上，完成后将所有透明纸按同样的坐标重叠在一起，最终得到一幅完整的图形。当需要修改其中某一部分时，可以将要修改的透明纸抽取出来单独进行修改，而不会影响到其他部分。

AutoCAD 中的图层就相当于完全重合在一起的透明纸，用户可以任意地选择其中一个图层绘制图形，而不会受到其他层上图形的影响。例如，在建筑图中，可以将基础、楼层、水管、电气和冷暖系统等放在不同的图层进行绘制。又如，在多层印制电路板的设计中，多层电路的每一层都可以在不同的图层中单独进行设计、修改，各层间彼此不受影响，最终合成一张完整的设计图。

在 AutoCAD 中每个图层都以一个名称作为标识，并具有颜色、线型、线宽等各种特性和开、关、冻结等不同的状态。下面的内容将详细加以介绍。

6.2 图层操作

对图层的操作包括建立图层，设置图层的颜色、线型、线宽等属性，设置“开关”“冻结”“锁定”等各种控制特性。

6.2.1 利用对话框建立图层

用户通过对话框建立图层可以使许多信息一目了然。

执行方法：

✧ 菜单栏：“格式”→“图层”；

✧ 工具栏：；

✧ 功能区：“默认”→“图层特性”→；

✧ 命令行：layer/la。

执行上述任意一种命令后，AutoCAD2019 会弹出如图 6-1 所示的“图层特性管理器”对话框。

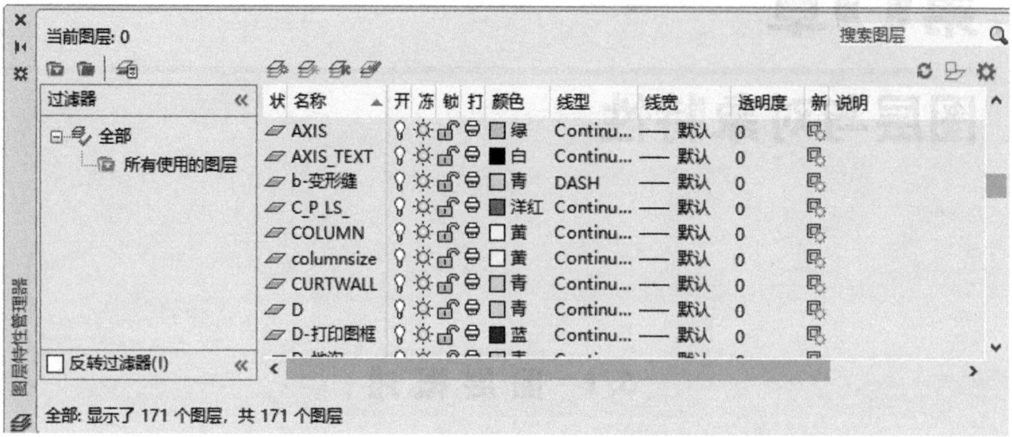

图 6-1 “图层特性管理器”对话框

“图层特性管理器”对话框以列表框的形式给出，默认情况下，列表框中显示满足图层过滤条件的所有图层。用户在新建图层时，新建的图层也会在该列表框中显示。对话框的左侧窗口显示图层过滤器的设置信息，右侧窗口显示满足左侧过滤条件的图层属性信息。

该对话框提供了一些操作工具按钮，如图 6-2 所示。

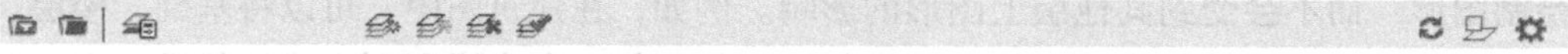

图 6-2 图层特性管理器中的操作工具按钮

✧ 三个图标设置图层过滤器，分别是“新建特性过滤器”“新建组过滤器”和“图层状态管理器”，是对过滤器的相关设置。

✧ 分别表示“新建图层”“在所有视口中都被冻结的新视口”“删除图层”和“置为当前”。

➢新建图层：列表框中将显示名为“图层 1”的图层，该名称处于选定状态，可以更新图层名，新图层将继承图层列表中当前选定图层的特性（颜色、开或关状态等）。

➢在所有视口中都被冻结的新视口：将创建一个新图层，但在所有现有布局视口中将其冻结，可以在布局窗口中访问。

➢删除图层：只能删除未被参照的图层。局部打开图形中的图层也不能删除。

➢置为当前：将选定图层设置为当前图层，系统在当前图层上绘制对象。用户如果想要设置某一图层为当前层，则首先选取该图层，然后单击按钮即可，也可以通过双击图层名使该图层变为当前图层。

注意：要删除的图层必须是空图层，即该图层上没有绘制任何实体，否则系统会拒绝删除，同时给出如图 6-3 所示的警告对话框。用户也不能删除 0 层、Defpoints 层以及外部引用层。

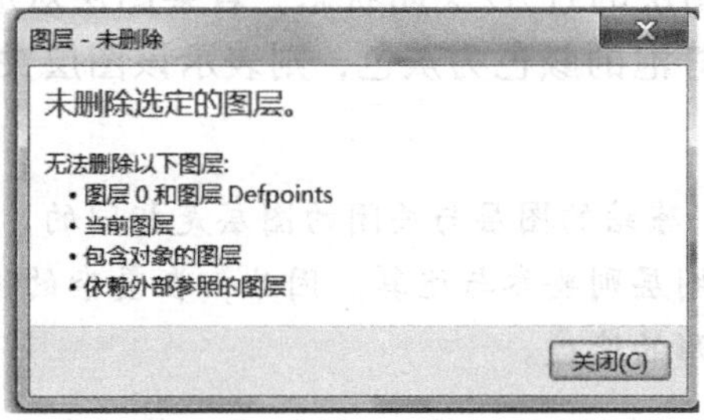

图 6-3　AutoCAD 警告对话框

✧ 表示“刷新”和“设置”。刷新是刷新图层中的所有图元信息；设置则通过打开如图 6-4 所示的“图层设置”对话框，设置新图层通知、图层过滤器更改以及更改图层替代背景色等。这里不做详细解释。

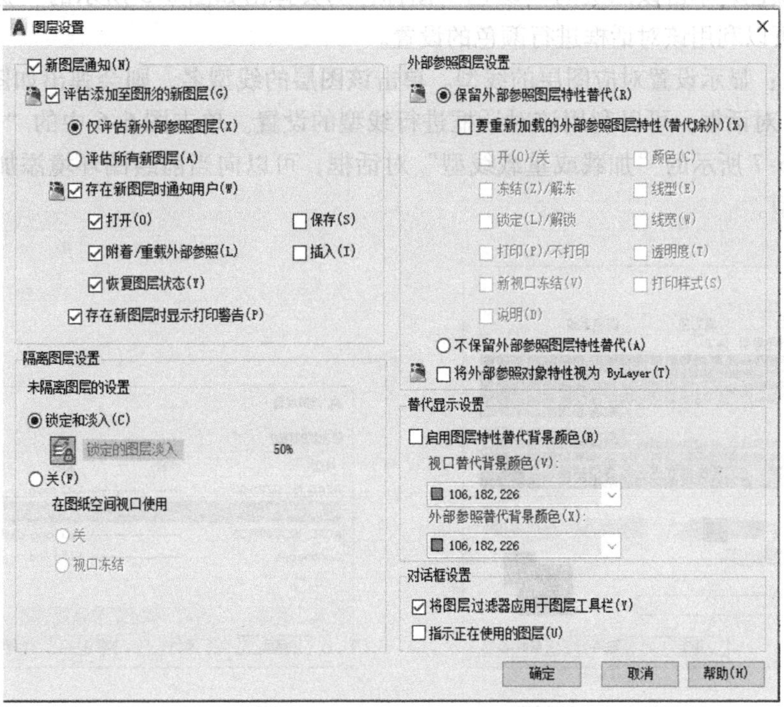

图 6-4　“图层设置”对话框

在图 6-1 所示的“图层特性管理器”对话框的右侧窗口中，各项信息的含义如下：

✧ *名称*：对应各图层的名字。用户在新建图层时，须先定义图层的层名，系统支持长达 255 个字符的图层名称。

✧ *冻结/解冻*：显示设置图层的冻结/解冻状态。在列表框中某个图层对应的图标若是太阳，则表示该图层处于解冻状态；若是雪花，则表示该图层冻结。用户可以通过单击相应图标来设置不同的状态。冻结图层将不被显示，类似于关闭图层的可见性。

注意： *用户不能冻结当前层，也不能将冻结层改为当前层。*

✧ 开/关：显示设置图层的打开/关闭状态。若某图层对应的小灯泡的颜色为黄色，则表示该图层打开；若小灯泡的颜色为灰色，则表示该图层关闭。关闭图层也不被显示出来。

注意：从可见性来说，冻结的图层与关闭的图层是相同的，但是冻结的图层不参与处理过程中的运算，关闭的图层则要参与运算。因此，在复杂的图形中冻结不需要的图层，可以加快系统重新生成图形的速度。

✧ 锁定/解锁：显示设置图层的锁定/解锁状态。若某个图层对应的是关闭的锁图标，则表示该图层锁定；若对应的是打开的锁图标，则表示该图层未锁定。锁定的图层可以显示，但不能使用编辑命令进行编辑操作。用户可以锁定当前图层，可在锁定图层上绘制图形、改变线型和颜色、使用查询命令和对象捕捉功能。

✧ 颜色：显示设置图层的颜色。可以通过该选项来设置不同图层的颜色。用户若想设置某一图层颜色，单击该图层的“颜色”图标，则会弹出如图 6-5 所示的“选择颜色”对话框。用户可以利用该对话框进行颜色的设置。

✧ 线型：显示设置对应图层的线型。单击该图层的线型名，则会弹出如图 6-6 所示的“选择线型”对话框，可以利用该对话框进行线型的设置。单击图 6-6 中的“加载”按钮，则出现如图 6-7 所示的“加载或重载线型”对话框，可以向当前绘图环境添加 AutoCAD 提供的多种线型。

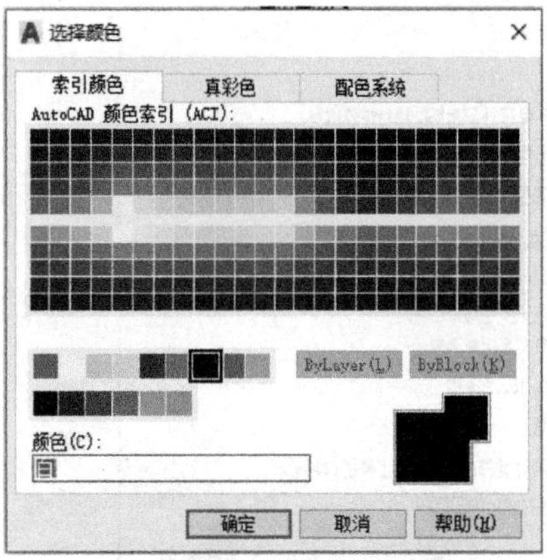

图 6-5 “选择颜色”对话框

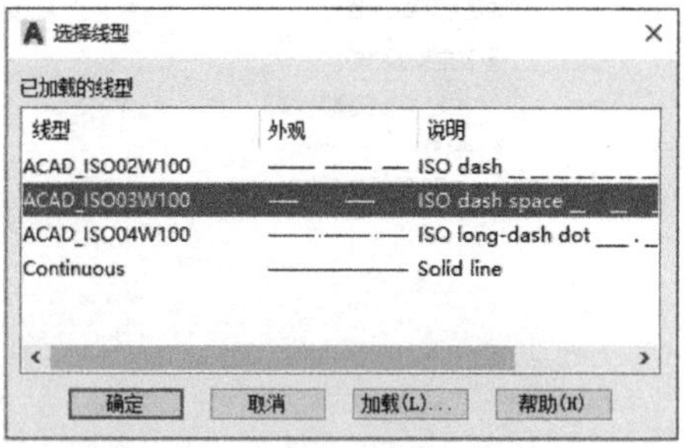

图 6-6 “选择线型”对话框

✧ 线宽：显示控制线宽。用户可以通过该选项设置新的线型宽度。单击该选项会弹出如图 6-8 所示的“线宽”对话框，可从中选取新的线宽。

✧ 打印样式：用户可以通过该选项设置图层的打印样式。如果当前图层中使用的是颜色相关打印样式（PSTYLEPOLICY 系统变量设置为 1），则该选项不可用。

✧ 打印：控制是否打印选定图层。即使关闭图层的打印，仍将显示该图层上的对象。已关闭或冻结的图层将不被打印。

✧ 新视口冻结：在新布局视口中冻结选定图层。例如，在所有新视口中冻结标注图层，将在所有新创建的布局视口中限制该图层上的标注显示，但不会影响现有视口中的标注图层。如果以后创建了需要标注的视口，则可以通过更改当前视口设置来替代默认设置。

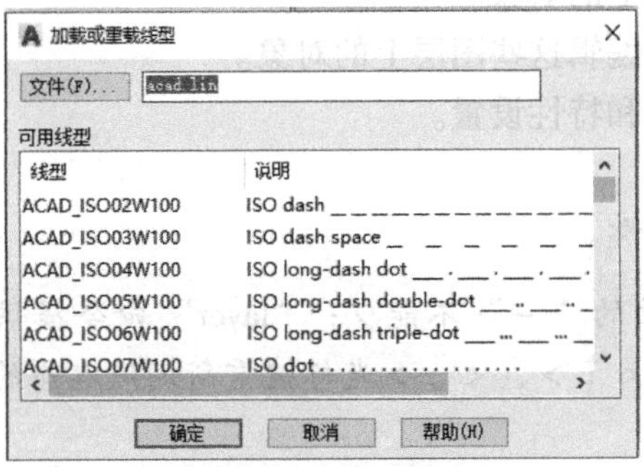

图 6-7 “加载或重载线型”对话框

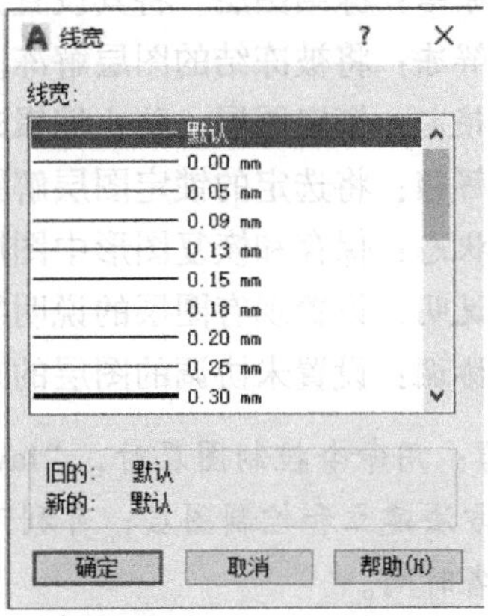

图 6-8 “线宽”对话框

✧ 反转过滤器：位于窗口底部的“反转过滤器”显示所有不满足选定图层特性过滤器中条件的图层。

6.2.2 利用命令提示设置图层

用户也可以通过命令提示行来设置图层的属性。

执行方法：

✧ 命令行：– layer。

命令行提示：

[？/生成(M)/设置(S)/新建(N)/重命名(R)/开(ON)/关(OFF)/颜色(C)/线型(L)/线宽(LW)/材质(MAT)/打印(P)/冻结(F)/解冻(T)/锁定(LO)/解锁(U)/状态(A)/说明(D)/协调(E)]：

各选项的含义如下：

✧ ?：列出图层。显示当前已定义的图层列表，并显示其名称、状态、颜色编号、线型、线宽以及它们是否为外部依赖图层。

✧ 生成：创建图层并将其设置为当前图层。将在当前图层上绘制新的对象。

✧ 设置：指定新的当前图层。如果该图层不存在，将不会创建它；如果该图层存在但已关闭，则将打开它并将其设置为当前图层。不能将冻结的图层设置为当前图层。

✧ 新建：创建图层。可以通过输入以逗号分隔的名称来创建两个或多个图层。

✧ 重命名：重命名现有图层。

✧ 打开：将选定图层设置为可见并允许打印。

✧ 关闭：将选定图层设置为不可见并禁止打印。

✧ 颜色：更改与图层关联的颜色。

✧ 线型：更改与图层关联的线型。

✧ 线宽：更改与图层关联的线宽。

✧ 材质：将指定材质附着到图层。

✧ 打印：控制是否打印可见图层。冻结或关闭的图层不被打印。

✧ 打印样式：设置指定图层的打印样式。

✧ 冻结：冻结图层。将其设置为不可见，禁止重生成和打印。

✧ 解冻：将被冻结的图层解冻。将其设置为可见，允许重生成和打印。

✧ 锁定：锁定图层。防止编辑这些图层上的对象。

✧ 解锁：将选定的锁定图层解锁。允许编辑这些图层上的对象。

✧ 状态：保存和恢复图形中图层的状态和特性设置。

✧ 说明：设置现有图层的说明特性值。

✧ 协调：设置未协调的图层的未协调特性。

注意：用命令控制图层时，“layer”前面的“-”不能少；“layer”命令提供了一个快速的方法建立和控制图层；可利用键盘的<↑>、<↓>光标键重新调用以前的键盘输入以节省时间。

6.2.3 利用功能区操作图层

用户可以利用如图 6-9 所示的“图层”功能区选项卡对图层的有关属性进行设置。

图 6-9 中各选项的含义如下：

✧ ：“图层特性管理器”按钮。单击该按钮，将弹出“图层特性管理器”对话框，详见 6.2.1 小节。

✧ ：“图层控制”对话框。单击图标中的下拉箭头，则出现如图 6-10 所示的图层信息的下拉列表选项。将指定对象所在图层变为当前层。可先选取对象，然后单击该按钮，则指定对象所在层将变为当前层。

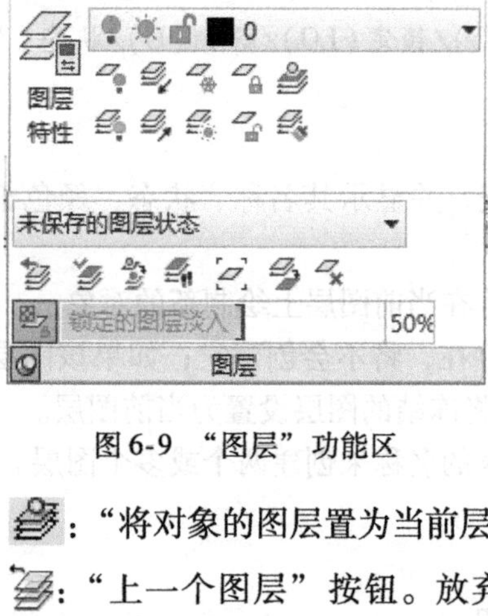

图 6-9 “图层”功能区

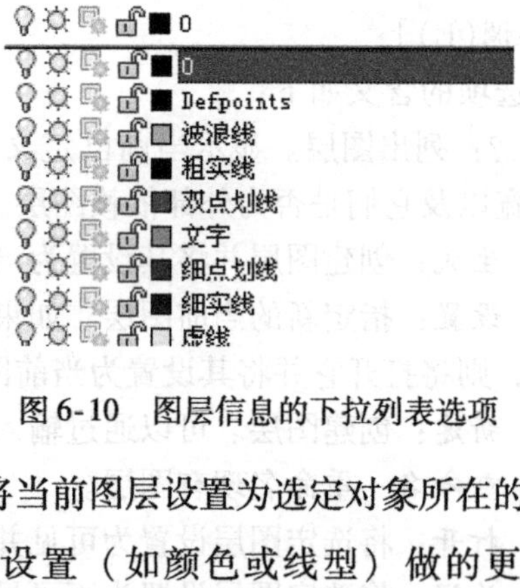

图 6-10 图层信息的下拉列表选项

✧ ：“将对象的图层置为当前层”按钮。将当前图层设置为选定对象所在的图层。

✧ ：“上一个图层”按钮。放弃已对图层设置（如颜色或线型）做的更改，恢复上一图层设置。但有以下特例：如果重命名图层并更改其特性，“上一个图层”将恢复原特性，但不恢复原名称；如果对图层进行了删除或清理操作，则使用“上一个图层”将无法恢复该图层；如果将新图层添加到图形中，则使用“上一个图层”不能删除该图层。

✧ ：“图层匹配”按钮。更改选定对象所在的图层，使其匹配指定图层。如果在错误的图层上创建了对象，则可以将其图层更改到要使用的图层。

✧ ：“更改为当前层”按钮。将选定对象的图层特性更改为当前图层的特性。如果发现在错误图层上创建的对象，可以将其快速更改到当前图层上。

✧ ：“图层隔离或取消图层隔离”按钮。隐藏或锁定除选定对象所在图层外的所有图层。根据当前设置，除选定对象所在图层之外的所有图层均将关闭、在当前布局视口中冻结或锁定。保持可见且未锁定的图层称为隔离。取消图层隔离即恢复使用隐藏或锁定的所有图层。

✧ ：“将对象复制到新图层”按钮。将一个或多个对象复制到其他图层，在指定的图层上创建选定对象的副本，用户还可以为复制的对象指定其他位置。

✧ ：“图层漫游”按钮。显示选定图层上的对象并隐藏所有其他图层上的对象。使用此命令可以检查每个图层上的对象和清理未参照的图层。默认情况下，效果是暂时性的，关闭对话框后图层将恢复。

✧ ：“图层冻结”按钮。冻结选定对象所在的图层。

✧ ：“图层关闭”按钮。关闭选定对象所在的图层。

✧ ：“图层锁定”按钮。锁定选定对象所在的图层。使用此命令，可以防止意外修改图层上的对象。

✧ ：“图层解锁”按钮。解锁选定对象所在的图层。

6.3　对象特性

6.3.1　对象特性简介

在 AutoCAD 中，对象特性是一个比较广泛的概念，包括颜色、图层、线型等通用特性，也包括各种几何信息，还包括与具体对象相关的附加信息，如文字的内容、样式等。如果用户想访问特定对象的完整特性，则可通过“特性”窗口来实现，该窗口是用以查询、修改对象特性的主要手段。

执行方法：

✧ 菜单栏：“修改”→“特性”；

✧ 工具栏：；

✧ 功能区选项卡：“视图”→“选项板”→“特性”；

✧ 命令行：Properties；

✧ 快捷菜单：选择要查看或修改其特性的对象，在绘图区域中单击鼠标右键→“特性”。

以上各种执行方法都会弹出一个对象特性窗口。

6.3.2　特性窗口详解

“特性”窗口与 AutoCAD 绘图窗口相对独立，在打开“特性”窗口的同时可以在 Auto-

CAD 中输入命令、使用菜单和对话框等。因此，在 AutoCAD 中工作时可以一直将“特性”窗口打开。而每当用户选择了一个或多个对象时，“特性”窗口就显示选定对象的特性。

当用户选择多个对象时，仅显示所有选定对象的公共特性。当未选定任何对象时，仅显示常规特性的当前设置。

下面首先以未选中任何对象的“特性”窗口为例介绍其基本界面，如图 6-11 所示。

图 6-11 未选中任何对象的“特性”窗口

用户可以指定新值以修改任何可以更改的特性。单击该值并使用以下方法进行修改：

直接输入新值；单击右侧的向下箭头并从列表中选择一个值；单击“拾取点”按钮，使用定点设备修改坐标值；单击“快速计算器”按钮计算新值；单击左或右箭头可增大或减小该值；单击“...”按钮并在对话框中修改特性值。

图 6-11 所示窗口中各组成部分的功能如下：

✧ 标题栏：显示窗口及当前图形名称。可用鼠标拖动标题栏改变窗口位置；双击标题栏使窗口在固定和浮动状态之间切换；也可单击 按钮关闭（隐藏）“特性”窗口。

✧ 选定对象列表：分类显示选定的对象，并用数字来表示同类的对象的个数，如“圆（2）”表示选定对象中包括两个圆。

✧ 切换 PICKADD 系统变量的值按钮 ：单击该按钮可使按钮图案在 和 之间切换，按钮图案 表示系统变量 PICKADD 值置为 1，打开状态；按钮图案 表示系统变量 PICKADD 值置为 0，关闭状态。打开 PICKADD 时，每个选定对象（无论是单独选择或通过窗口选择的对象）都将添加到当前选择集中；关闭 PICKADD 时，选定对象将替换当前选择集。

✧ 选择对象按钮 ：单击该按钮后进入选择状态，可在绘图窗口选择特定对象，“特性”选项卡将显示选定对象的共有特性。用户可以在“特性”选项卡中修改选定对象的特性，或输入编辑命令对选定对象做其他修改。

✧ 快速选择对象按钮 ：单击该按钮可弹出如图 6-12所示的“快速选择”对话框，按照特定的条件和要求选择对象。

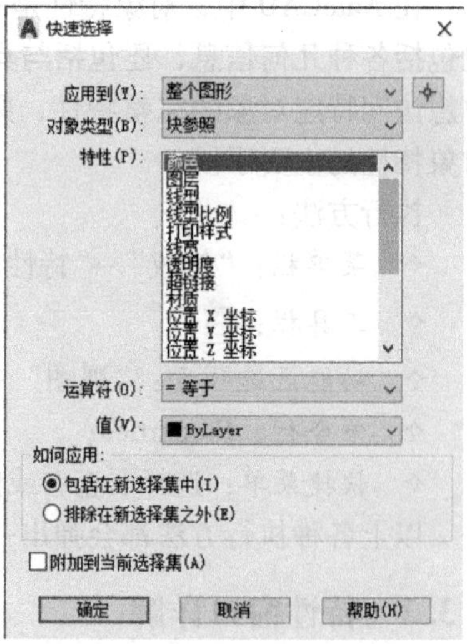

图 6-12 “快速选择”对话框

✧ 特性条目：显示并设置特定对象的各种特性。根据选定对象的不同，特性条目的内容和数量也有所不同。图 6-11 中所示的是未选中任何对象时的特性条目，其具体项目及说明见表 6-1。

表 6-1　特性条目说明

条　目	说　明
常规	
颜色	指定当前颜色
图层	指定当前图层
线型	指定当前线型
线型比例	指定当前线型比例
线宽	指定当前线宽
厚度	指定当前厚度
三维效果	
材质	指定随层、随块、全局
阴影显示	指定投射阴影、接收阴影、投射和接收阴影或者忽略阴影
打印样式	
打印样式	指定当前打印样式
打印样式表	指定当前打印样式表
打印表附着到	指定当前打印样式表所附着的空间
打印表类型	指定当前有效的打印样式表类型
视图	
圆心 X 坐标	指定当前视口中心点的 X 坐标，只读
圆心 Y 坐标	指定当前视口中心点的 Y 坐标，只读
圆心 Z 坐标	指定当前视口中心点的 Z 坐标，只读
高度	指定当前视口的高度，只读
宽度	指定当前视口的宽度，只读
其他	
注释比例	指定比例设置进行缩放
打开 UCS 图标	指定 UCS 图标的“打开”或“关闭”
在原点显示 UCS 图标	指定是否将 UCS 显示在原点
每个视口都显示 UCS	指定 UCS 是否随视口一起保存
UCS 名称	指定 UCS 名称
视觉样式	指定二维、三维、概念、真实等

如果在绘图区域中选择某一对象，“特性”窗口将显示此对象所有特性的当前设置，用户可以修改任意可修改的特性。根据所选择的对象种类的不同，其特性条目也有所变化。

6.4 项目实例——开关柜交流回路控制图的绘制

本综合实例将对开关柜交流回路控制图进行绘制，将使用图层的建立、图层的设置以及对象特性的设置等知识。

（1）利用图层创建命令中的任一种打开“图层特性管理器”对话框，按图 6-13 所示指定图层名称、颜色、线宽等设置。

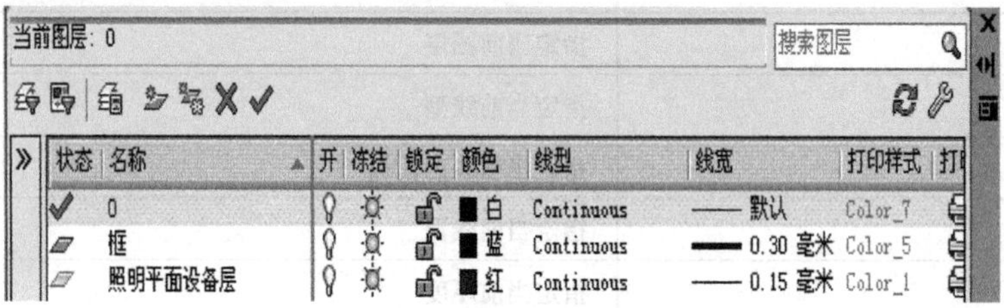

图 6-13 创建图层示例图

（2）在默认图层上绘制控制电路设备和连接线，进行图形的精确编辑。

（3）在另外两个图层上，分别绘制粗实线的图框和 4 个温度传感器，完成如图 6-14 所示的开关柜交流回路图。

（4）进行文字标注（具体内容参见本书第 7 章）。

（5）单击图 6-14 中的各个图元，出现“特性”窗口，修改相应的颜色、文字等特性，形成最终效果图，如图 6-14 所示。

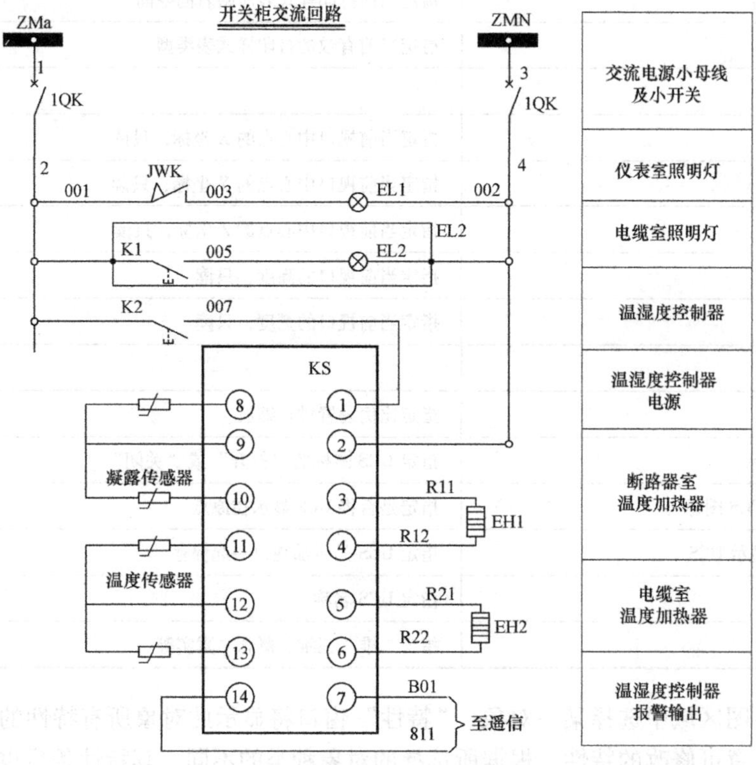

图 6-14 开关柜交流回路控制图

6.5 上机实训

（1）创建图层，在相应图层上绘制如图6-15所示的电气接线图。

（2）创建图层，定义图层属性，在图层上绘制如图6-16所示的互感器外形的前视图和俯视图。

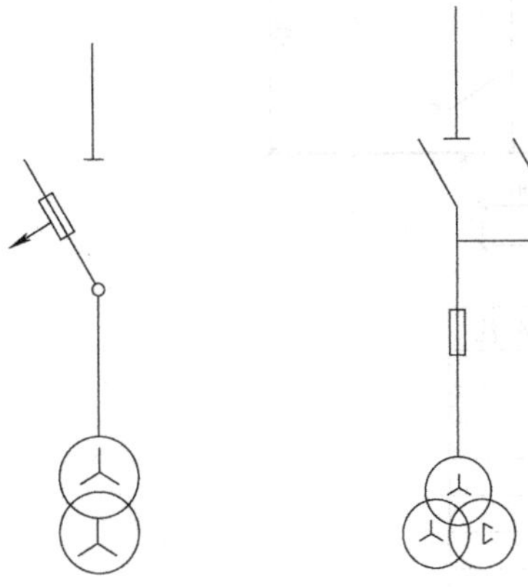

图6-15 上机实训（1）图

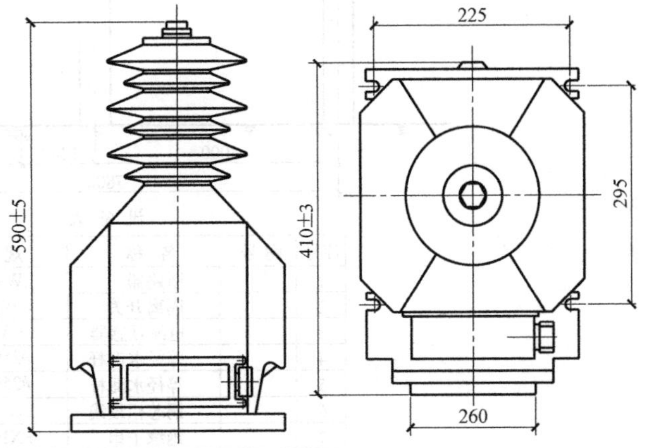

图6-16 上机实训（2）图

（3）设置图层，绘制如图6-17所示的配电箱正视图。

（4）设置图层，绘制如图6-18所示的图形。

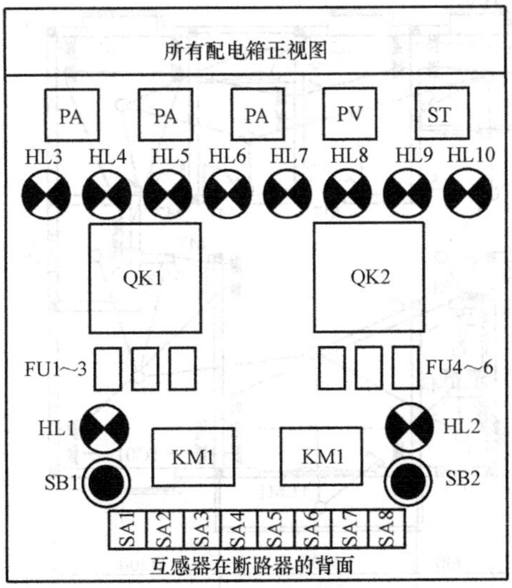

图6-17 上机实训（3）图

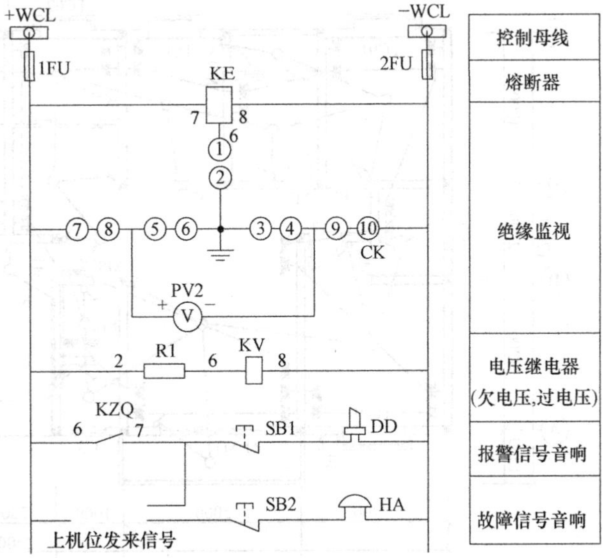

图6-18 上机实训（4）图

（5）设置图层，绘制如图6-19所示的变电所断面图形。

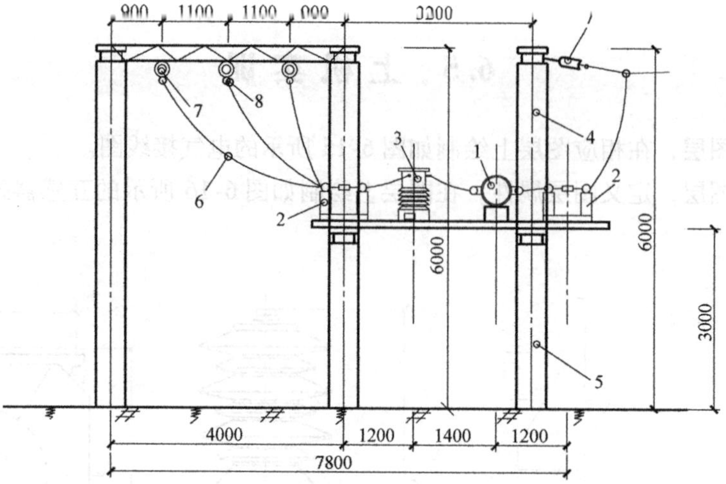

设 备 表

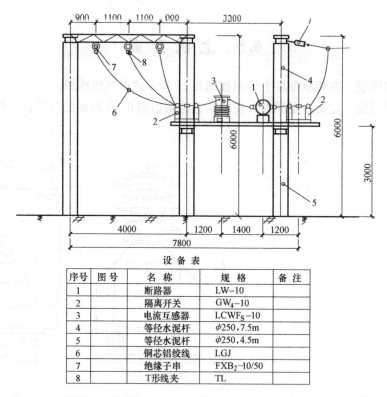

序号	图号	名 称	规 格	备 注
1		断路器	LW–10	
2		隔离开关	GW_4–10	
3		电流互感器	$LCWF_S$–10	
4		等径水泥杆	ϕ250，7.5m	
5		等径水泥杆	ϕ250，4.5m	
6		铜芯铝绞线	LGJ	
7		绝缘子串	FXB_2–10/50	
8		T形线夹	TL	

图 6-19 上机实训（5）图

（6）设置图层，绘制如图 6-20 所示的电气布线图。

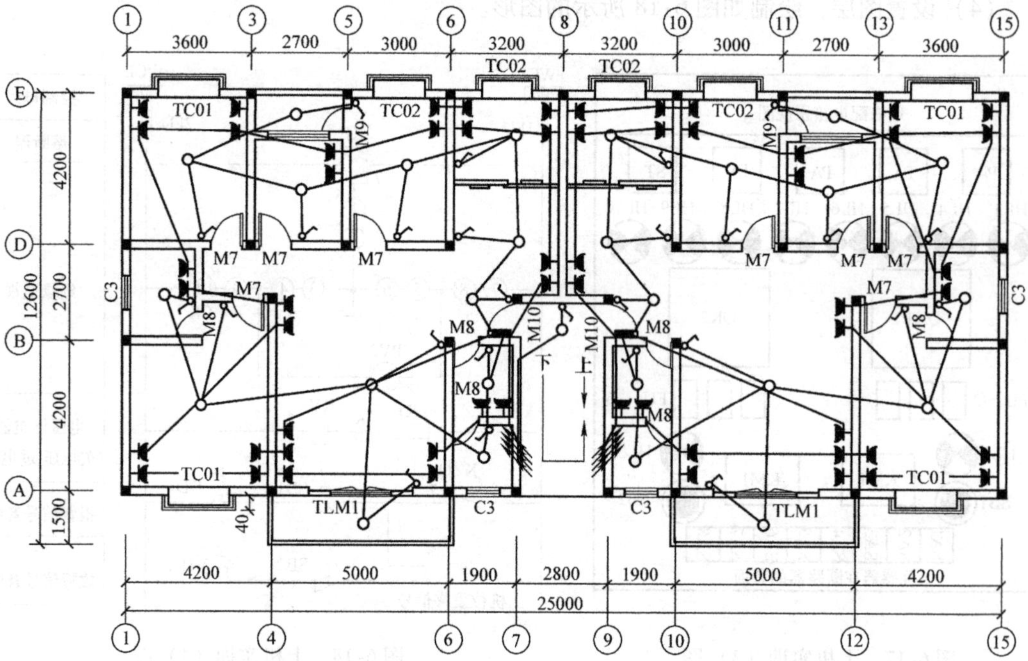

图 6-20 上机实训（6）图

第7章 文字标注与表格

7.1 文字标注

AutoCAD 可以为图形进行文本标注和说明，包括图形中经常出现的特殊符号，如角度符号（°）、直径符号（ϕ）等，同时还可以设置文字的样式、对已标注的文本进行各种编辑操作。AutoCAD 中的文本分为单行文本和多行文本，下面分别加以介绍。

7.1.1 标注单行文本

单行文本用于标注单行的文字，创建比较简短的文字对象。

执行方法：

✧ 菜单栏：“绘图”→“文字”→“单行文字”；

✧ 功能区：“默认”→“注释”→“文字”→“单行文字”；

✧ 命令行：Dtext/text。

命令行提示：

指定文字的起点或 [对正(J)/样式(S)]：指定起点或输入 [ ] 中的选项。

✧ 起点：指定文字对象的起点。接着命令行会继续提示：

指定高度 <0.000>：给出文字的高度值或按 <Enter> 键选择默认高度，如图 7-1 所示。

指定文字的旋转角度 <0>：指定角度或按 <Enter> 键选择默认角度，如图 7-1 所示。

在单行文字的输入框中，输入文字，可以多次选择起点，输入多个单行文本。按 <Esc> 键结束命令。

图 7-1　单行文字的高度和旋转角度

✧ 对正：控制文字的对齐方式。在命令行选择“J”后命令行提示：

[对齐(A)/布满(F)/居中(C)/中间(M)/右对齐(R)/左上(TL)/中上(TC)/右上(TR)/左中(ML)/正中(MC)/右中(MR)/左下(BL)/中下(BC)/右下(BR)]：

✧ 对齐：要求指定输入文字的起点和终点。文字的高度和宽度自动调整，使文字均匀分布于两点之间。文字越多，文字的高度和宽度越小。图 7-2 所示为在两点间的两行不同字数的单行文本示例。

✧ 布满：保持文字高度不变，文字布满由基线的起点和终点构成的区域。只适用于水平方向的文字。文字字符串越长，字符越窄。

✧ 居中：以基线的水平中心对齐文字，此水平中心由用户给出的点指定。

✧ 中间：把指定点作为文字中心和高度中心。中间对齐的文字不保持在基线上。

图 7-2 单行文字的对齐

✧ 右对齐：指定文字基线的右端点，以此点右对齐文字。

✧ 左上：以指定为文字顶点的点左对齐文字。

✧ 中上：以指定为文字顶点的点居中对齐文字。

✧ 右上：以指定为文字顶点的点右对齐文字。

✧ 左中：以指定为文字中间点的点左对齐文字。

✧ 正中：以文字的水平和垂直中央居中对齐文字。

✧ 右中：以指定为文字中间点的点右对齐文字。

✧ 左下：以指定为文字左下的点左对齐文字。

✧ 中下：以指定为文字中下的点居中对齐文字。

✧ 右下：以指定为文字右下的点右对齐文字。

各种对正方式如图 7-3 所示。

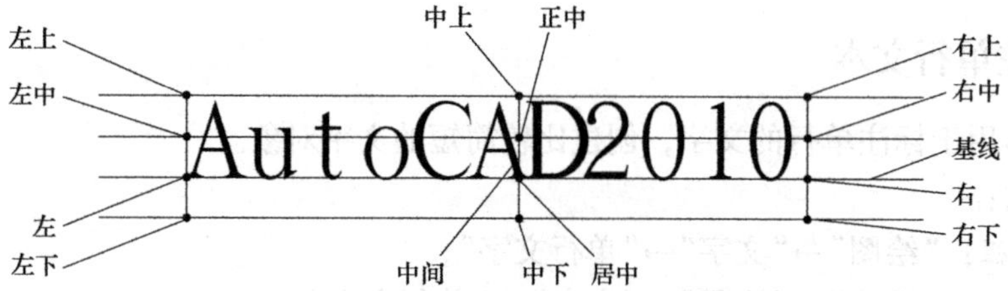

图 7-3 单行文字的各种对正方式示意图

✧ 样式：指定文字样式作为当前文字样式。文字样式决定文字字符的外观。

7.1.2 标注多行文本

多行文本用于标注多行的较复杂、较长的文本内容，如图样的技术要求和说明等。

执行方法：

✧ 菜单栏："绘图"→"文字"→"多行文字"；

✧ 功能区："默认"→"注释"→"文字"→"多行文字"；

✧ 命令行：Mtext。

命令行提示：

指定第一个角点：指定文字范围矩形的第一个角点。

指定对角点或[高度(H)/对正(J)/行距(L)/旋转(R)/样式(S)/宽度(W)/列(C)]：其中各选项含义说明如下。

✧ 指定对角点：若再确定一点，AutoCAD 会以这两个点为对角点形成一个矩形区域，以后所标注的文本行宽度即为该矩形区域的宽度，且以第一个角点作为文本顶线的起始点。同时 AutoCAD 会生成如图 7-4 所示的"文字编辑器"功能区。

下面简要说明文字编辑器中部分重要的功能。

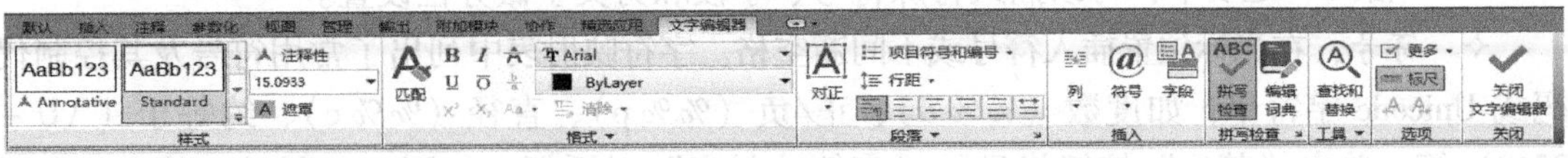

图 7-4 “文字编辑器”功能区

✧ “样式”选项卡：设置多行文字的样式。当前样式保存在系统变量 TEXTSTYLE 中。

✧ 注释性：设置新文字的字符高度或修改选定文字的高度。如果当前文字样式没有固定高度，则文字高度将为系统变量 TEXTSIZE 中存储的值。多行文字对象可以包含不同高度的字符。

✧ 遮罩：为选定的文字设置不同颜色的背景。

✧ “格式”选项卡：设置文字的粗/斜体、上划线、下划线、堆叠、上下标、字体、图层、颜色等特征。

✧ 堆叠：如果选定文字中包含堆叠字符，如插入符（^）、正向斜杠（/）和磅符号（#），则可以创建堆叠文字（如分数）。

默认情况下，包含插入符（^）的文字转换为左对正的公差值，包含正斜杠（/）的文字转换为居中对正的分数值，包含磅符号（#）的文字转换为被斜线分开的分数，分别如图 7-5 所示。

$$a\hat{}b:\genfrac{}{}{0pt}{}{a}{b}\qquad a/b:\frac{a}{b}\qquad a\#b:{}^{a}/_{b}$$

图 7-5　三种堆叠方式

✧ “段落”选项卡：设置文字的对正方式、对齐方式、项目符号和编号、行距等特征。单击右下角箭头符号，打开如图 7-6 所示的“段落”对话框，可以设置制表位、段落缩进、段落对齐方式、段落间距和段落行距等信息。

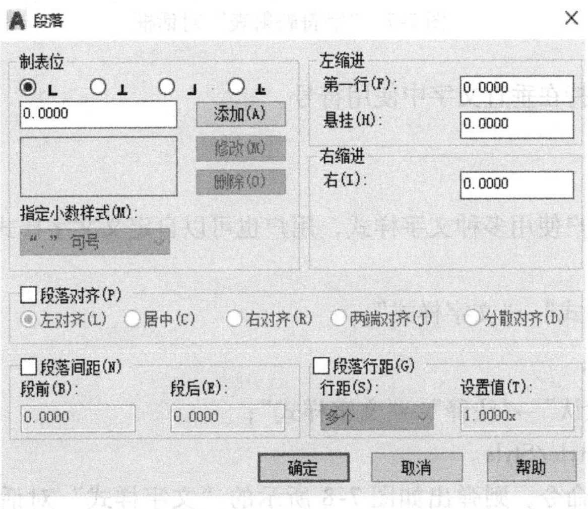

图 7-6 “段落”对话框

✧ “插入”选项卡：可以插入特殊符号、字段和为文字做分栏设置。

✧ 符号：在光标位置插入符号或不间断空格。字符映射表中列出了常用符号及其控制代码或 Unicode 字符串，如度数（%%d）、正/负（%%p）、直径（%%c）、约等于（\U+2248）等。单击“其他”按钮将显示“字符映射表”对话框，如图 7-7 所示，其中包含了系统中多种可用字体的完整字符集。选择一个字符，然后单击“选择”按钮将其放入“复制字符”文本框中；选中所有要使用的字符后，单击“复制”按钮关闭对话框；在编辑器中，单击鼠标右键并单击“粘贴”即可在光标位置插入符号。

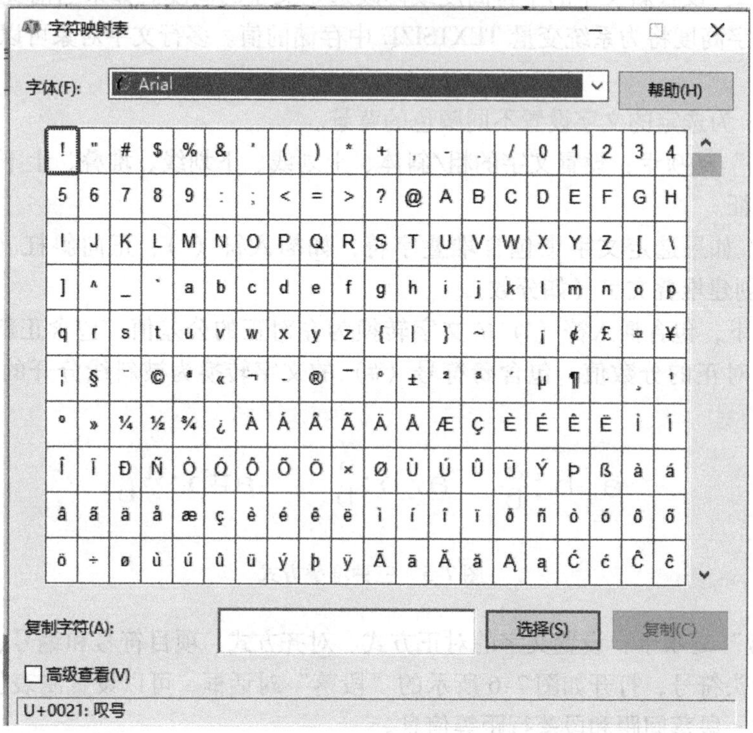

图 7-7 “字符映射表”对话框

AutoCAD2019 支持在垂直文字中使用符号。

7.1.3 文字样式

AutoCAD 允许用户使用多种文字样式，用户也可以自定义文字样式。

执行方法：

✧ 菜单栏：“格式”→“文字样式”；

✧ 工具栏：A；

✧ 功能区：“默认”→“注释”→“文字样式”；

✧ 命令行：Ddstyle/Style。

执行以上任一种命令，则弹出如图 7-8 所示的“文字样式”对话框。用户可以利用该对话框定义文本字体样式。

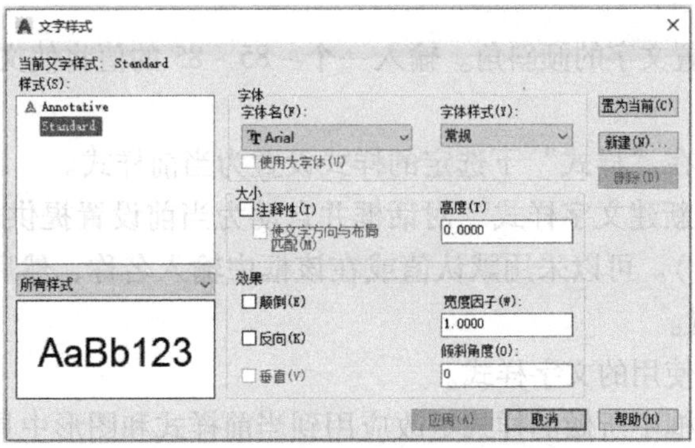

图 7-8　“文字样式”对话框

图 7-8 中各主要选项的含义如下：

✧ 当前文字样式：列出当前文字样式。

✧ 样式：显示图形中的样式列表。列表包括已定义的样式名并默认显示选择的当前样式。若要更改当前样式，请从列表中选择另一种样式或选择“新建”以创建新样式。样式名前的图标表明样式是注释性的。

样式名最长可达 255 个字符。名称中可包含字母、数字和特殊字符，如美元符号（$）、下划线（_）和连字符（-）。

✧ 预览：显示所选择或所确定的字体样式的形式。显示随着字体的改变和效果的修改而动态更改的样例文字。

✧ 字体：设置字体的名称、字体的样式（斜体、粗体或者常规字体）。选定“使用大字体”后，该选项变为“大字体”，用于选择大字体文件。

✧ 大小：更改文字的大小。“注释性”指定文字为注释性。单击信息图标以了解有关注释性对象的详细信息。“使文字方向与布局匹配”指定图样空间视口中的文字方向与布局方向匹配。如果清除“注释性”选项，则该选项不可用。“高度”根据输入值设置文字高度。如果输入大于 0.0 的高度，将自动为此样式设置文字高度；如果输入 0.0，则文字高度将默认为上次使用的文字高度，或使用存储在图形样板文件中的值。在相同的高度设置下，TrueType 字体显示的高度可能会小于 SHX 字体。如果选择了“注释性”选项，则输入的值将设置图样空间中的文字高度。

✧ 效果：修改字体的特性，如宽度因子、倾斜角度以及是否颠倒显示、反向或垂直对齐。“颠倒”指颠倒显示字符，“反向”指反向显示字符，“垂直”显示垂直对齐的字符。只有在选定字体支持双向时“垂直”才可用。TrueType 字体的垂直定位不可用。各种文字效果如图 7-9 所示。

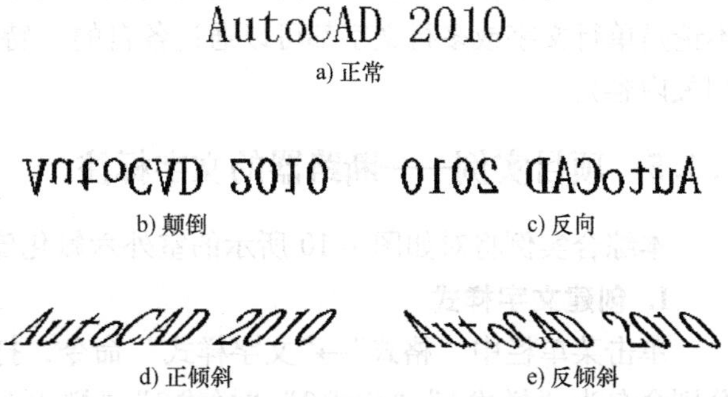

图 7-9　文字“效果”示例

✧ 宽度因子：设置字符间距。输入小于 1.0 的值将压缩文字，输入大于

1.0 的值则扩大文字。

✧ 倾斜角度：设置文字的倾斜角。输入一个 –85～85 的值将使文字倾斜，效果如图 7-9 所示。

✧ 置为当前：将在“样式”下选定的样式设置为当前样式。

✧ 新建：显示“新建文字样式”对话框并自动为当前设置提供名称“样式 n”（其中 n 为所提供样式的编号）。可以采用默认值或在该框中输入名称，然后选择“确定”使新样式名使用当前样式设置。

✧ 删除：删除未使用的文字样式。

✧ 应用：将对话框中所做的样式更改应用到当前样式和图形中具有当前样式的文字。

注意：当字体样式是 TrueType 字体时，可以通过系统变量 TEXTFILL 和 TEXTQLTY 确定所标注的文本字符是否填充以及文本的光滑程度。当 TEXTFILL 设为 0（默认值）时，不填充；当 TEXTFILL 设为 1 时，填充。系统变量 TEXTQLTY 的取值范围为 0～100，默认值为 50，TEXTQLTY 的值越大，文字字符越光滑，但图形输出的时间也就越长。

7.1.4 编辑文字标注

在绘图过程中，如果文字标注不符合要求，可以通过编辑文字命令进行修改。

执行方法：

✧ 菜单栏：“修改”→“对象”→“文字”→“编辑”；

✧ 工具栏：；

✧ 命令行：DDedit/TEXTedit；

✧ 快捷菜单：选中文字→右击鼠标→“编辑多行文字”；

✧ 在绘图区双击文字对象。

若用户编辑的文字是单行文字，则只可以修改文字内容，不能修改文字的样式。若需要改变文字样式，则需在文字创建之前预先设定或选定文字的样式（参见“文字样式”相关内容）。用户可以修改文字的对正设置和比例设置，选择菜单栏中“修改”→“对象”→“文字”→“比例”/“对正”命令。

若用户编辑的文字是多行文字，则会激活图 7-4 所示的“文字编辑器”功能区选项卡，用户可以在对话框中对显示的文字进行内容、大小、字体、颜色等多种属性的修改。同时，不论是单行文字或多行文字都可以通过各自的“特性”进行全面的修改（参见“对象特性”相关内容）。

7.1.5 项目实例——断路器的文字标注

本综合实例将对如图 7-10 所示的室外六氟化硫断路器的各部分进行文字标注说明。

1. 创建文字样式

单击菜单栏中“格式”→“文字样式”命令，打开“文字样式”对话框，新建 4 个样式，分别命名为“样式 1”“样式 2”“样式 3”“样式 4”，文字高度：20，旋转角度：0，宽度因子：1.000，字体分别选择楷体、宋体加粗、隶书、黑体。

2. 创建文字

在“文字样式”对话框中选择“样式1”，置为当前，关闭该对话框。在绘图区相应位置创建单行文字“接线端子板”。

在“文字样式”对话框中选择“样式2”，置为当前，关闭该对话框。在绘图区相应位置创建单行文字“灭弧室”。

在“文字样式”对话框中选择“样式3”，置为当前，关闭该对话框。在绘图区相应位置创建单行文字“支柱瓷套”。

在“文字样式”对话框中选择“样式4”，置为当前，关闭该对话框。在绘图区相应位置创建单行文字“框架”。

再创建3个多行文字，文字内容分别是“控制箱”“支架”“电缆管”，文字高度设为20，字体分别选择宋体、幼圆、宋体，如图7-10所示。

3. 文字标注的编辑

分别选中各文字对象，把它们移动到合适的位置加引线标注（参见第8章内容）或绘制折线引注到断路器的相应位置即可，如图7-10所示。

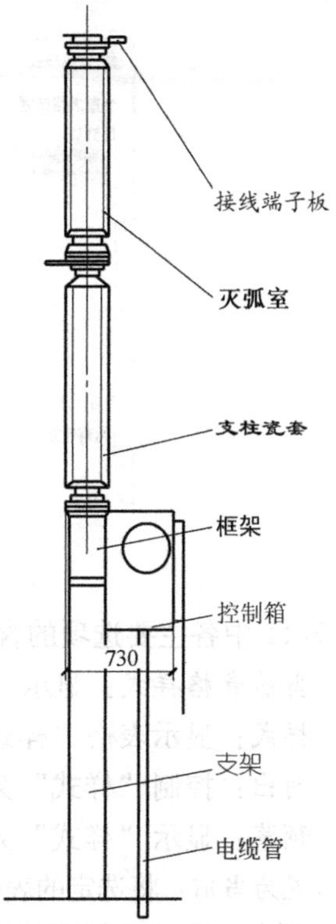

图7-10　断路器外形图

7.2　表格的绘制

表格是在行和列中包含数据的对象。创建表格对象时，先创建一个空表格，然后在表格中添加内容。AutoCAD2019提高了表格的创建和编辑功能，可以自动生成各类数据表格。用户可以直接引用默认的各种格式的表格，也可以自定义表格样式而创建用户自己的表格。

7.2.1　创建表格样式

表格的外观由表格样式控制。用户可以使用默认表格样式，也可以创建自己的表格样式。

执行方法：

✧ 菜单栏：“格式”→“表格样式”；

✧ 工具栏：；

✧ 功能区：“注释”→“表格”→；

✧ 命令行：Tablestyle。

执行以上任一种命令，则弹出如图7-11所示的“表格样式”对话框。用户可以利用该对话框定义表格式样。

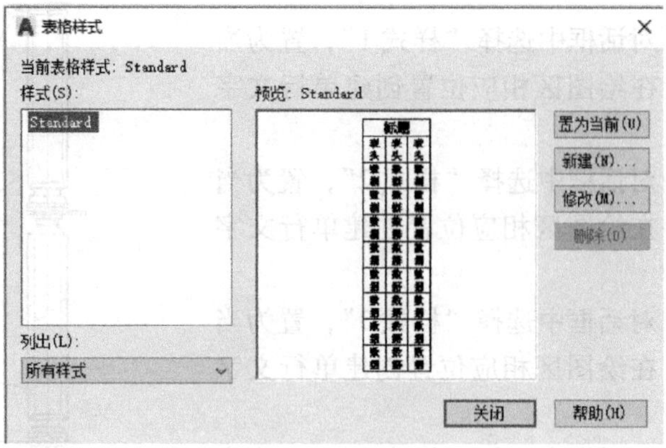

图 7-11 “表格样式”对话框

图 7-11 中各主要选项的含义如下：

✧ 当前表格样式：显示应用于所建表格的表格样式的名称，默认为 Standard。
✧ 样式：显示表格“样式”列表。当前样式被亮显。
✧ 列出：控制“样式”列表的过滤内容。
✧ 预览：显示“样式”列表中选定样式的预览图像。
✧ 置为当前：将选定的表格样式设置为当前样式，所有新表格都使用此表格样式创建。
✧ 新建：显示“创建新的表格样式”对话框，从中可以定义新的表格样式。
✧ 删除：删除“样式”列表中选定的表格样式。不能删除图形中正在使用的样式。
✧ 修改：修改现有表格样式，与定义新的表格样式界面相同，如图 7-12 所示。

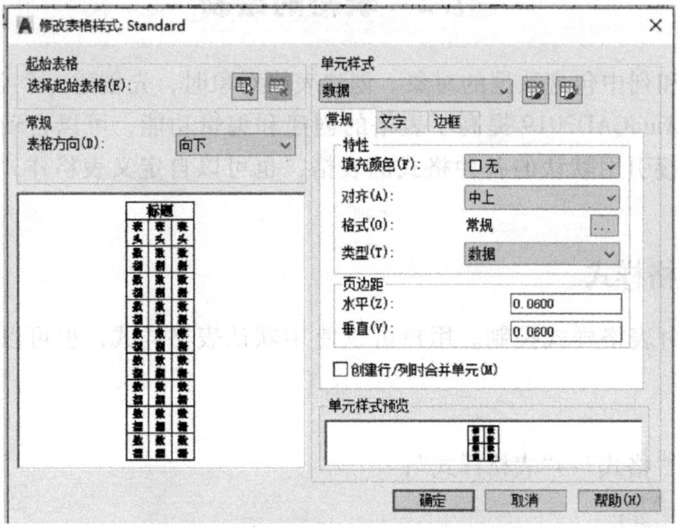

图 7-12 “修改表格样式”对话框

7.2.2 表格的创建与编辑

执行方法：

✧　菜单栏：“绘图”→“表格”；

✧　工具栏：▦；

✧　功能区：“常用”→“注释”→“表格”；

✧　命令行：Table。

执行以上任一种命令后，将出现如图7-13所示的“插入表格”对话框。

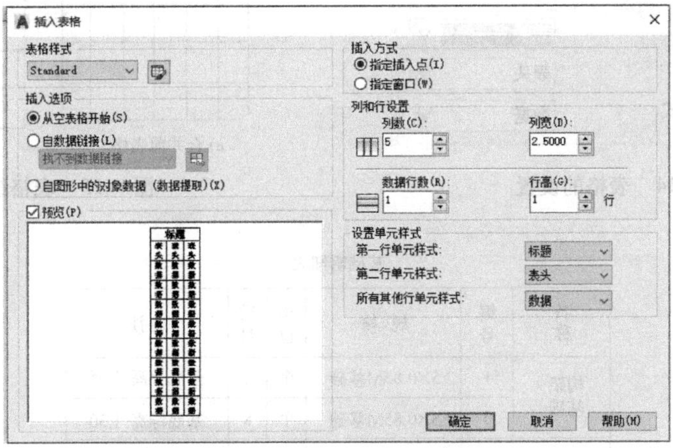

图7-13　“插入表格”对话框

图7-13中各主要选项的含义如下：

✧　表格样式：选择创建或插入表格的表格样式。

✧　插入选项：指定插入表格的方式。可以从空表格开始，也可以从数据链接开始，还可以从图形中的对象数据开始。

✧　预览：控制是否显示预览。如果是空表格，则预览显示表格样式的样例；如果创建了表格链接，则预览将显示结果表格。

✧　插入方式：指定表格创建的位置。可以指定插入点，即指定表格左上角的位置；也可以指定窗口，即指定表格的大小和位置。

✧　列和行设置：设置列和行的数目和大小。

✧　设置单元样式：设置表格起始行的样式。可以为标题行、表头行和数据行。

7.2.3　项目实例——设备材料表的绘制

本项目实例将对如图7-16所示的基础明细表格进行绘制。

（1）单击菜单栏中“绘图”→“表格”命令，按照图7-14所示的设置设计表格，效果如图7-15a所示。

（2）按照图7-16合并相应的单元格。具体做法：用鼠标选中预合并的单元格，单击右键→“合并”→“全部”命令，效果如图7-15b所示。

（3）填写相关的文字，如果文字为竖向，在文字样式中选择“垂直”即可。或者采用多行文字输入，回车换行。

（4）在“特性”对话框中，修改相应的单元宽度和单元高度。最终效果图如图7-16所示。

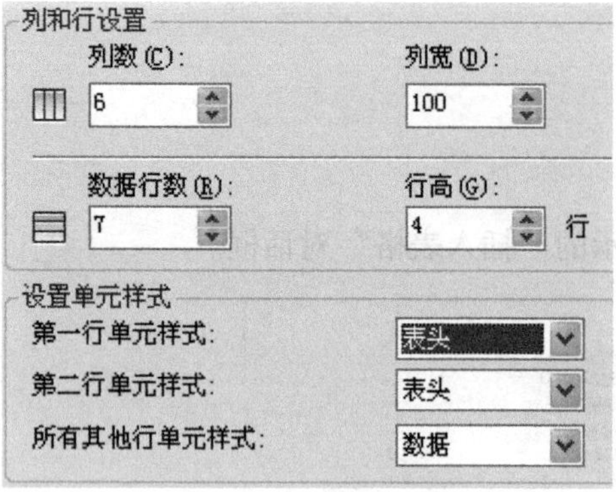

图 7-14 表格的设置

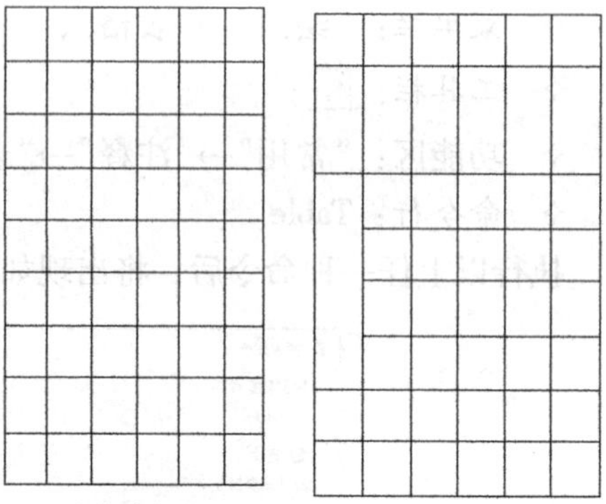

a) 合并前表格 b) 合并后表格

图 7-15 表格绘制效果

基础明细表

名称	编号	规 格	单位	数量	备注
构架基础	1	2.5×0.85M基础	个	2	基底标高-1.05
	6	2.5×0.85M基础	个	8	基底标高-1.30
设备基础	2	0.8×0.80M基础	个	36	基底标高-1.25
	3	0.8×0.80M基础	个	4	基底标高-0.85
	7	电容器基座	个	1	
主变基础	4	SFZ7-110/10.5	座	1	
避雷针基 础	5	30m环形避雷针	座	1	

图 7-16 基础明细表图

7.3 注 释

将注释添加到图形中时，用户可以打开这些对象的注释性特性。注释性对象将根据当前的注释比例设置进行缩放，并自动以正确的大小显示。注释性对象按图样高度进行定义，并以注释比例确定的大小显示。

7.3.1 注释性样式

通过使用注释性样式，可以使用最少的步骤来对图形进行注释。

注释性文字样式、标注样式和多重引线样式均可创建注释性对象。用于定义这些对象的对话框均包含“注释性”复选框，用户可以设置这些样式为注释性样式。注释性样式会在对话框和“特性”选项卡中的名称前面显示一个专用的图标，如图 7-17 所示。

用户应该指定创建的任何注释性文字样式的“图纸高度”值。“图纸高度”设置指定了图样空间中文字的高度。

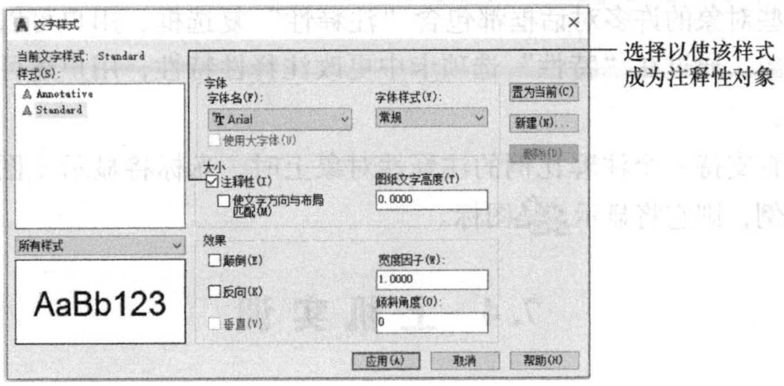

图 7-17　“文字样式”中的“注释性”的设置和表示

对于模型空间或布局视口，可以显示所有注释性对象，也可以仅显示支持当前注释比例的对象。这样就减少了使用多个图层来管理注释的可见性的需求。

使用应用程序或图形状态栏右侧的“注释可见性”按钮，可以选择注释性对象的显示设置。默认情况下，“注释可见性”处于打开状态时，将显示所有的注释性对象；“注释可见性”处于关闭状态时，将仅显示使用当前比例的注释性对象。通常，应使“注释可见性”保持关闭状态，除非要检验其他人创建的图形或向现有的注释性对象添加比例。

7.3.2　注释性对象概述

以下对象可以为注释性对象（具有注释性特性），包括图案填充、文字（单行和多行）、表格、标注、公差、引线和多重引线（使用 MLEADER 创建）、块、属性，具体如图 7-18 所示。

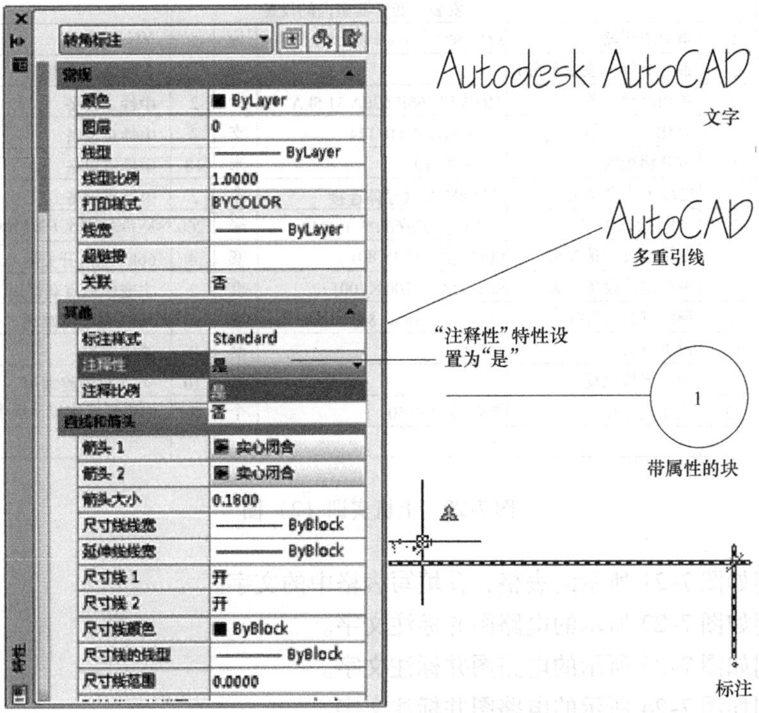

图 7-18　注释性对象

用于创建这些对象的许多对话框都包含“注释性”复选框，用户可以使用此复选框使对象为注释性对象。通过在“特性”选项卡中更改注释性特性，用户还可以将现有对象更改为注释性对象。

将光标悬停在支持一个注释比例的注释性对象上时，光标将显示图标。如果该对象支持多个注释比例，则它将显示图标。

7.4 上机实训

（1）绘制如图 7-19 所示的表格，并填写表格中的文字。

设备表

序号	图号	名称	规格	备注
1	2.16	所内变	S_9–20/10–0.4kV	
2	2.14	隔离开关	GW_1–10G	
3		熔断器	RW_{10}–10	
4	6.2.18	电压互感器	$JSZK_2$–10	
5	2.15	熔断器	RW_4–10	
6		绝缘子串	FXB_2–10/50	

图 7-19 上机实训（1）图

（2）绘制如图 7-20 所示的表格，并填写表格中的文字。

安装在变压器室内的设备					
1	电力变压器	SZ11–50000/66 66±8×1.25%/10.5kV	台	2	YN,d11
2	油气套管（主变部分）		套	2	变压器厂家提供
3	单相隔离开关	HGW5A–66II 630A 31.5kA	个	2	中性点设备
4	氧化锌避雷器	HY1.5WZ2–60/144	支	2	中性点设备
5	钢芯铝绞线	LGJ–70/10	米	18	中性点设备
6	电缆干式终端头	72.5kV,与裸导体连接	个	2	中性点设备
7	66kV交联电缆	$YJLW_{03}$–50/66kV–1×240	米	200	66kV消弧线圈至主变中性点
8	铜铝过渡设备线夹	SLG–2A (80×80)	套	4	66kV隔离开关用
9	铜铝过渡设备线夹	SLG–2A (100×100)	套	2	主变中性点套管用
10	铜铝过渡设备线夹	SLG–2A (80×80)	套	2	66kV电缆终端用
11	设备线夹	SL–2A	套	2	避雷器用
12	接地连接电缆		米	10	66kV电缆终端用
13	主变端子箱	700×350×150	个	2	由电气二次设计提供

图 7-20 上机实训（2）图

（3）绘制如图 7-21 所示的表格，并填写表格中的文字。

（4）绘制如图 7-22 所示的电路图并标注文字。

（5）绘制如图 7-23 所示的电路图并标注文字。

（6）绘制如图 7-24 所示的电路图并标注文字。

安装在66kV组合电器室内的设备					
E01,02	66kV 组合电器	ZF12–72.5	组	2	含汇控柜 封闭母线筒
1	交流分电箱	700×350×150	个	1	由电气二次设计提供
2	66kV电缆终端		个	6	由线路设计提供
3					
安装在66kV消弧线圈室内的设备					
1	66kV消弧线圈	XDZ1–3800/66	台	2	
2	铜芯铝绞线	LGJ–70/10	米	8	
3	电缆干式终端头	72.5kV,与裸导体连接	个	2	
4	铜铝过渡设备线夹	SLG–2A (80×80)	套	4	

					施工图 设计阶段
批 准		校 核		变电所一层平面布置图	
审 定		设 计			
审 核		制 图			
比 例	1:100	日 期		图 号	

图7-21 上机实训（3）图

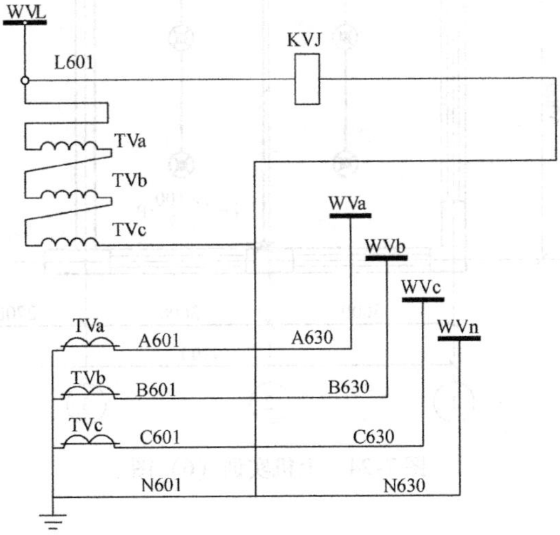

图7-22 上机实训（4）图

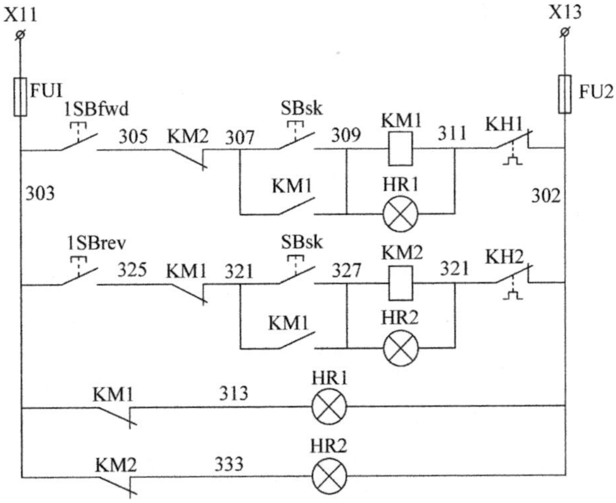

图7-23 上机实训（5）图

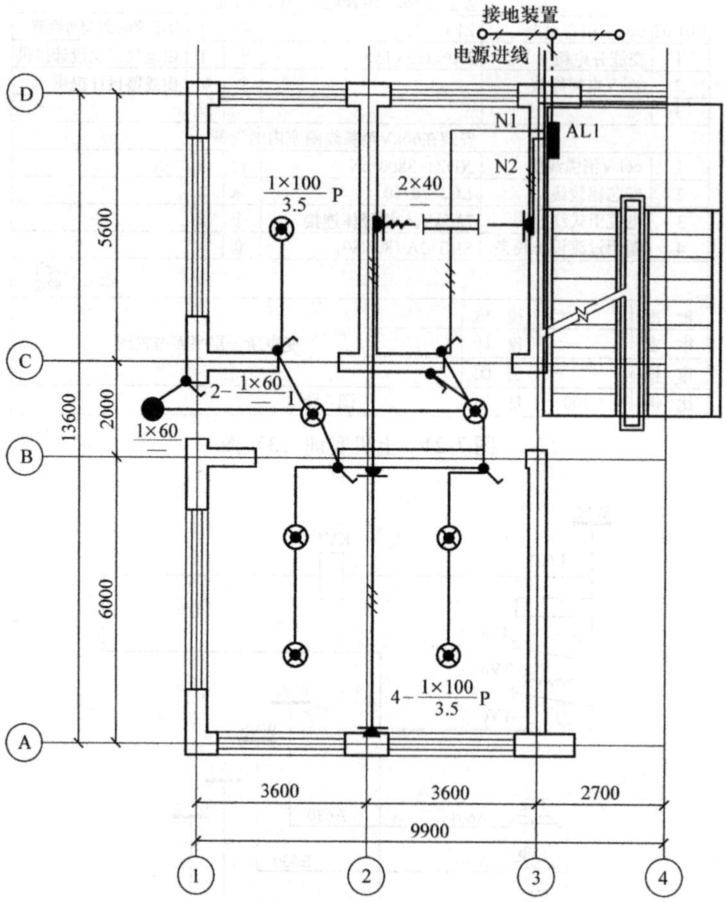
接地装置
电源进线
N1
AL1
N2
1×100
3.5
P
2×40
2− 1×60
l
1×60
4− 1×100
3.5
P
D
C
B
A
5600
2000
6000
13600
3600
3600
2700
9900
1
2
3
4

图 7-24　上机实训（6）图

第8章 尺寸标注

8.1 尺寸标注的概念

8.1.1 尺寸标注的组成

在工程绘图中，一个完整的尺寸标注应由标注文字、尺寸线、尺寸界线、尺寸线的端点及符号组成，如图 8-1 所示。

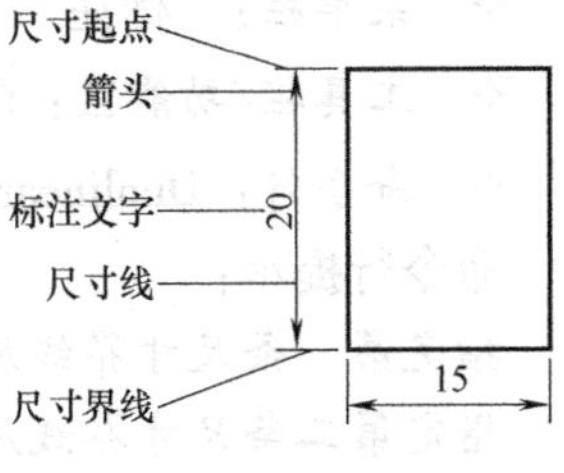

图 8-1　尺寸标注的组成

✧ 标注文字：表明图形的实际测量值。标注文字可以只反映基本尺寸，也可以带尺寸公差。标注文字应按标准字体书写，同一张图样上的字高要一致。在图中遇到图线时须将图线断开。如果图线断开影响图形表达，则需要调整尺寸标注的位置。

✧ 尺寸线：表明标注的直线长度。AutoCAD 通常将尺寸线放置在测量区域中。如果空间不足，则将尺寸线或文字移到测量区域的外部，可由标注样式设定。

✧ 尺寸界线：从标注起点引出的标明标注范围的直线。可以从图形的轮廓线、轴线、对称中心线引出，同时，轮廓线、轴线及对称中心线也可以作为尺寸界线。

✧ 尺寸线的端点及符号（即箭头）：尺寸线的两个端点用于指出测量的开始和结束位置。AutoCAD 默认使用闭合的填充箭头符号作为尺寸线端点的符号。此外，还提供了多种符号以满足不同的行业需要，如建筑标记、小斜线箭头、点和斜杠等。

8.1.2 尺寸标注的基本规则

工程设计中的尺寸标注应遵循一定的基本规则和行业标准，下面说明几条基本的标注规则。

（1）物体的真实大小应以图样上所标注的尺寸数值为依据，与图形的大小及绘图的准确度无关。

（2）图样中的尺寸以 mm 为单位时，不需要标注计量单位的代号或名称。如果采用其他单位，则必须注明相应计量单位的代号或名称，如度（°）、米（m）及厘米（cm）等。

（3）图样中所标注的尺寸为该图样所表示的物体的最后完工尺寸，否则应另加说明。

（4）机件的一个尺寸，一般只标注一次，并应标注在反映该结构最清晰的图形上。

8.1.3 尺寸标注的类型

AutoCAD2019 提供了 10 多种尺寸标注命令来标注图形对象，可以分为直线类尺寸标注、圆弧类尺寸标注和点类尺寸标注等，它们均可以在标注菜单、标注功能区或标注工具栏中找到。

直线类尺寸标注包括线性标注、对齐标注、基线标注、连续标注和快速标注，其中线性标注还可以分为水平标注和垂直标注两种。

圆弧类尺寸标注包括半径标注、直径标注、弧长标注和角度标注四种。

点类尺寸标注包括坐标标注、引线标注、圆心标注和公差标注等。

8.2 直线类尺寸标注

8.2.1 线性标注

线性标注是进行水平或垂直方向的两点间的长度标注的标注类型。

执行方法：

✧ 菜单栏：“标注”→“线性”；

✧ 工具栏/功能区：⊢⊣；

✧ 命令行：Dimlinear（缩写为 Dimlin，快捷命令 DLI）。

命令行提示：

指定第一条尺寸界线原点或 <选择对象>：

指定第二条尺寸界线原点：

指定尺寸线位置或[多行文字(M)/文字(T)/角度(A)/水平(H)/垂直(V)/旋转(R)]：

各选项说明如下：

默认情况下，直接指定第一条尺寸界线的原点，继而要求给出第二条尺寸界线原点即完成标注的第一步。

若在第一行命令提示下直接回车，则表示是执行选择对象操作，即选择要标注尺寸的对象。当选择了对象以后，系统将该对象的两个端点作为两条尺寸界线的起点，并继续显示提示：

指定尺寸线位置或[多行文字(M)/文字(T)/角度(A)/水平(H)/垂直(V)/旋转(R)]：给出尺寸线的位置，系统将测量出两个尺寸界线原点间的距离，标注出尺寸。

✧ 多行文字（M）：选择该选项将进入多行文本编辑模式，可以使用“多行文本编辑器”对话框输入并设置标注文字。

✧ 文字（T）：以单行文字的形式输入标注文字，可以修改默认尺寸的大小。

✧ 角度（A）：设置标注文字的旋转角度，如图 8-2 所示。

✧ 水平（H）和垂直（V）：标注水平尺寸和垂直尺寸。可以直接确定尺寸线的位置，也可以选择其他选项来指定标注文字的内容或旋转角度。

✧ 旋转（R）：旋转标注对象的尺寸线，如图 8-3 所示。

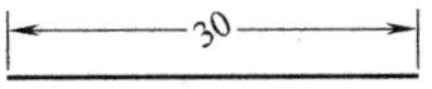

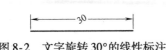

图 8-2 文字旋转 30°的线性标注

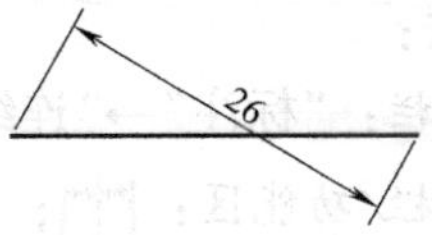

图 8-3 尺寸线旋转 -30°的线性标注

8.2.2 对齐标注

在对直线段进行标注时，如果该直线的倾斜角度未知，那么使用线性标注方法将无法得到准确的测量结果，这时可以使用对齐标注。这种标注指示的是与所标注的轮廓线平行的线段的距离。使用对齐标注时，尺寸线将平行于两尺寸界线原点之间的直线。

执行方法：

✧ 菜单栏：“标注”→“对齐”；

✧ 工具栏/功能区：;

✧ 命令行：Dimaligned（快捷命令 DAL）。

命令行提示：

指定第一条尺寸界线原点或 <选择对象>：

指定第二条尺寸界线原点：

指定尺寸线位置或[多行文字(M)/文字(T)/角度(A)]：

各项的含义与线性标注相似，不再赘述。对齐标注如图 8-4 所示。

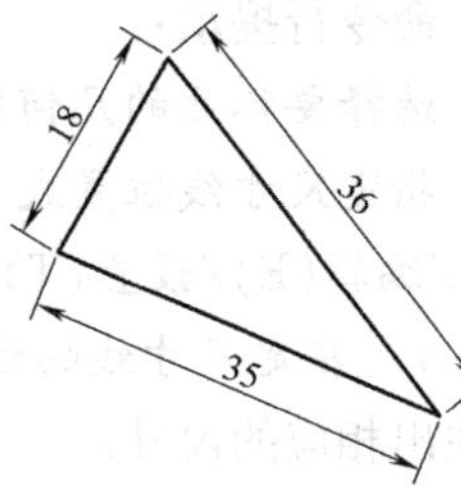

图 8-4 对齐标注

8.2.3 基线标注

基线标注用于产生一系列基于同一条尺寸界线的尺寸标注，适用于长度标注、角度标注和坐标标注等。基线标注必须在前一个标注后使用，如果之前没有标注，则无法进行基线标注。

执行方法：

✧ 菜单栏：“标注”→“基线”；

✧ 工具栏/功能区：;

✧ 命令行：Dimbaseline（快捷命令 DBA）。

命令行提示：

指定第二条尺寸界线原点或［放弃(U)/选择(S)］<选择>：因为基线标注将把上一个标注的第一条尺寸界线作为基准线，所以只需依次给出第二条及后续尺寸界线的原点位置即可实现连续的多个尺寸的基线标注，如图 8-5 所示。按 <Enter> 键结束命令。在命令行输入字母 S 或直接回车，需要重新选择作为基准的尺寸标注。

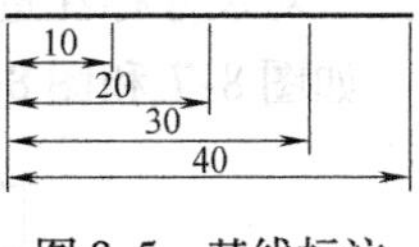

图 8-5 基线标注

8.2.4 连续标注

连续标注用于产生一系列端对端的尺寸标注，每个连续标注都从前一个标注的第二条尺寸线处开始，适用于长度标注、角度标注和坐标标注等。

执行方法：

✧ 菜单栏：“标注”→“连续”；

✧ 工具栏/功能区：；

✧ 命令行：Dimcontinue（快捷命令 DCO）。

命令行提示：

指定第二条尺寸界线原点或［放弃(U)/选择(S)］<选择>：

在此条件下的标注与基线标注相同，不再赘述。

连续标注如图 8-6 所示。

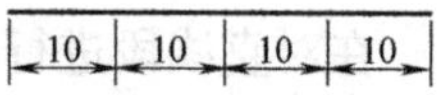

图 8-6 连续标注

8.2.5 快速标注

快速标注命令使用户可以交互、动态、自动地进行尺寸标注，可以同时选择多个对象进行基线标注和连续标注，也可以同时选择多个圆或圆弧标注直径、半径，选择一次即可完成多个标注，极大地提高了工作效率。

执行方法：

✧ 菜单栏：“标注”→“快速标注”；

✧ 工具栏/功能区：；

✧ 命令行：QDIM。

命令行提示：

选择要标注的几何图形：选择要标注尺寸的多个对象，单击鼠标右键结束选择。

指定尺寸线位置或［连续(C)/并列(S)/基线(B)/坐标(O)/半径(R)/直径(D)/基准点(P)/编辑(E)/设置(T)］<连续>：各选项说明如下。

✧ 指定尺寸线的位置：直接确定尺寸线的位置，系统在该位置以默认的尺寸标注类型标注出相应的尺寸。

✧ 连续（C)：产生一系列连续标注的尺寸。

✧ 并列（S)：产生一系列并列交错的尺寸标注。

✧ 基线（B)：产生一系列基线标注的尺寸。

✧ 坐标（O)/半径(R)/直径(D)：含义与上类似，分别产生一系列坐标标注、半径标注和直线标注的尺寸。

✧ 基准点（P)：为基线标注和连续标注指定一个新的基准点。

✧ 编辑（E)：对多个尺寸标注进行编辑。系统允许对已存在的尺寸标注添加或移去尺寸点，对尺寸标注进行更新。

如图 8-7 和图 8-8 所示，分别为快速标注中的并列和连续形式。

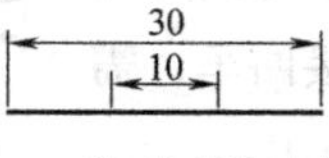

图 8-7 并列型快速标注

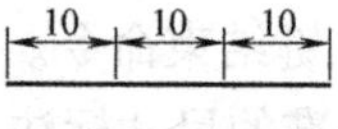

图 8-8 连续型快速标注

8.2.6 项目实例——电线杆组装图的尺寸标注

电线杆组装图一般要求具有严格的尺寸关系，因此在绘制电线杆组装图时必须严格进行尺寸标注，才能正确指导施工，保证电线杆组装的正确。如图8-9所示的电线杆已经绘制完成，则对其进行标注的步骤如下：

（1）打开电线杆的组装图，如图8-9所示。设置标注样式，以斜线作为箭头符号。

（2）单击“标注”工具栏的“线性标注”按钮，标注右侧两个端点之间的尺寸，标注文字为970，如图8-10所示。

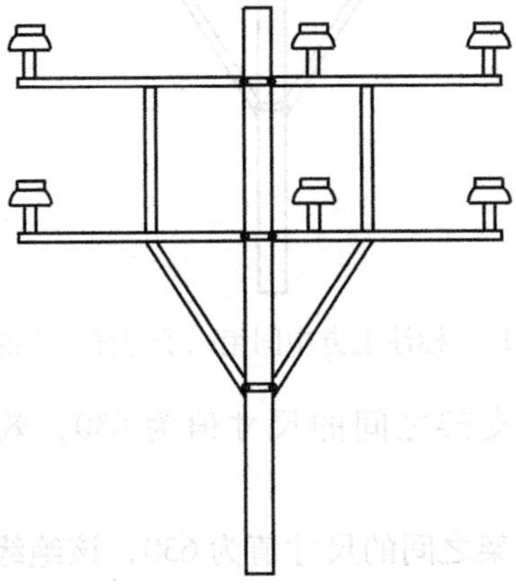

图8-9　电线杆组装图

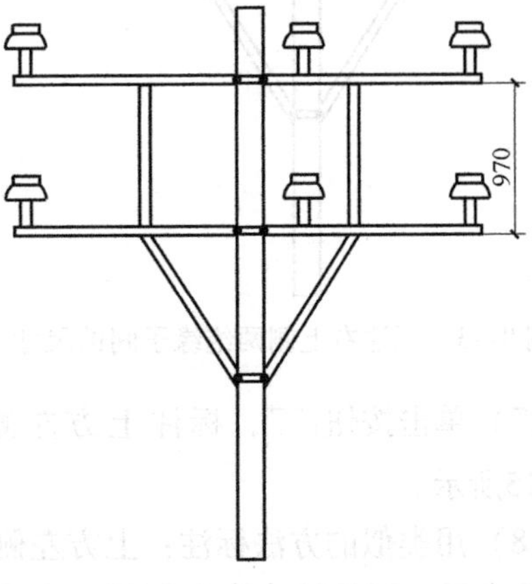

图8-10　标注右侧两个端点间的尺寸

（3）单击“标注”工具栏的“线性标注”按钮，标注右上侧绝缘子中心与横杆端部的尺寸，标注文字为40，如图8-11所示。

（4）调整标注文字的位置。选择尺寸，单击选中尺寸的中心，使之变红，鼠标移到适当的位置并单击，效果如图8-12所示。

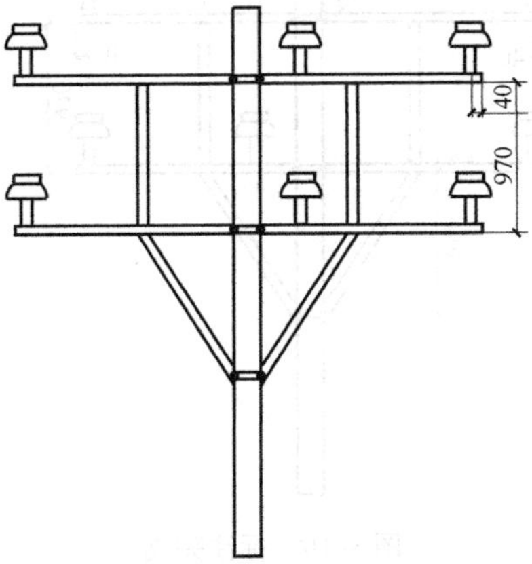

图8-11　标注绝缘子与横杆端部的尺寸

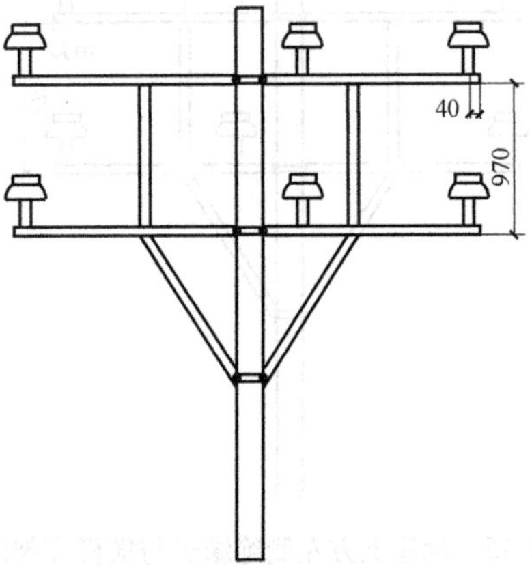

图8-12　调整标注文字的位置

（5）单击“线性标注”按钮，标注右上侧绝缘子中心与横杆支架之间的尺寸，标注文字为630，并标注右上侧绝缘子与中间绝缘子之间的尺寸值为910，其效果如图8-13所示。

（6）单击“线性标注”按钮，并单击“连续标注”按钮，指定电线杆中心为第二条尺寸线原点，标注上方中间绝缘子与电杆中心的尺寸，其值为270，其效果如图8-14所示。

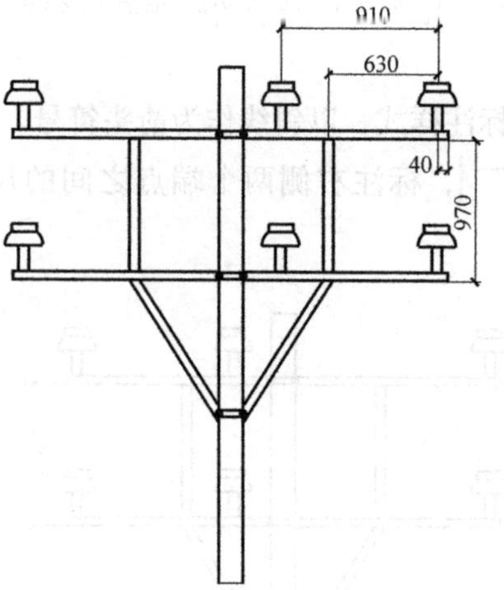

图 8-13 标注右上侧两绝缘子间的尺寸

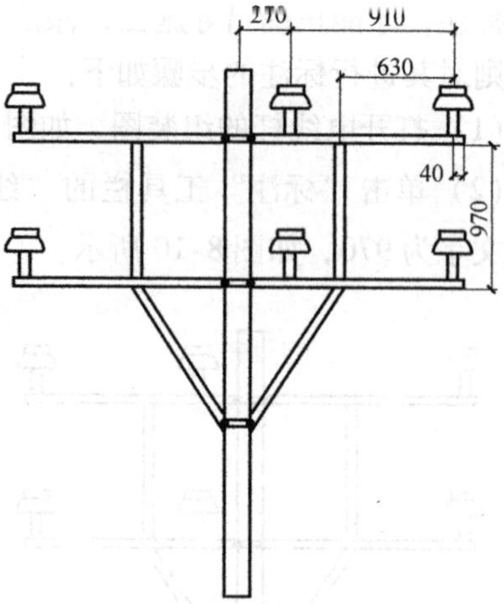

图 8-14 标注上方中间绝缘子与杆中心的尺寸

（7）单击按钮，标注上方左侧绝缘子与横杆支架之间的尺寸值为 630，效果如图 8-15所示。

（8）用类似的方法标注：上方左侧绝缘子与横杆支架之间的尺寸值为 630，该绝缘子与中间绝缘子之间的尺寸值为 1450，上方左侧绝缘子与横杆端部的尺寸值为 40，电线杆顶部与横杆之间的尺寸值为 300，底部螺帽与下边横杆之间的尺寸值为 800。至此全部标注完成，最终效果如图 8-16 所示。

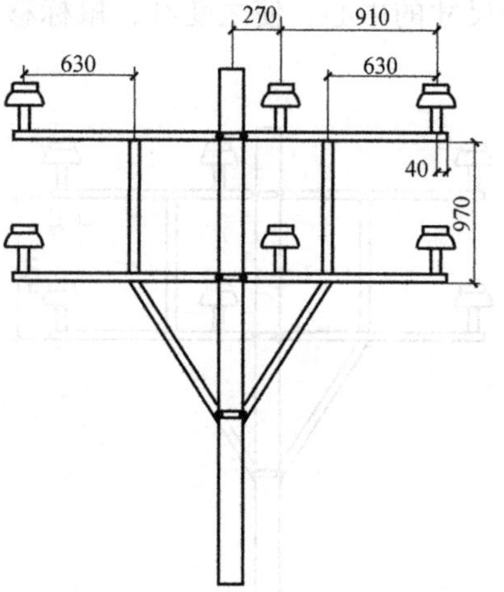

图 8-15 标注上方左侧绝缘子与横杆支架的尺寸

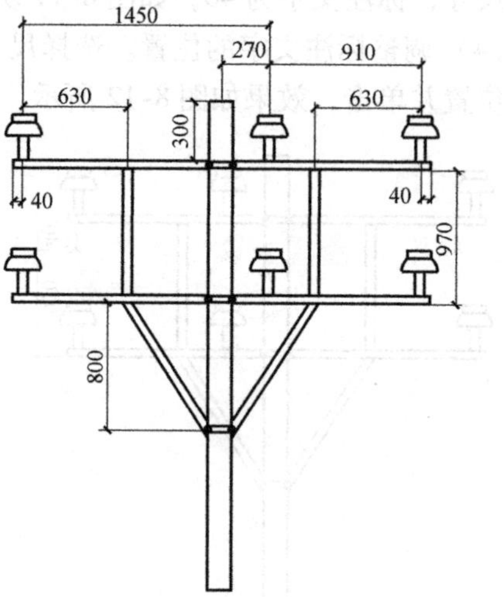

图 8-16 标注完成

8.3 圆弧类及点类尺寸标注

8.3.1 半径标注

半径标注用于测量选定的圆弧或圆的半径，并显示附带字母“R”的标注文字。

执行方法：

✧ 菜单栏：“标注”→“半径”；

✧ 工具栏/功能区：；

✧ 命令行：Dimradius（快捷命令 DRA）。

命令行提示：

选择圆弧或圆：选择要标注半径的圆弧或圆。

指定尺寸线位置或［多行文字(M)/文字(T)/角度(A)］：当指定了尺寸线的位置后，系统将按实际测量值标注出圆或圆弧的半径。也可以利用“多行文字（M）/文字（T）/角度（A）”选项，确定尺寸文字或尺寸文字的旋转角度。其中，当通过“多行文字（M）”和“文字（T）”选项重新确定尺寸文字时，包括字母R，都要重新输入。

8.3.2 直径标注

直径标注用于测量选定的圆弧或圆的直径，并显示附带直径符号“ϕ”的标注文字。

执行方法：

✧ 菜单栏：“标注”→“直径”；

✧ 工具栏/功能区：；

✧ 命令行：Dimdiameter（快捷命令 DDI）。

命令行提示：

选择圆弧或圆：选择要标注直径的圆弧或圆。

指定尺寸线位置或［多行文字(M)/文字(T)/角度(A)］：直径标注的方法与半径标注的方法相同。当选择了需要标注直径的圆或圆弧后，直接确定尺寸线的位置，系统将按实际测量值标注出圆或圆弧的直径。并且，当通过“多行文字（M）”和“文字（T）”选项重新确定尺寸文字时，需要在尺寸文字前加前缀%%C，才能使标出的直径尺寸有直径符号 ϕ。半径标注和直径标注如图 8-17 所示。

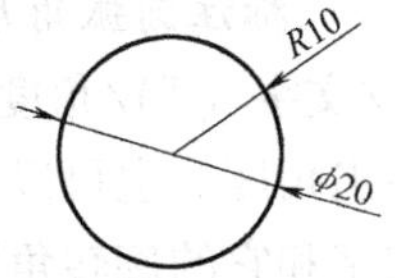

图 8-17 半径标注和直径标注

8.3.3 弧长标注

弧长标注用于测量和显示圆弧的长度，并显示前面带有圆弧符号的标注文字。

执行方法：

✧ 菜单栏：“标注”→“弧长”；

✧ 工具栏/功能区：；

✧ 命令行：Dimarc。

命令行提示：

选择弧线段或多段线圆弧段：

指定弧长标注位置或［多行文字(M)/文字(T)/角度(A)/部分(P)/引线(L)］：各选项说明如下。

✧ 弧长标注位置：指定尺寸线的位置并确定尺寸界线的方向。弧长标注如图 8-18 所示。

✧ 多行文字（M）：显示文字编辑器，可以用来编辑标注文字。要添加前缀或后缀，请在生成的测量值前后输入前缀或后缀。

✧ 文字（T）：自定义标注文字，生成的标注测量值显示在尖括号（ < > ）中。

✧ 角度（A）：编辑标注文字的角度。

✧ 部分（P）：缩短弧长标注的长度，如图 8-19 所示。

✧ 引线（L）：添加引线对象，仅当圆弧（或弧线段）大于 90°时才会出现此选项，引线是按径向绘制的，指向所标注圆弧的圆心，如图 8-20 所示。

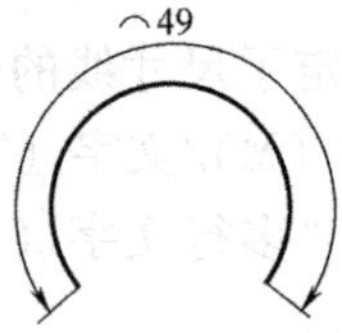

图 8-18 弧长标注

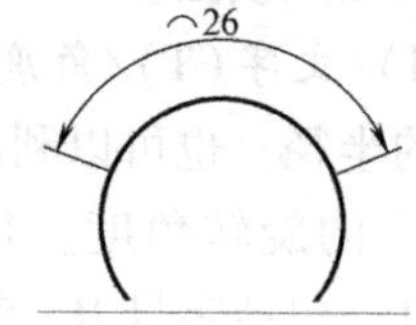

图 8-19 部分弧长标注

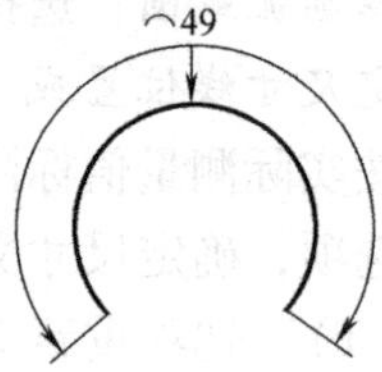

图 8-20 引线弧长标注

8.3.4 角度标注

角度标注用于测量圆、圆弧、两条直线间和三点间的角度等。

执行方法：

✧ 菜单栏：“标注”→“角度”；

✧ 工具栏/功能区：；

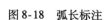

✧ 命令行：Dimangular（快捷命令 DAN）。

命令行提示：

角度标注的提示会由于标注角度的对象的不同略有不同。

✧ 标注圆弧角度：当选择圆弧时，命令行会提示：指定标注弧线位置或［多行文字（M）/文字（T）/角度（A）］。此时，如果直接确定标注弧线的位置，系统会按实际测量值标注出角度。也可以使用“多行文字（M）”“文字（T）”及“角度（A）”选项，设置尺寸文字和它的旋转角度。当重新确定尺寸文字时，只有给新输入的尺寸文字加后缀%%D，才能使标注出的角度值有度（°）符号，如图 8-21 所示。

✧ 标注圆角度：当选择圆时，命令行会提示：指定角的第二个端点，要求确定另一点作为角的第二个端点，该点可以在圆上，也可以不在圆上。第一个端点是选择圆时的选点，再确定标注弧线的位置，系统将以圆心为角度的顶点，以通过所选择的两个点为尺寸界线标注圆角度，如图 8-22 所示。

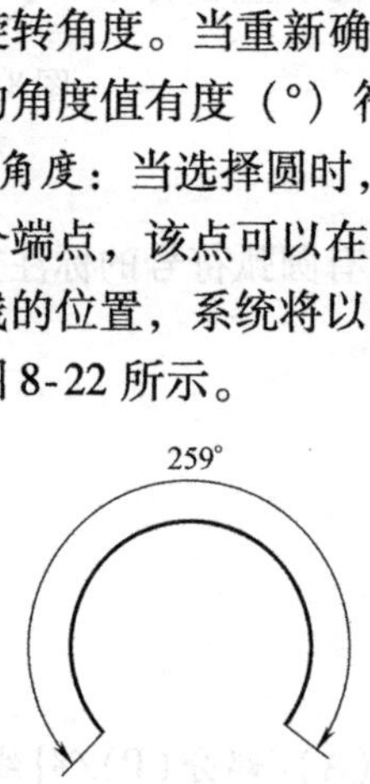

图 8-21 标注圆弧角度

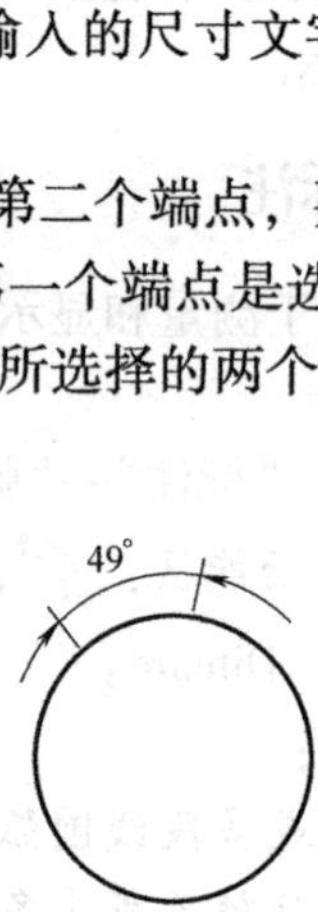

图 8-22 标注圆角度

✧ 标注两条不平行直线之间的夹角：需要选择这两条直线，然后确定标注弧线的位置，系统将自动标注出这两条直线的夹角，如图 8-23 所示。

✧ 根据三个点标注角度：这时首先需要确定角的顶点，然后分别指定角的两个端点，最后指定标注弧线的位置。图 8-24 所示为 A、O、B 三点夹角。

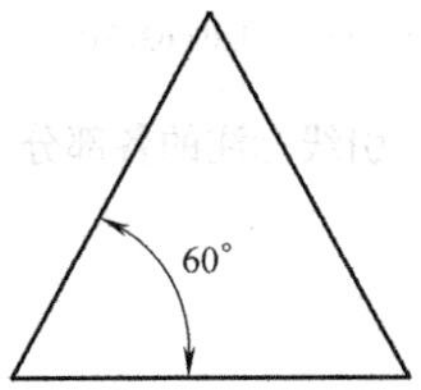

图 8-23 两直线间角度标注

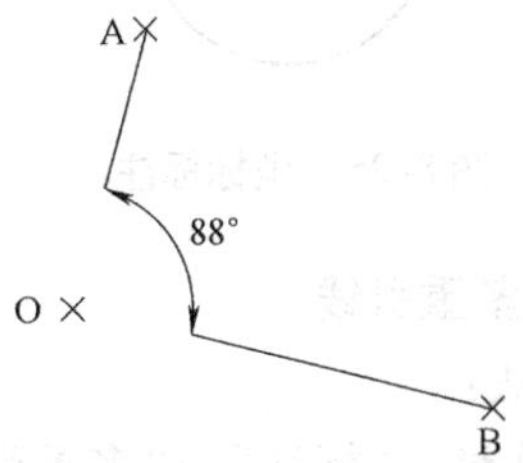

图 8-24 三点间角度标注

8.3.5 坐标标注

坐标标注用于标明图形空间中的点与坐标原点（基准）之间的水平或垂直距离。坐标标注由 X 或 Y 值和引线组成。

执行方法：

✧ 菜单栏：“标注”→“坐标”；

✧ 工具栏/功能区：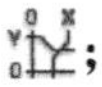；

✧ 命令行：Dimordinate。

命令行提示：

指定点坐标：确定要标注坐标尺寸的点。

指定引线端点或 [X 基准(X)/Y 基准(Y)/多行文字(M)/文字(T)/角度(A)]：默认情况下，指定引线的端点位置后，系统将在该点标注出指定点坐标。X 基准是沿 X 轴测量点与基准的距离，Y 基准是标注沿 Y 轴测量点与基准的距离。若指定一个点，系统将自动确定它是 X 基准坐标还是 Y 基准坐标，此为自动坐标标注。若 Y 值较大，则标注测量 X 值，否则标注测量 Y 值。

系统使用当前 UCS 绝对坐标确定坐标值，创建坐标标注之前，通常需要重设 UCS 原点与基准相符。

无论当前标注样式定义的文字方向如何，坐标标注文字总是与坐标引线对齐，可以接受默认文字或提供其他文字。“X 基准（X）”和“Y 基准（Y）”选项分别用于标注指定点的 X、Y 坐标；“多行文字（M）”选项用于通过当前文本窗口输入标注的内容；“文字（T）”选项直接要求输入标注的内容；“角度（A）”选项则用于确定标注文字的旋转角度。坐标标注如图 8-25 所示。

8.3.6 引线标注

引线标注，AutoCAD 中也称为多重引线，由引线基线、箭头和文字三部分标注组成，如图 8-26所示。引线标注使用方便，可以在图形的任意点或对象上创建引线，引线可以由直线段或平滑的样条曲线段构成，用户还可以在引线上附着块参照和特征控制框。

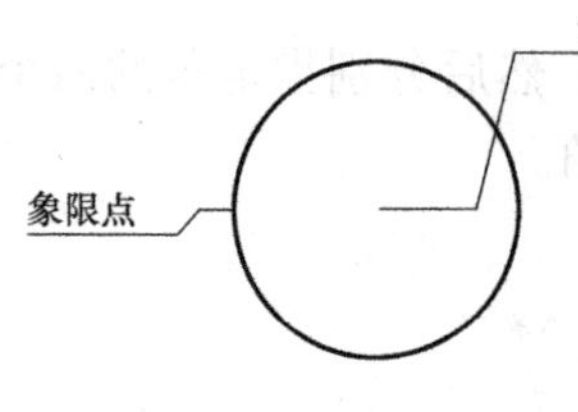

图 8-25 坐标标注

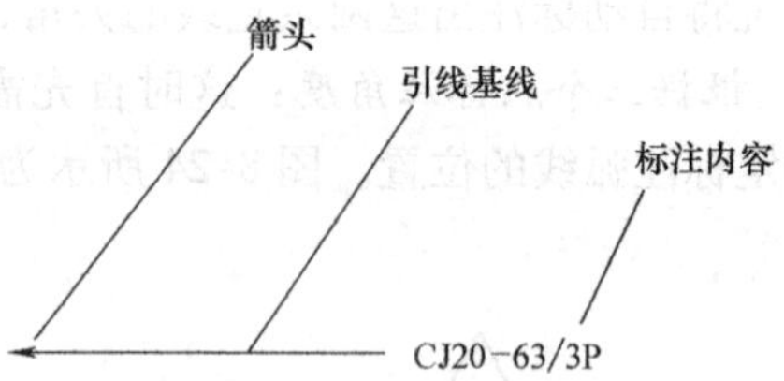

图 8-26 引线标注的各部分

1. 创建多重引线

执行方法：

✧ 菜单栏：“标注”→“多重引线”；

✧ 工具栏/功能区：；

✧ 命令行：Mleader。

命令行提示：

指定引线箭头的位置或［引线基线优先(L)/内容优先(C)/选项(O)］<选项>：在图形中单击确定引线箭头的位置，然后在打开的文字输入窗口输入注释内容。

✧ 引线基线优先（L）：先给出引线末端的位置，再确定箭头的位置和文字。

✧ 内容优先（C）：先给出标注文字，再根据选项确定引线基线和箭头的位置。

✧ 选项（O）：设定引线标注的选项，具体如下。

➢引线类型（L）：指定引线使用直线还是用样条曲线。

➢引线基线（A）：确定是否使用引线基线。

➢内容类型（C）：确定文字是多行文字或是块或是不输入文字。

➢最大节点数（M）：指定引线转折的节点数，最小为 2，即引线转折一次。

➢第一个角度（F）：给定引线转折的第一个角度。

➢第二个角度（S）：给定引线转折的第二个角度。

➢退出选项（X）：设定选项后退出。

2. 设置多重引线样式

用户可以利用“多重引线样式管理器”对话框设置需要的多重引线样式。

执行方法：

✧ 菜单栏：“格式”→“多重引线样式”；

✧ 功能区：“注释”→“引线”→；

✧ 命令行：MleaderStyle（快捷键 MLS）。

执行该命令后，将打开“多重引线样式管理器”对话框，如图 8-27 所示。该对话框可以设置多重引线的格式、结构和内容。

✧ 新建：创建新多重引线样式，如图 8-28 所示。设置了新样式的名称和基础样式后，单击该对话框中的“继续”按钮，将打开“修改多重引线样式”对话框，可以创建多重引线的格式、结构和内容，如图 8-29 所示。用户自定义多重引线样式后，单击“确定”按钮，然后在“多重引线样式管理器”对话框将新样式置为当前样式即可。

✧ 修改：对已存在的多重引线的样式进行修改，同样打开图 8-29 所示的对话框进行相应选项的设定。

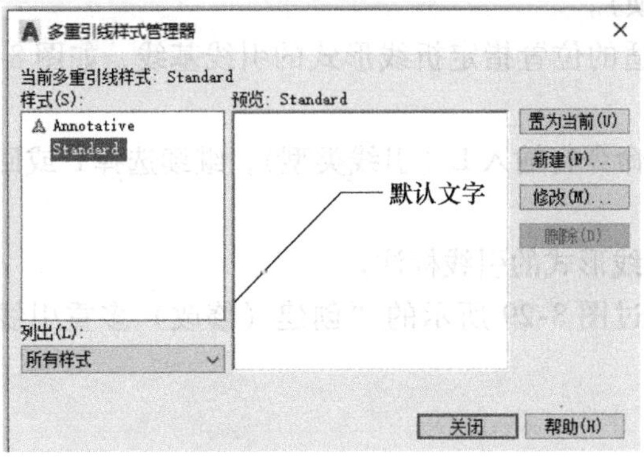

图 8-27 “多重引线样式管理器”对话框

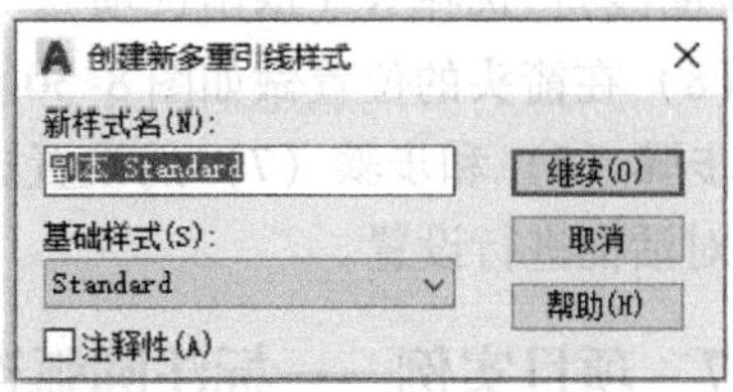

图 8-28 “创建新多重引线样式”对话框

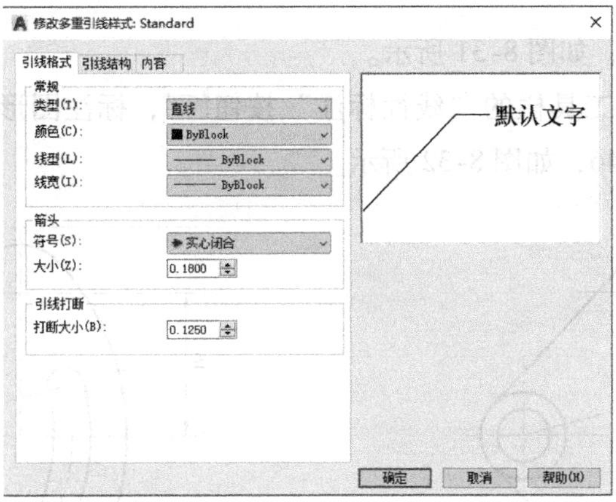

图 8-29 “创建（修改）多重引线样式”对话框

✧ 置为当前：把修改后的多重引线的样式设置为当前样式，在绘图区以此样式进行标注。

示例：对如图 8-30 所示的断路器进行引线标注，标明其型号，并标注出引线标注的各部分名称。

步骤：

（1）绘制断路器示意图。选择菜单栏中“标注”下的“多重引线”命令，根据命令行提示确定断路器下部开口处为引线箭头的位置。

（2）水平拖拽出引线基线，单击鼠标左键确定基线长度。

（3）在其后出现的“多行文字编辑”窗口输入断路器型号：CJ20-63/3P。

（4）选择“多重引线”命令，在基线指定箭头的位置，拖出适当长度确定，文字输入“引线基线”。

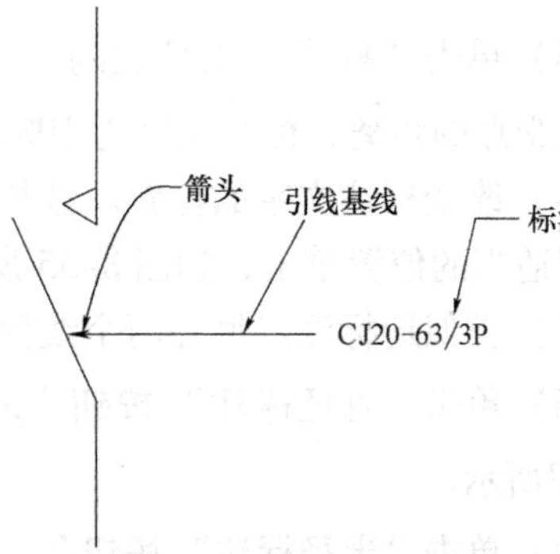

图 8-30 引线标注

（5）再次选择“多重引线”命令，在命令行直接回车，选择“选项”，接着在命令行选择 M（最大节点数）：3；选择 X（退出选项）。

（6）在标注文字上指定箭头位置，在合适的位置指定折线形式的引线基线，如图 8-30 所示，标注文字“标注内容”。

（7）同步骤（5），选择“选项”后，在命令行输入 L（引线类型），继续选择 P 或回车（样条曲线）；选择 X（退出选项）。

（8）在箭头的位置做如图 8-30 所示的曲线形式的引线标注。

步骤（5）和步骤（7）的设置也可以通过图 8-29 所示的“创建（修改）多重引线样式”对话框进行设置。

8.3.7 项目实例——标注圆弧连接图

对图 8-31 所示的圆弧连接图进行尺寸标注。在本例中，将用到直径标注、半径标注、角度标注等知识。

（1）打开示例文件，如图 8-31 所示。

（2）单击“标注”工具栏的“线性标注”按钮，标注图形上部两个中心线交点之间的尺寸，标注文字为 46，如图 8-32 所示。

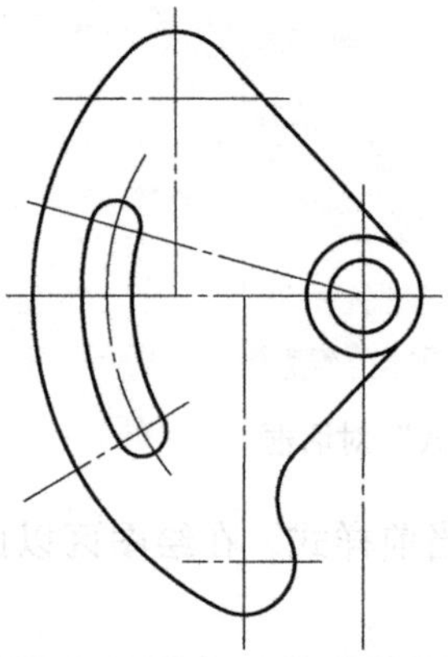

图 8-31 圆弧标注示例

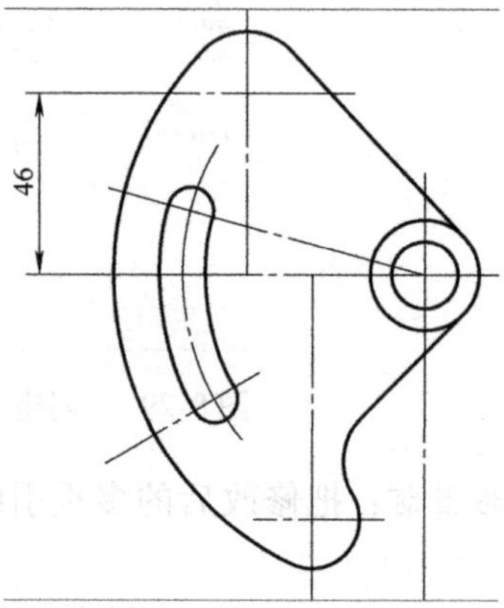

图 8-32 线性标注

（3）单击“标注”工具栏的“基线标注”按钮，标注图形上部中心线交点和底部中心线交点的距离，标注文字为 108，如图 8-33 所示。

（4）改变标注文字的位置。选择尺寸，单击选中尺寸的中心，如图 8-34 所示，鼠标向左移到适当的位置单击，如图 8-35 所示。

（5）类似地标注出另外两个线性尺寸，标注文字为 46 和 29，结果如图 8-36 所示。

（6）单击“直径标注”按钮，标注图中两个圆的直径，标注文字为 17 和 28，如图 8-37所示。

（7）单击“半径标注”按钮，标注图中大圆弧的半径，标注文字为 81。类似地标注出其他的圆弧尺寸，结果如图 8-38 所示。

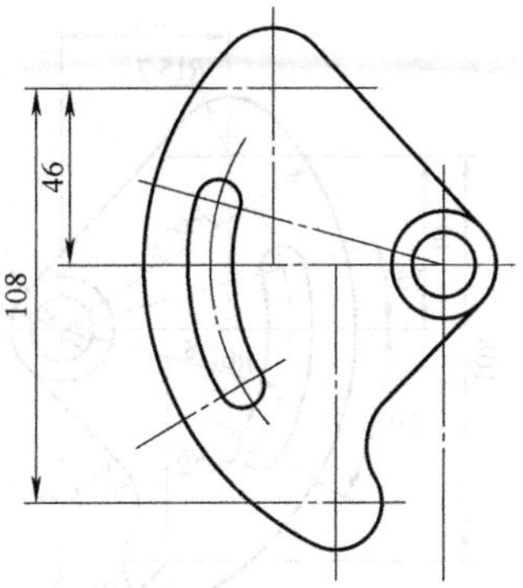

图 8-33 基线标注

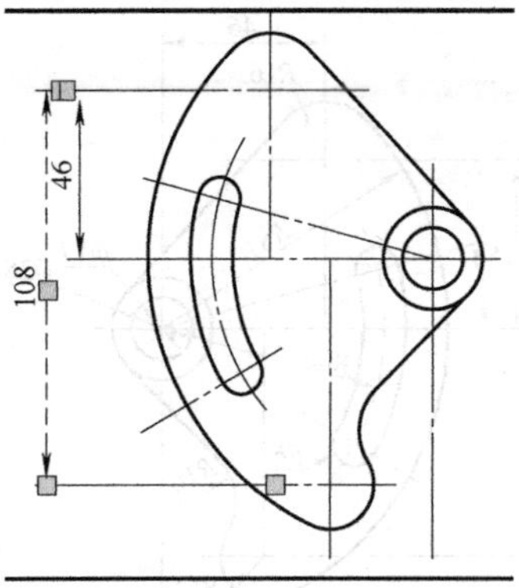

图 8-34 选中尺寸

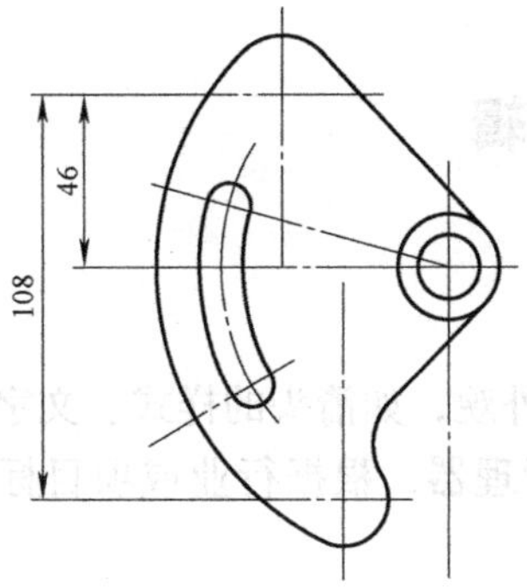

图 8-35 改变标注文字的位置

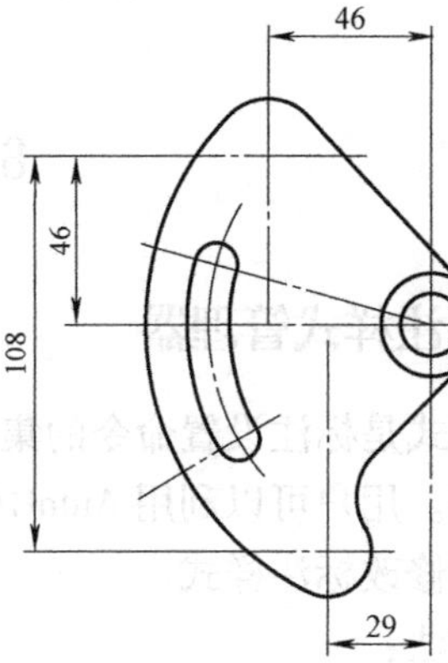

图 8-36 所有线性标注

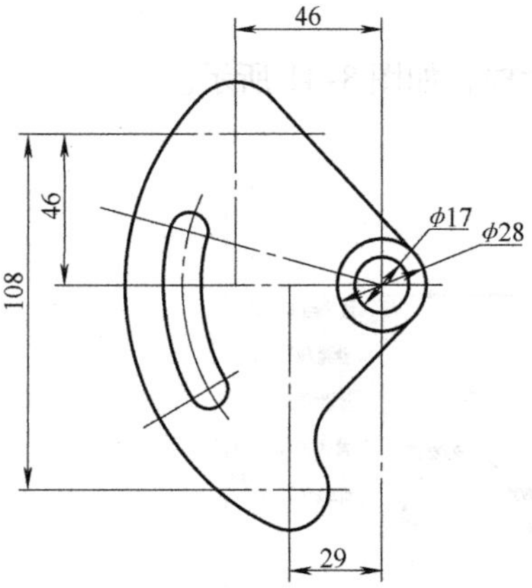

图 8-37 直径标注

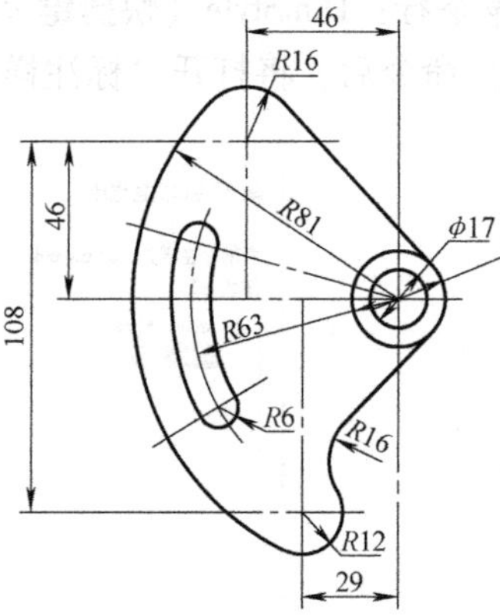

图 8-38 半径标注

（8）单击“角度标注”按钮，标注水平中心线和其上方相邻的斜中心线之间的夹角，标注文字为 15°，如图 8-39 所示。同样标注其他两个角度的尺寸，标注文字为 30°和 135°，即完成所有尺寸标注，如图 8-40 所示。

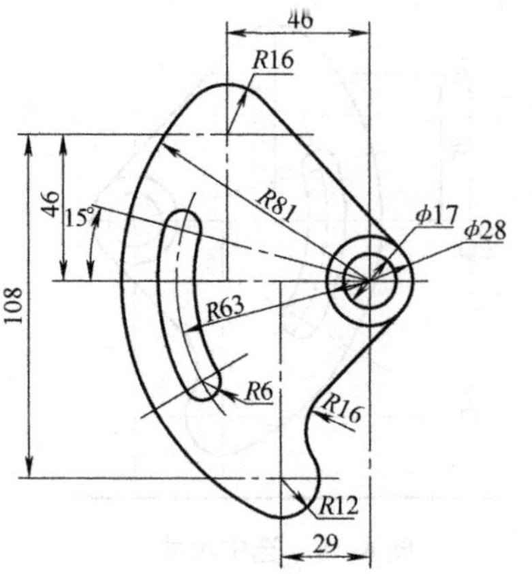

图 8-39 角度标注

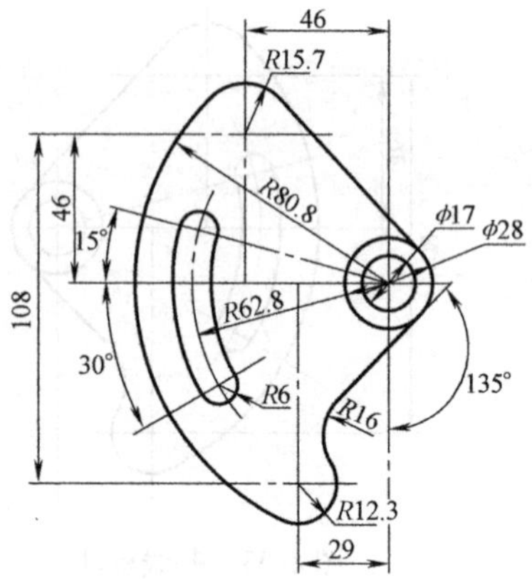

图 8-40 标注完成

8.4 尺寸标注编辑

8.4.1 标注样式管理器

标注样式是标注设置命令的集合，可以控制标注的外观，如箭头的样式、文字的位置和尺寸公差等。用户可以利用 AutoCAD 提供的标注样式管理器，根据行业或项目标准等创建标注样式和修改标注样式。

执行方法：

✧ 菜单栏：“格式”→“标注样式”；

✧ 工具栏/功能区“注释”：；

✧ 命令行：DimStyle（快捷键 <D>）。

执行该命令后，将打开“标注样式管理器”对话框，如图 8-41 所示。

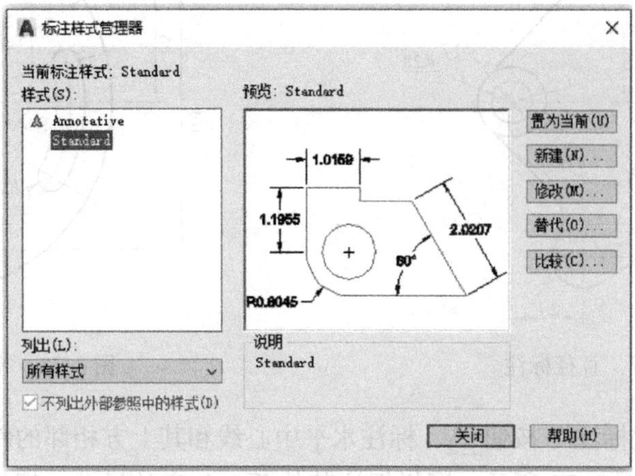

图 8-41 “标注样式管理器”对话框

图8-41中选项说明如下：

✧ 置为当前：在“样式”方框中选取已有的样式，然后单击此按钮可以将其设定为当前的尺寸标注样式。

✧ 新建：定义一个新的尺寸标注样式。单击此按钮，系统打开“创建新标注样式”对话框，如图8-42所示，利用该对话框可以创建一个新的尺寸标注样式。下面介绍各选项的功能。

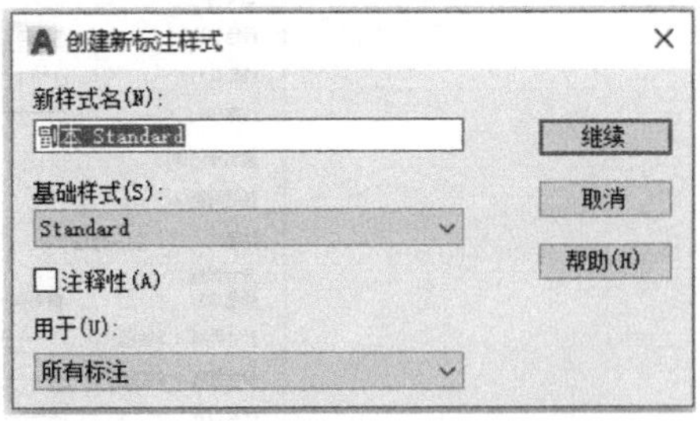

图8-42 “创建新标注样式”对话框

➢新样式名：给新的尺寸标注样式命名。

➢基础样式：创建新样式所基于的样式标注。单击右侧的下三角按钮，出现当前已有的样式列表，从中选取一个作为定义新样式的基础，新的样式是在此基础上修改一些特性得到的。

➢用于：制定新样式应用的尺寸类型。单击右侧的下三角按钮，出现尺寸类型列表，如果新建样式应用于所有尺寸，则选“所有标注”；如果新建样式只应用于特定的尺寸标注（如只在标注直径时使用此样式），则选取相应的类型。

➢继续：设置好样式后，单击“继续”按钮，系统打开“新建标注样式”对话框，利用此对话框可对新样式的各项特性进行设置。

✧ 修改：用于修改目前选取的标注样式。单击此按钮，系统将打开“修改标注样式”对话框界面，与图8-44所示相似。

✧ 替代：用于设定目前标注样式的暂时替代设置，只对指定的尺寸标注起作用，而不影响当前尺寸变量的设置。单击此按钮，系统将打开“替代标注样式”对话框界面，与图8-44所示相似。

✧ 比较：比较两个尺寸样式在参数上的区别，或浏览一个标注样式的参数设置。单击此按钮，系统将打开“比较标注样式”对话框，如图8-43所示。单击按钮可以把比较的结果复制到剪贴板上，然后再粘贴到需要的地方。

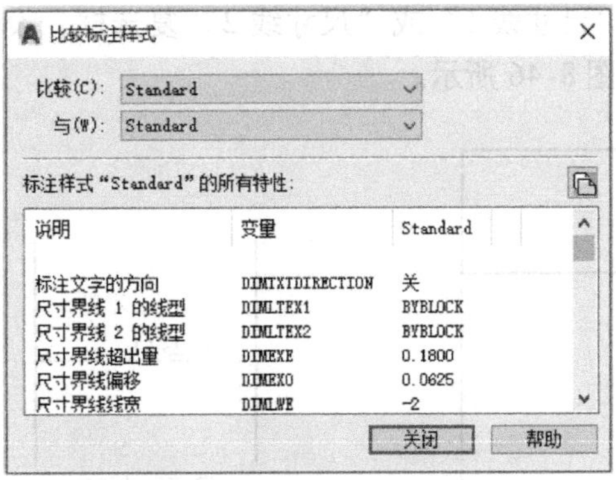

图8-43 “比较标注样式”对话框

8.4.2 标注线格式的设置

在“新建标注样式”对话框中，使用“线”选项卡可以设置尺寸线和尺寸界线的形式和特征，如图 8-44 所示，现分别进行说明。

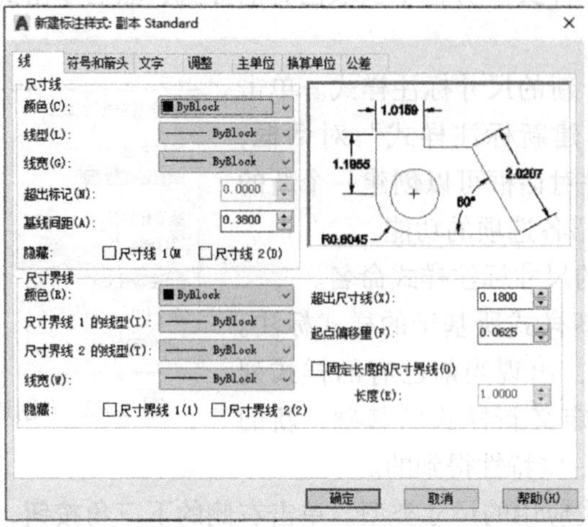

图 8-44 “线”选项卡

1. 尺寸线

在“尺寸线”选项区域中，可以设置尺寸线的颜色、线型、线宽、超出标记以及基线间距等属性。

✧ 颜色：用于设置尺寸线的颜色。默认情况下，尺寸线的颜色随块，也可以使用变量 DIMCLRD 设置。

✧ 线型：用于设置尺寸线的线型。该选项没有对应的变量。

✧ 线宽：用于设置尺寸线的宽度。默认情况下，尺寸线的线宽也是随块，也可以使用变量 DIMLWD 设置。

✧ 超出标记：当尺寸线的箭头采用倾斜、建筑标记、小点、积分或无标记等样式时，使用该文本框可以设置尺寸线超出尺寸界线的长度。

✧ 基线间距：设置基线标注时各尺寸线间的距离，如图 8-45 所示。

✧ 隐藏：通过选择“尺寸线 1”或“尺寸线 2”复选框，设置隐藏第 1 段或第 2 段尺寸线及其相应的箭头，如图 8-46 所示。

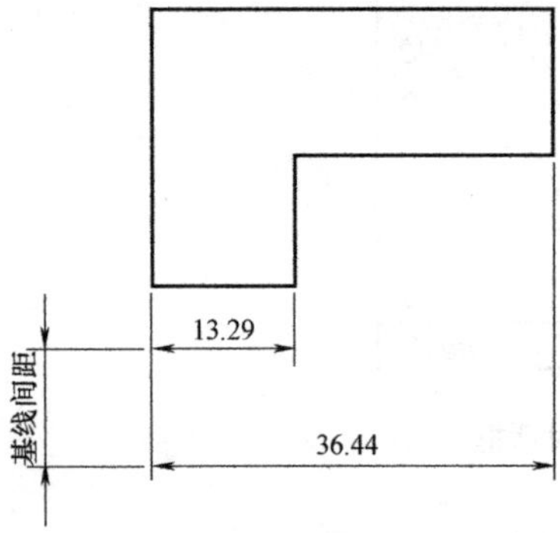

图 8-45 基线间距

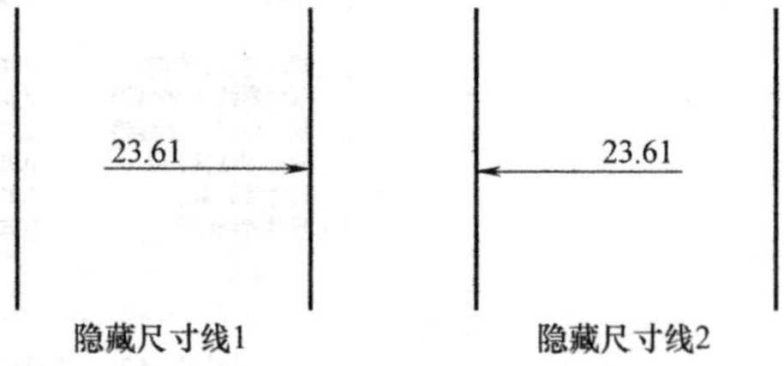

图 8-46 隐藏尺寸线示意图

2. 尺寸界线

在“尺寸界线”选项区域中，可以设置尺寸界线的颜色、线型 、线宽、超出尺寸线的长度、起点偏移量以及隐藏控制等属性。

✧ 颜色：设置尺寸界线的颜色，也可以用变量 DIMCLRE 设置。

✧ 线宽：设置尺寸界线的宽度，也可以用变量 DIMLWE 设置。

✧ 尺寸界线1的线型/尺寸界线2的线型：设置尺寸界线的线型，两段尺寸界线可以设置不同的线型。

✧ 超出尺寸线：设置尺寸界线超出尺寸线的距离，也可以用变量 DIMEXE 设置，如图8-47所示。

✧ 起点偏移量：设置尺寸界线的起点与标注定义点的距离，如图8-48 所示。

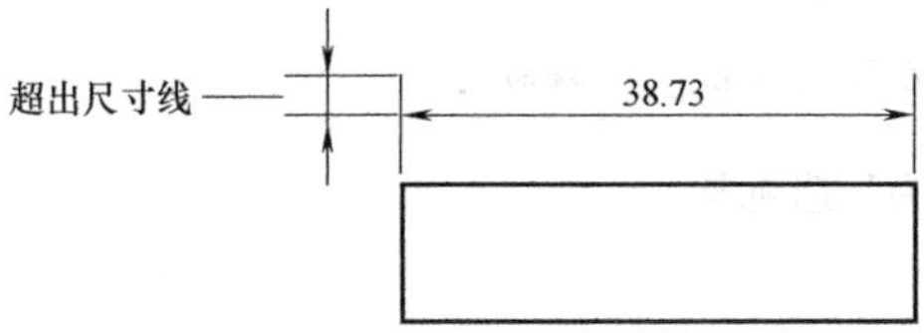

图8-47　超出尺寸线距离示意图

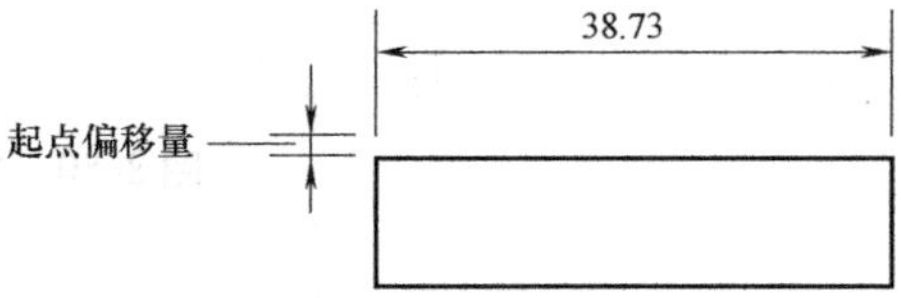

图8-48　起点偏移量示意图

✧ 隐藏：通过选择“尺寸界线1”或“尺寸界线2”复选框，可以隐藏尺寸界线，如图8-49 所示。

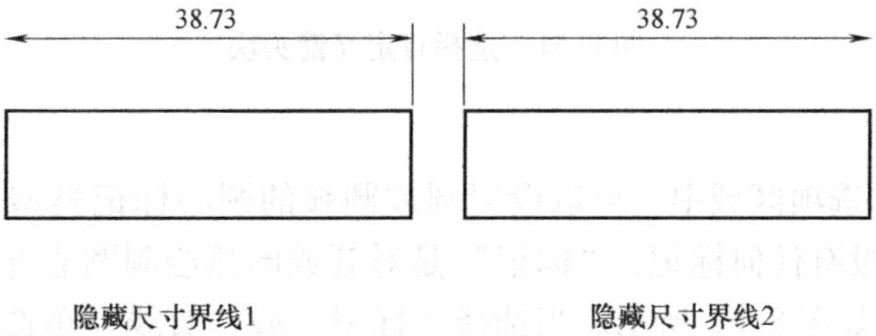

图8-49　隐藏尺寸界线示意图

✧ 固定长度的尺寸界线：选中该复选框，可以使用具有特定长度的尺寸界线标注图形，其中在“长度”文本框中可以输入尺寸界线的数值。

8.4.3　符号和箭头格式的设置

在“新建标注样式”对话框中，使用“符号和箭头”选项卡可以设置箭头、圆心标记、弧长符号和半径折弯标注的格式与位置等，如图8-50 所示，选项说明如下。

1. 箭头

在“箭头”选项区域中，可以设置尺寸线和引线箭头的类型及尺寸大小等。通常情况下，尺寸线的两个箭头应一致。为了适用于不同类型的图形标注需要，系统设置了20 多种箭头样式。可以从对应的下拉列表框中选择箭头，并在“箭头大小”文本框中设置其大小；也可以使用自定义箭头，此时可在下拉列表框中选择“用户箭头”选项，打开“选择自定义箭头块”对话框，如图8-51 所示。在文本框内输入当前图形中已有的块名，确定即可，系统将以该块作为尺寸线的箭头样式，此时块的插入基点与尺寸线的端点重合。

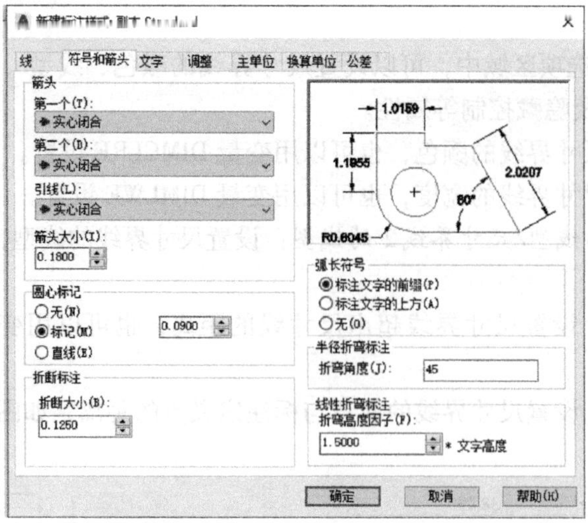

图 8-50 “符号和箭头”选项卡

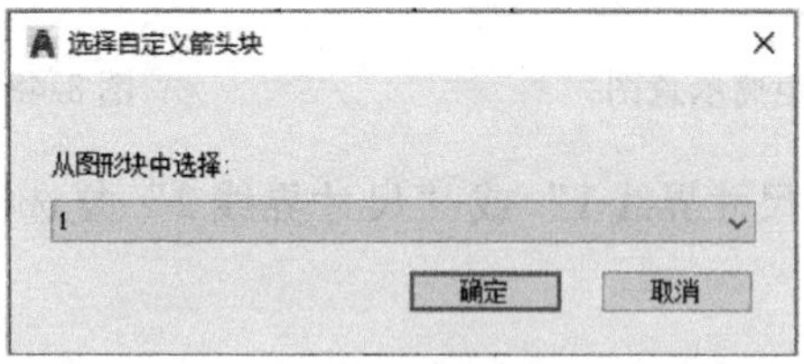

图 8-51 选择自定义箭头块

2. 圆心标记

在“圆心标记”选项区域中，可以设置圆或圆弧的圆心标记类型，有标记、直线和无三个选项。“无”是没有任何标记，“标记”是对圆或圆弧绘制圆心标记，“直线”是对圆或圆弧绘制中心线，如图 8-52 所示。当选择“标记”或“直线”单选按钮时，可以在“大小”文本框中设置圆心标记的大小。

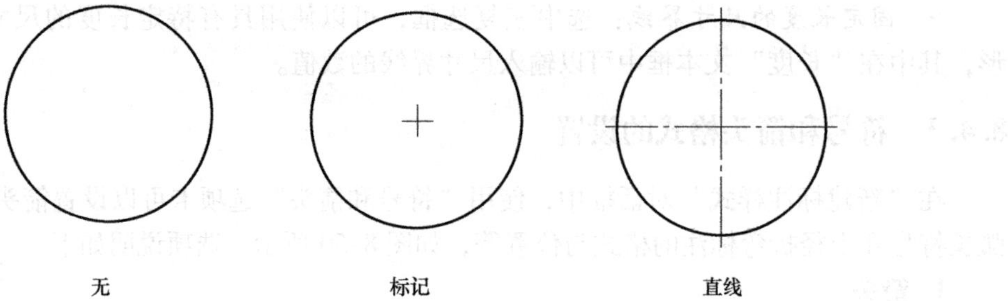

图 8-52 圆心标记

3. 弧长符号

在“弧长符号”选项区域中，可以设置弧长符号是否显示以及显示的位置，包括放在标注文字之前（前缀）、放在标注文字的上方和不标注弧长符号（无）三种方式，如图 8-53所示。

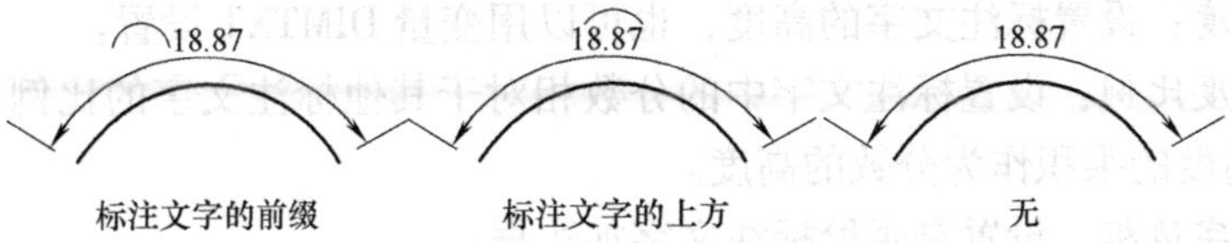

图 8-53 弧长符号

4. 半径折弯标注

在“半径折弯标注”选项区域的“折弯角度”文本框中，可以设置标注圆弧半径时标注线的折弯角度大小。

5. 折断标注

在“折断标注”选项区域的“折断大小”文本框中，可以设置标注折断时标注线的长度大小。

6. 线性折弯标注

在“线性折弯标注”选项区域的“折弯高度因子”文本框中，可以设置折弯标注打断时折弯线的高度，以文字高度的倍数表示。

8.4.4 文字格式的设置

在“新建标注样式”对话框中，可以使用“文字”选项卡设置标注文字的外观、位置和对齐方式，如图 8-54 所示。

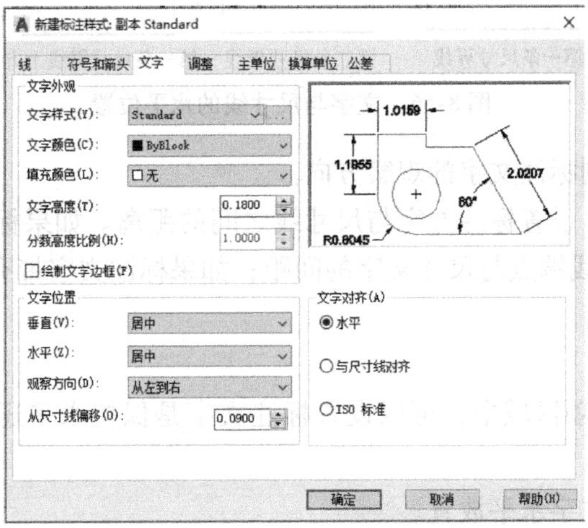

图 8-54 “文字”选项卡

1. 文字外观

在“文字外观”选项区域中，可以设置文字的样式、颜色、高度和分数高度比例，以及控制是否绘制文字边框等，各选项的功能说明如下。

✧ *文字样式*：选择标注的文字样式，也可以单击其后的按钮，打开“文字样式”对话框，选择文字样式或新建文字样式。

✧ *文字颜色*：设置标注文字的颜色，也可以用变量 DIMCLRT 设置。

✧ *填充颜色*：设置标注文字的背景色。

✧ 文字高度：设置标注文字的高度，也可以用变量 DIMTXT 设置。

✧ 分数高度比例：设置标注文字中的分数相对于其他标注文字的比例，系统将该比例值与标注文字高度的乘积作为分数的高度。

✧ 绘制文字边框：设置是否给标注文字加边框。

2. 文字位置

在“文字位置”选项区域中，可以设置文字的垂直、水平位置以及从尺寸线的偏移量，各选项的功能说明如下。

✧ 垂直：设置标注文字相对于尺寸线在垂直方向的位置，有“居中”“上”“下”“外部”和“JIS”，如图 8-55 所示。

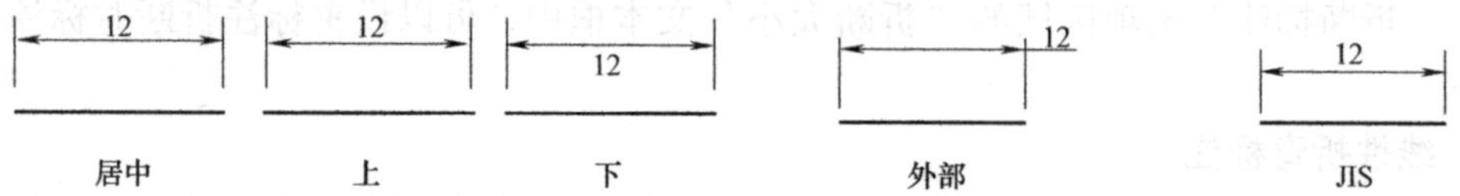

图 8-55　文字与尺寸线的垂直位置

✧ 水平：设置标注文字相对于尺寸线和尺寸界线在水平方向的位置，有“居中”“第一条尺寸界线”“第二条尺寸界线”“第一条尺寸界线上方”和“第二条尺寸界线上方”，如图 8-56所示。

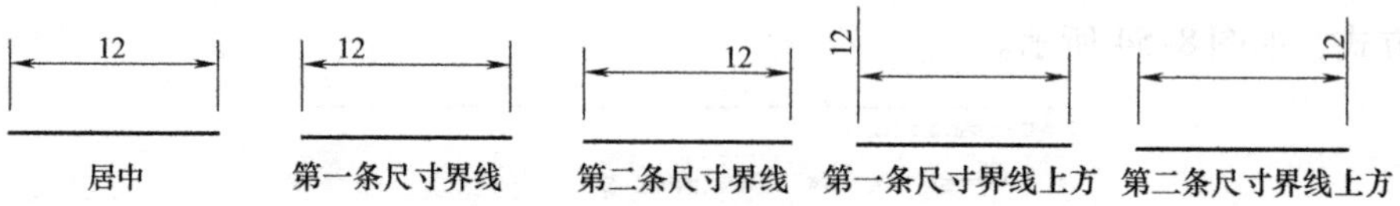

图 8-56　文字与尺寸线的水平位置

✧ 观察方向：控制标注文字的观察方向。

✧ 从尺寸线偏移：设置标注文字与尺寸线之间的距离。如果标注文字位于尺寸线的中间，则表示断开处尺寸线端点与尺寸文字的间距；如果标注文字带有边框，则可以控制文字边框与其中文字的距离。

3. 文字对齐

在“文字对齐”选项区域中，可以设置标注文字是保持水平还是与尺寸线平行。其中三个选项的含义如下：

✧ 水平：使标注文字水平放置。

✧ 与尺寸线对齐：使标注文字方向与尺寸线方向一致。

✧ ISO 标准：使标注文字按 ISO 标准放置。当标注文字在尺寸界线之内时，它的方向与尺寸线方向一致；当在尺寸界线之外时，将水平放置。

8.4.5 调整格式的设置

在“新建标注样式”对话框中，通过“调整”选项卡可以设置标注文字、尺寸线、尺寸箭头的位置，如图 8-57 所示。

✧ 调整选项：设置当尺寸界线之间没有足够的空间放置文字和箭头符号时，首先从尺寸界线中移出的选项。可以是文字和箭头按最佳效果选择性移出，系统将自动处理；也可以

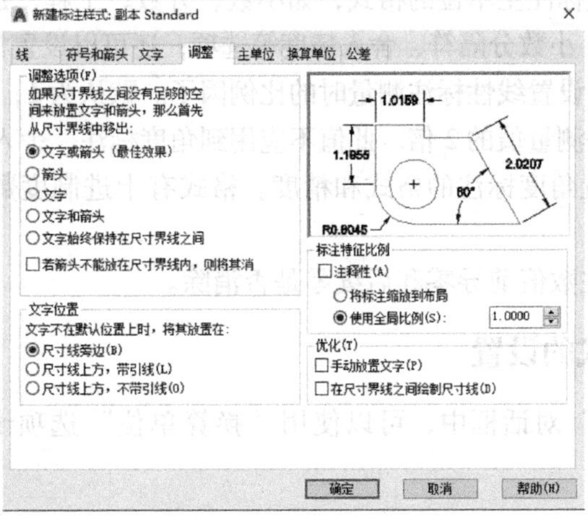

图 8-57 “调整”选项卡

只移出箭头或只移出文字，或同时移出箭头和文字，或保持文字始终在尺寸界线之间；另外当箭头不能放在尺寸界线内时也可以不显示箭头。

✧ 文字位置：设置当文字不在默认的位置时，将其放置的位置。可以是放置在尺寸线旁边；也可以放置在尺寸线上方且带引线，或放置在尺寸线上方且不带引线。

✧ 标注特征比例：设置所标注尺寸的缩放关系。选择“将标注缩放到布局”是根据当前模型空间视口与图样空间之间的缩放关系设置比例；选择“使用全局比例”是对全部尺寸标注设置缩放比例，此比例不改变尺寸的测量值。

✧ 优化：设置标注尺寸时是否进行附加调整。选择“手动放置文字”则忽略对标注文字的水平设置，在标注时将标注文字放置在用户指定的位置；选择“在尺寸界线之间绘制尺寸线”则当尺寸箭头放置在尺寸线之外时，也可在尺寸界线内绘出尺寸线。

8.4.6 主单位格式的设置

在“新建标注样式”对话框中，可以使用“主单位”选项卡设置主单位的格式与精度，以及设置标注文字的前缀和后缀等，如图 8-58 所示。

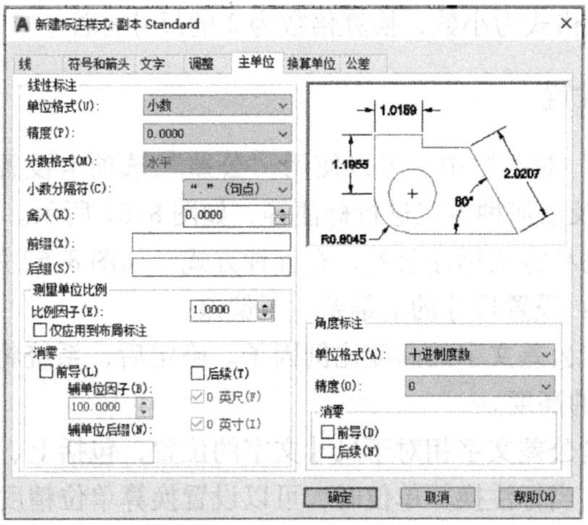

图 8-58 “主单位”选项卡

✧ 线性标注：设置标注主单位的格式，如小数、分数、工程、建筑等不同的格式；设置单位的精度、分数格式、小数分隔符、舍入精度等选项；还可以设置标注文字的前缀和后缀。

✧ 测量单位比例：设置线性标注测量时的比例因子。默认为 1，即测量值和标注值相同；若设置为 2，则标注值是测量值的 2 倍。此值不应用到角度标注、舍入值及正负公差值。

✧ 角度标注：设置角度标注的格式和精度。格式有十进制度数、度/分/秒、弧度和百分度格式。

✧ 消零：设置标注数值前导零和后续零是否消除。

8.4.7 换算单位格式的设置

在“新建标注样式”对话框中，可以使用“换算单位”选项卡设置换算单位的格式，如图 8-59 所示。

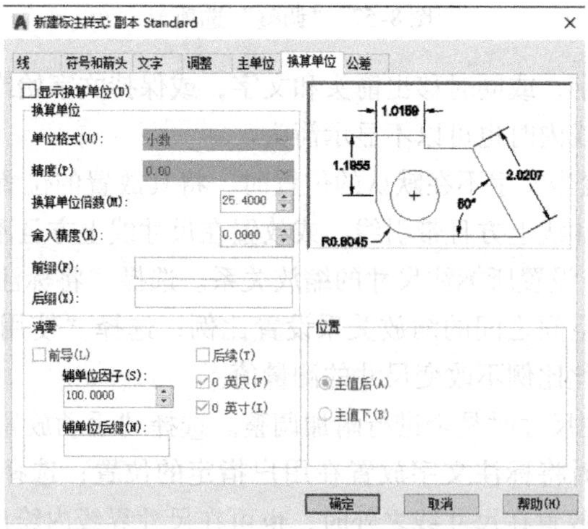

图 8-59 “换算单位”选项卡

用户通过换算标注单位，可以转换使用不同测量单位制的标注，通常是显示英制标注的等效公制标注，或公制标注的等效英制标注。在标注文字中，换算标注单位显示在主单位旁边的方括号［ ］中。图 8-60 所示为换算单位格式为小数，换算倍数为 2 的尺寸标注。

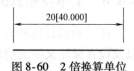

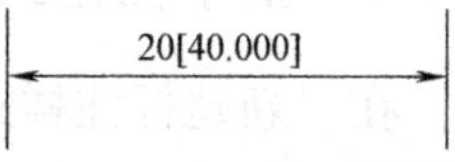

图 8-60 2 倍换算单位

8.4.8 公差格式的设置

在“新建标注样式”对话框中，可以使用“公差”选项卡设置标注文字公差的显示和格式、是否标注公差以及以何种方式进行标注等，如图 8-61 所示。

✧ 方式：确定以何种方式标注公差，有五种方式，如图 8-62 所示。

✧ 上偏差/下偏差：设置尺寸的上偏差、下偏差。

✧ 高度比例：确定公差文字的高度比例因子。确定后，系统将该比例因子与尺寸文字高度之积作为公差文字的高度。

✧ 垂直位置：控制公差文字相对于尺寸文字的位置，包括上、中和下三种方式。

✧ 换算单位公差：当标注换算单位时，可以设置换算单位精度和是否消零。

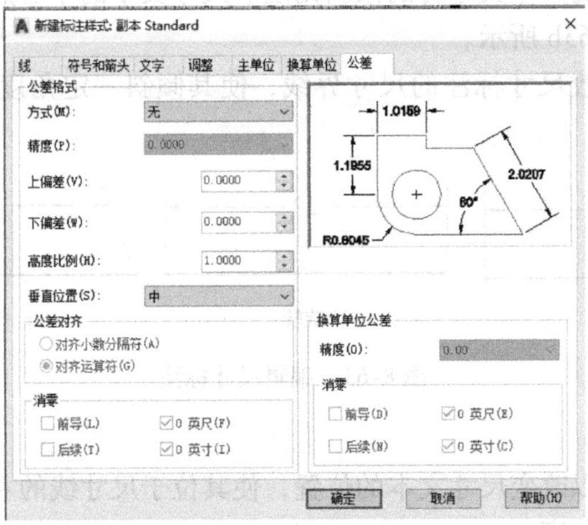

图8-61 “公差”选项卡

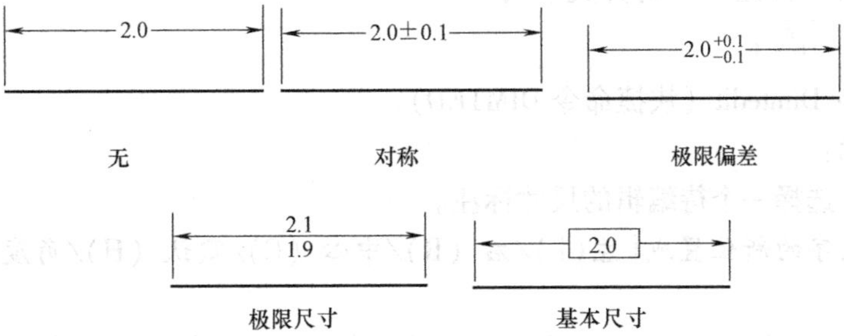

图8-62 公差标注的方式

8.4.9 尺寸标注的编辑

AutoCAD 中尺寸标注的编辑分为标注的编辑和标注文本的编辑。

1. 标注的编辑

标注的编辑允许对已经创建好的尺寸标注进行逻辑修改，包括修改尺寸文本的内容、改变其位置、使尺寸文本倾斜一定的角度等，还可以对尺寸界线进行编辑。

执行方法：

✧ 菜单栏：“标注”→“对齐文字”→“默认”；

✧ 工具栏：；

✧ 命令行：Dimedit（快捷命令 DED）。

命令行提示：

输入标注编辑类型[默认(H)/新建 (N)/旋转 (R)/倾斜 (O)]<默认>：各选项说明如下。

✧ 默认（H）：按尺寸标注样式中设置的默认位置和方向放置尺寸文本，如图 8-63a 所示。

✧ 新建（N）：选择此选项，系统打开多行文本编辑器，可利用此编辑器对尺寸文本进行创建或修改。

✧ 旋转（R）：改变尺寸文本行的倾斜角度。尺寸文本的中心点不变，使文本沿指定的角度倾斜排列，如图 8-63b 所示。

✧ 倾斜（O）：修改尺寸标注的尺寸界线，使其倾斜一定角度，与尺寸线不垂直，如图 8-63c所示。

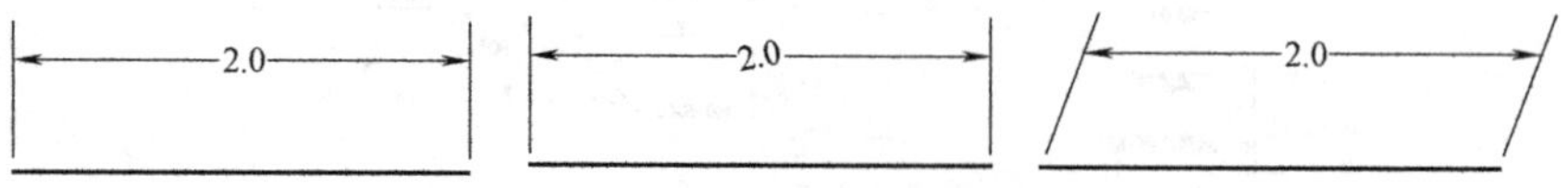

a) 默认　　b) 旋转　　c) 倾斜

图 8-63 编辑尺寸标注

2. 标注文本的编辑

标注文本的编辑可以改变尺寸文本的位置，使其位于尺寸线的左端、右端或中间，而且可以使文本倾斜一定的角度。

执行方法：

✧ 菜单栏："标注"→"对齐文字"；

✧ 工具栏：；

✧ 命令行：Dimtedit（快捷命令 DIMTED）。

命令行提示：

选择标注：选择一个待编辑的尺寸标注。

指定标注文字的新位置或[左(L)/右（R)/中心（C)/默认（H)/角度（A)]：各选项说明如下。

✧ 指定标注文字的新位置：更新尺寸文本的位置，用鼠标把文本拖到新的位置。

✧ 左(L)/右(R)：使尺寸文本沿尺寸线向左（右）对齐，如图 8-64a、b 所示。此选项只对长度型、半径型、直径型尺寸标注起作用。

✧ 中心（C)：把尺寸文本放在尺寸线的中间位置，如图 8-64c 所示。

✧ 默认（H)：把尺寸文本按默认位置放置。

✧ 角度（A)：改变尺寸文本行的倾斜角度。

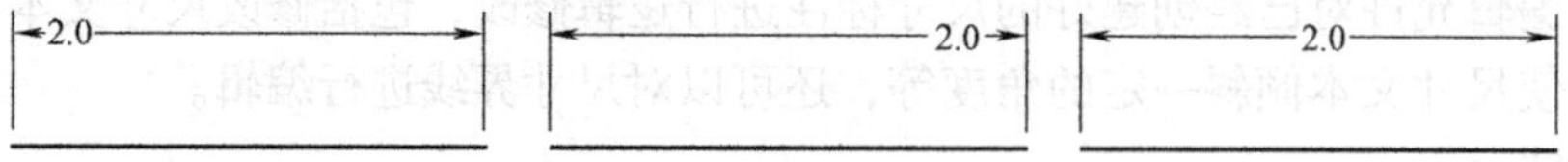

a) 左　　b) 右　　c) 中心

图 8-64 标注文字位置

8.4.10 替代和更新

1. 替代

替代功能可以临时修改尺寸标注的系统变量设置，并按该设置修改尺寸标注。

执行方法：

✧ 菜单栏："标注"→"替代（V）"；

✧ 工具栏："注释"→"标注" →；

✧ 命令行：Dimoverride。

命令行提示：

输入要替代的标注变量名或［清除替代（C）］：默认情况下，输入要修改的系统变量名，并为该变量指定一个新值；然后选择需要修改的对象，这时指定的尺寸对象将按新的变量设置做出相应的更改。

如果在上述提示下，输入字母C，则可以取消用户已做出的修改，并将标注对象恢复成当前系统变量设置下的标注形式。

2. 更新

更新功能可以更新标注对象，使该对象使用当前的标注样式设置。

执行方法：

✧ 菜单栏：“标注”→“更新”；

✧ 工具栏：“注释”→“标注” → ；

✧ 命令行：Dimstyle。

命令行提示：

当前标注样式：

输入标注样式选项［注释性(AN)/保存(S)/恢复(R)/状态(ST)/变量(V)/应用(A)/?］<恢复>：各选项说明如下。

✧ 注释性（AN）：创建注释性标注样式。

✧ 保存（S）：将标注系统变量的当前设置保存到标注样式。

✧ 恢复（R）：将标注系统变量设置恢复为选定标注样式的设置。

✧ 状态（ST）：显示所有标注系统变量的当前值。列出变量后，Dimstyle 命令将结束。

✧ 变量（V）：列出某个标注样式或选定标注的标注系统变量设置，但不修改当前设置。

✧ 应用（A）：将当前尺寸标注设置应用到选定标注对象，永久替代这些对象的任何现有标注样式。

✧ ?：列出当前图形中的标注样式。

8.4.11 尺寸关联

在尺寸标注对象之间建立了几何驱动的尺寸标注称为尺寸关联，即当用户用修改命令对标注对象进行修改后，与之关联的尺寸会发生更新，图形尺寸也会发生相应变化。利用这个特点，在修改标注对象后不必重新标注尺寸，简捷方便。

尺寸关联标注的设置，单击菜单栏中“工具”→“选项”→“用户系统配置”选项卡，在“关联标注”区选取“使新标注可关联”，如图8-65所示。

要查看对象是否为关联，可以在“特性”对话框中查看。双击尺寸对象，打开“特性”对话框，对话框中的“关联”特性值可说明尺寸标注是否为关联标注。

8.4.12 项目实例——标注变电站避雷针布置图

在本综合实例中，将对图8-66所示的避雷针布置及其保护范围图进行尺寸标注，将用到尺寸样式设置、线性尺寸标注、对齐尺寸标注、直径尺寸标注以及文字标注等知识。

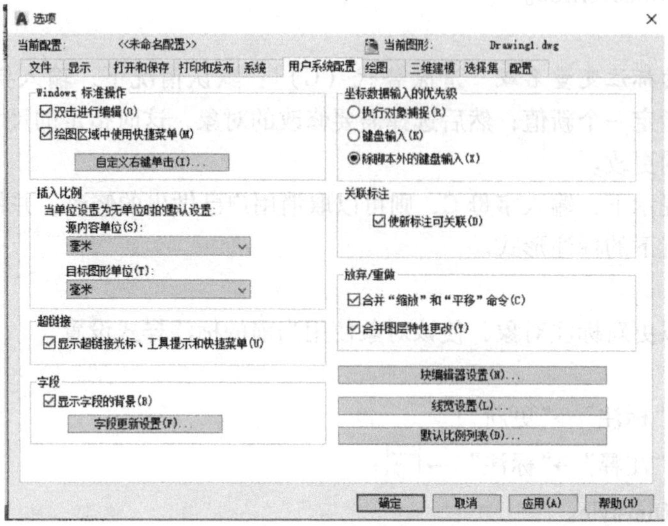

图 8-65 “关联标注”设置

1. 标注样式设置

✧ 单击菜单栏中的“格式”→“标注样式”命令，弹出“标注样式管理器”对话框，单击“新建”按钮，弹出“创建新标注样式”对话框，将新样式名命名为“防雷区平面图标注样式”，在“用于”下拉列表中选择“直径标注”。

✧ 单击“继续”按钮，打开“新建标注样式”对话框。其中有 6 个选项框，可对新建的样式的风格进行设置。“线”选项卡中，“基线间距”设置为 3.75，“超出尺寸线”设置为 1.25。

✧ “符号和箭头”选项卡中，“箭头大小”设置为 2.5，“折弯角度”设置为 90°。

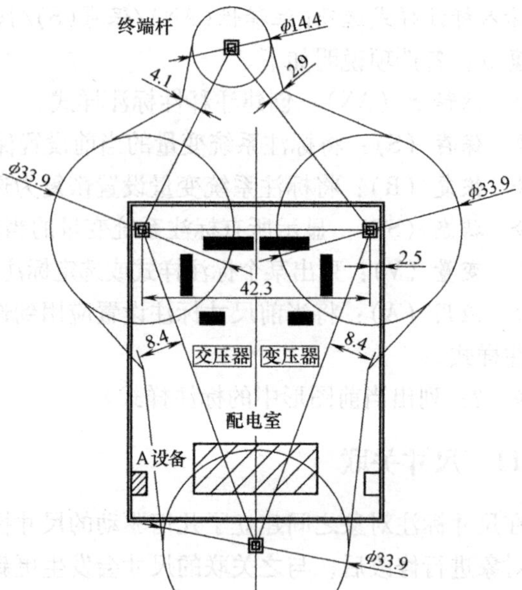

图 8-66 避雷针布置及其保护范围图

✧ “文字”选项卡中，“文字高度”设置为 2.5，“从尺寸线偏移”设置为 0.625，“文字对齐”采用与尺寸线对齐。

✧ “主单位”选项卡中，“舍入”设置为 0，“小数分隔符”设置为“句点”。

✧ “调整”“换算单位”和“公差”选项卡不进行设置，后面用到的时候再设置。设置完毕后，回到“标注样式管理器”对话框，单击“置为当前”按钮，将新建的“防雷区平面图标注样式”设置为当前使用的标注样式。

2. 添加标注

✧ 单击工具栏“标注”→“线性标注”按钮，标注矩形内部上方两个放置点之间的距离以及放置点到边框的距离，阶段效果如图8-67所示。

✧ 单击工具栏“标注”→“对齐标注”按钮，标注终端杆中心到矩形外边框之间的距离，阶段效果如图8-68所示。

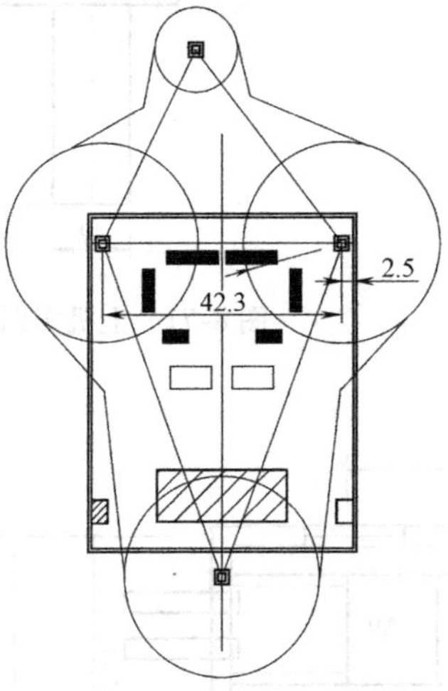

图8-67 线性标注

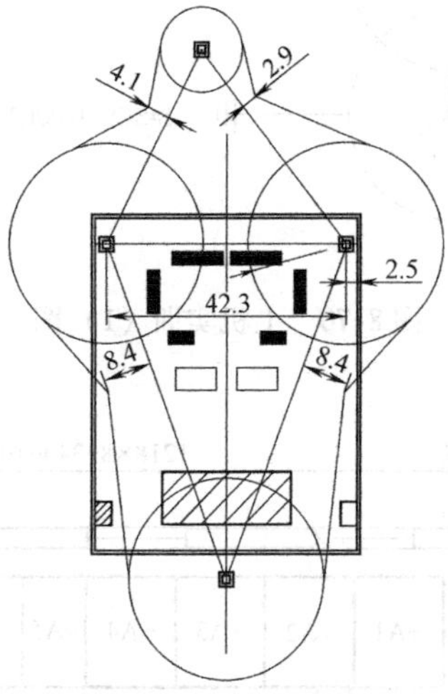

图8-68 对齐标注

✧ 单击工具栏“标注”→“直径标注”按钮，标注图形中各个圆的直径尺寸，如图8-69所示。

3. 添加文字

✧ 创建文字样式：单击菜单栏中的“格式”→“文字样式”命令，弹出“文字样式”对话框，创建一个样式名为“防雷区平面图”的文字样式。字体为“仿宋_GB2312”，字体样式为“常规”，高度为2.5，宽度因子为0.7。

✧ 添加注释文字：单击工具栏“绘图”→“多行文字”按钮，输入文字，调整位置。

✧ 使用文字编辑命令修改文字来得到需要的文字。

添加注释文字后，即完成了整张图样的绘制。

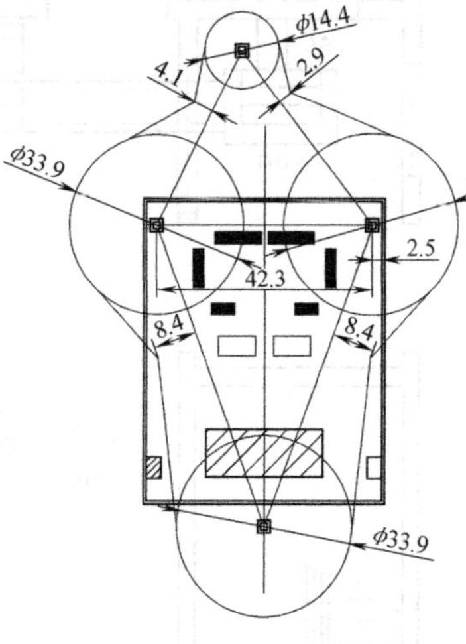

图8-69 直径标注

8.5 上机实训

（1）绘制如图8-70所示的局部电路图。

（2）绘制并标注如图8-71所示的绝缘子图。

（3）绘制并标注如图8-72所示的10kV变电所室内布置图。

（4）绘制并标注如图8-73所示的图形。

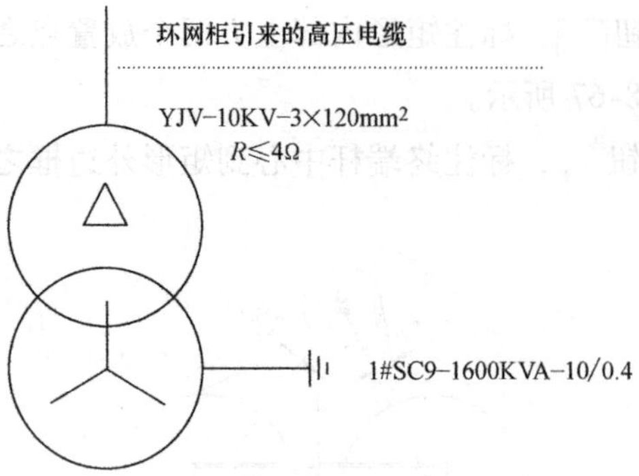

图 8-70 上机实训（1）图

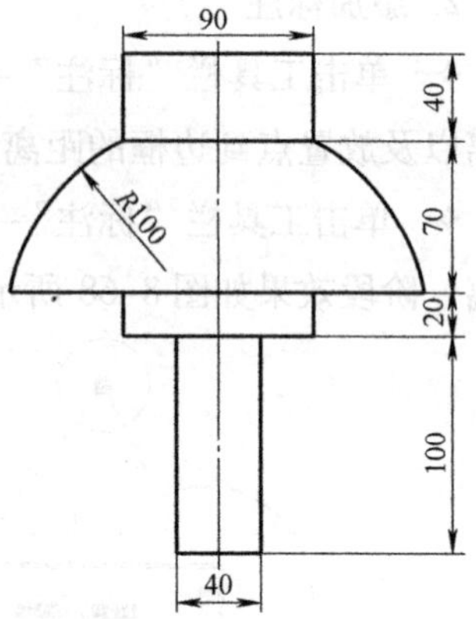

图 8-71 上机实训（2）图

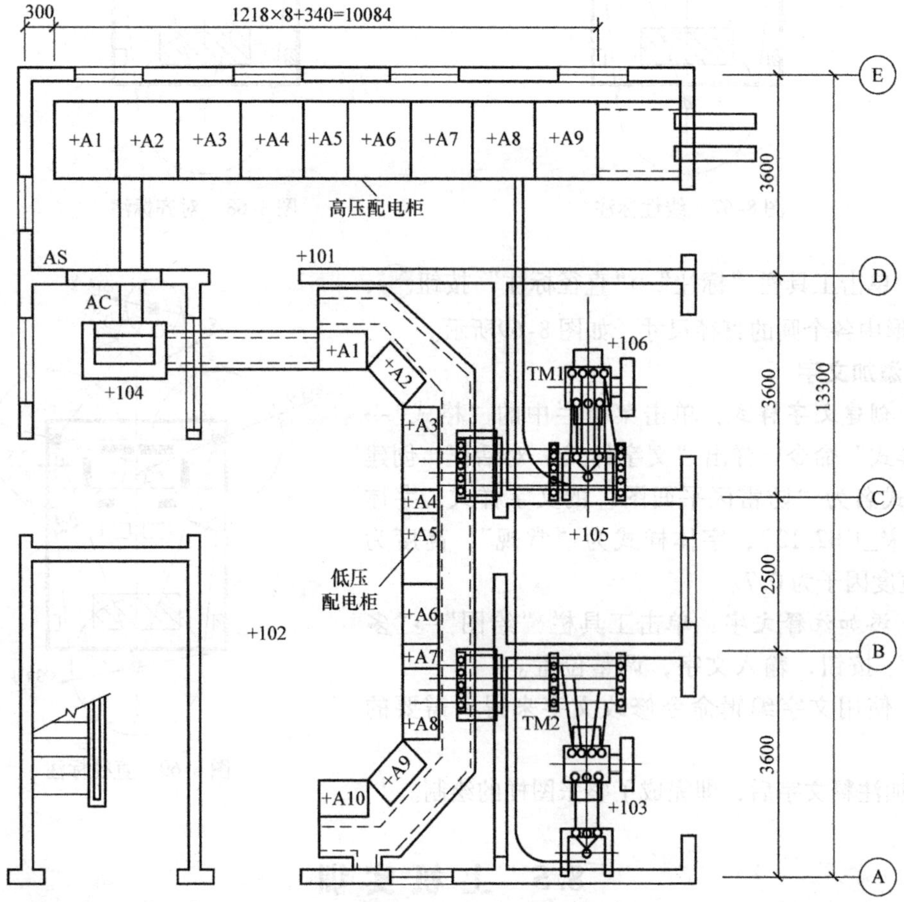

图 8-72 上机实训（3）图

（5）绘制并标注如图 8-74 所示的隔离开关操动机构图。

（6）绘制并标注如图 8-75 所示的图形。

（7）绘制并标注如图 8-76 所示的图形。

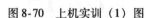

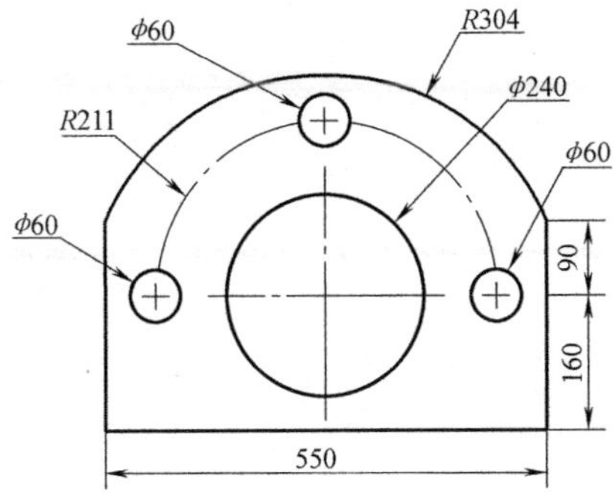

图 8-73 上机实训（4）图

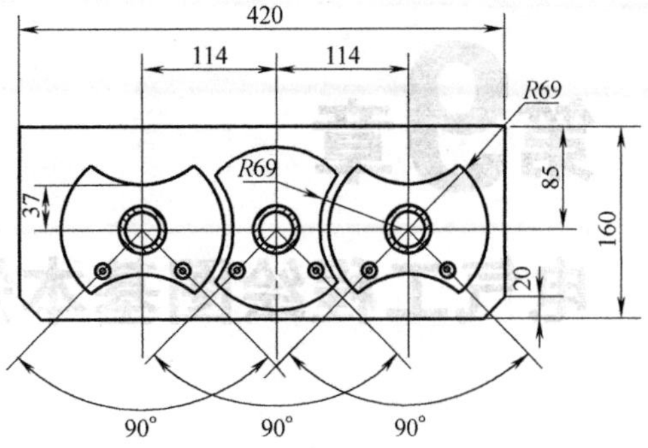

图 8-74 上机实训（5）图

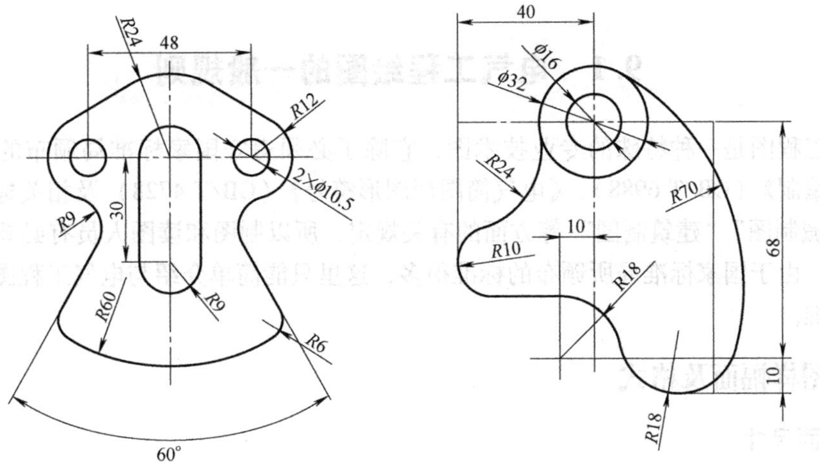

图 8-75 上机实训（6）图

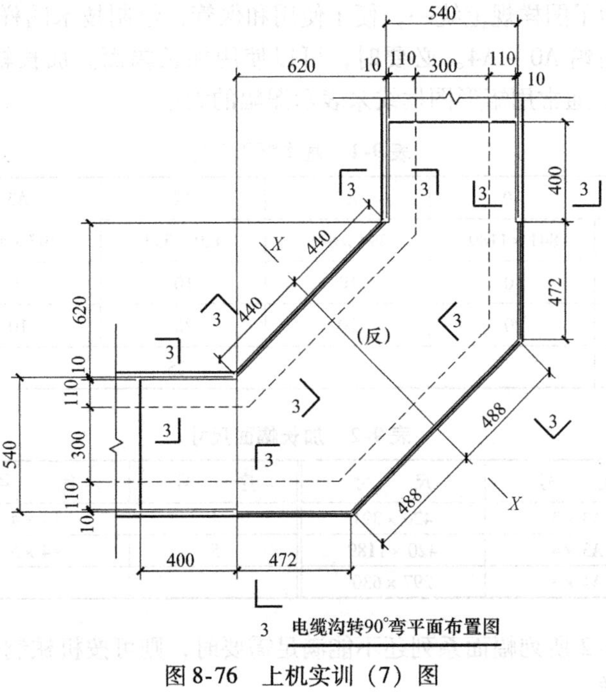

图 8-76 上机实训（7）图

第9章 电气工程绘图基本知识

9.1 电气工程绘图的一般规则

电气工程图是一种特殊的专业技术图，它除了必须遵守国家标准局颁布的《电气技术用文件的编制》（GB/T 6988）、《电气简图用图形符号》（GB/T 4728）及相关标准外，还要遵守“机械制图”“建筑制图”等方面的有关规定，所以制图和读图人员有必要了解这些规则或标准。由于国家标准局所颁布的标准很多，这里只能简单介绍与电气工程图制图有关的规则和标准。

9.1.1 图样幅面及格式

1. 幅面尺寸

图样幅面的尺寸称为图幅。绘制图形时，应根据图形的复杂程度和图线的密集程度选择合适的图样幅面。为了图样规范统一，便于使用和保管，绘制技术图样时应优先选用表 9-1 中规定的五种基本图幅 A0 ~ A4。必要时，可以使用加长幅面。加长幅面的尺寸见表 9-2。在 AutoCAD 作图时，通常用矩形图框线来表示图幅的大小。

表 9-1 基本幅面尺寸

幅面代号	A0	A1	A2	A3	A4
宽×长（B×L）	841×1189	594×841	420×594	297×420	210×297
留装订边边宽（c）	10	10	10	5	5
不留装订边边宽（e）	20	20	20	10	10
装订侧边宽	25				

表 9-2 加长幅面尺寸

序号	代号	尺寸	序号	代号	尺寸
1	A3×3	420×891	4	A4×4	297×841
2	A3×4	420×1189	5	A4×5	297×1051
3	A4×3	297×630			

当表 9-1 和表 9-2 所列幅面系列还不能满足需要时，则可按机械制图的国标规定，选用其他加长幅面的图样。

2. 图样格式

电气工程图的格式和机械图纸、建筑图纸的格式基本相同，通常由边框线、图框线、标题栏组成，如图9-1所示。

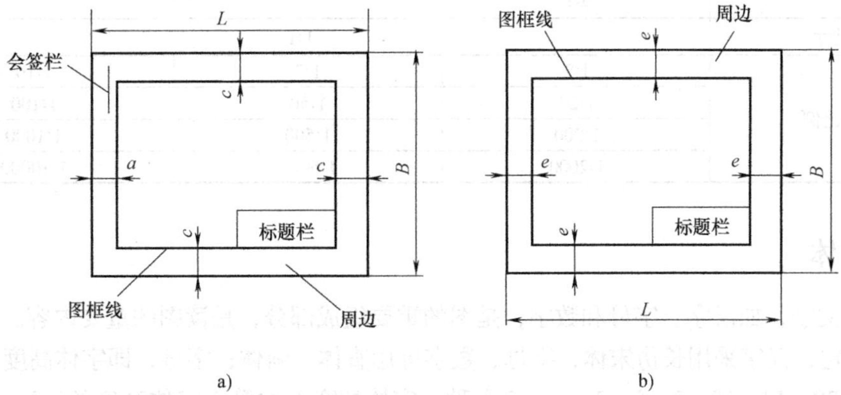

图9-1 图样格式

图9-1中的标题栏相当于一个设备的铭牌，标示着这张图纸的名称、比例、设计单位、图号张次，以及制图者、设计人、审核者、电气负责人、工程负责人等有关人员的签名，除此以外还有完成日期等。其一般格式如图9-2所示。标题栏通常放在右下角位置，也可放在其他位置，但必须在本张图纸上，而且标题栏的文字方向与看图方向一致。图9-1中的会签栏是留给相关的水、暖、建筑、工艺等专业规划人员会审图纸时签名用的。

电力勘测设计院				变电所新建工程	施工图	设计阶段
批 准		校 核		公用测控柜右侧端子排图		
审 定		设 计				
审 核		制 图				
比 例		日 期		图 号		

图9-2 标题栏一般格式

9.1.2 比例

图上所画图形符号的大小与物体实际大小的比值称为比例。大部分的电气线路图可以不按比例绘制，但位置平面图等则需要按比例绘制或部分按比例绘制，这样在平面图上测出两点距离就可按比例值计算出两者间的实际距离（如线长度、设备间距等），这对导线的布线、设备机座、控制设备等安装都有利。电气工程图采用的比例一般为1:10、1:20、1:50、1:100、1:200、1:500，推荐比例见表9-3。

电气施工图常用的比例有1:200、1:100、1:60和1:50等；大样图的比例可以用1:20、1:10或1:5；外线工程图常用小比例，在做概、预算计算工程量时就需要用到这个比例。图纸中的方位按国际惯例通常是上北下南，左西右东。有时为了使图面布局更加合理，也可能采用其他方位，但必须标明指北针。

表 9-3 推荐采用比例

类 别	推 荐 比 例		
放大比例	50:1		
	5:1		
原尺寸	1:1		
缩小比例	1:2	1:5	1:10
	1:20	1:50	1:100
	1:200	1:500	1:1000
	1:2000	1:5000	1:10000

9.1.3 字体

图中的文字，如汉字、字母和数字，是图的重要组成部分，是读图的重要内容。按机械制图的国标规定，汉字采用长仿宋体；字母、数字可用直体、斜体；字号，即字体高度（单位为mm），分为 20、14、10、7、5、3.5、2.5 七种；字体的宽度约等于字体高度的2/3，而数字和字母的笔画宽度约为字体高度的 1/10。因汉字笔画较多，所以不宜用 2.5 号字。

9.1.4 图线

(1) 图线宽度。根据国标规定，基本图线宽度 b 应从下列线宽中选取：0.35mm、0.5mm、0.7mm、1mm、1.4mm、2.0mm。常用的粗线宽度为 0.35mm、0.5mm 或 0.7mm。在同一图样中，表达同一结构的图线的宽度应保持一致；虚线、点画线及双点画线的线段长度和间隔长度也应一致。

(2) 图线型式。根据国标规定，在电力工程制图中常用的图线型式有实线、虚线、点画线、双点画线、点线等，见表 9-4。根据不同的结构含义，采用不同的线型。

表 9-4 图线型式及应用

序号	图线名称	图 线 型 式	代号	图线宽度/mm	一 般 应 用
1	粗实线		A	b = 0.5 ~ 2	可见轮廓线，可见过渡线
2	细实线		B	约 b/3	尺寸线和尺寸界线、剖面线、重合剖面轮廓线、螺纹的牙底线及齿轮的齿根线、引出线、分界线及范围线、弯折线、辅助线、不连续的同一表面的连线、成规律分布的相同要素的连线
3	波浪线		C	约 b/3	断裂处的边界线、视图与剖视的分线
4	双折线		D	约 b/3	断裂处的边界线
5	虚线		F	约 b/3	不可见轮廓线、不可见过渡线
6	细点画线		G	约 b/3	轴线、对称中心线、轨迹线、节圆及节线
7	粗点画线		J	b	有特殊要求的线或表面的表示线
8	双点画线		K	约 b/3	相邻辅助零件的轮廓线、极限位置的轮廓线、坯料轮廓线或毛坯图中制成品的轮廓线、假想投影轮廓线、试验或工艺用结构（成品上不存在）的轮廓线、中断线

9.1.5　尺寸标注

在一些电气工程图上标注了尺寸，尺寸数据是有关电气工程施工和构件加工的重要依据。电气工程图的尺寸标注与第 8 章的尺寸标注一致。工程图样上标注的尺寸通常以毫米（mm）为单位，只有总平面图或特大设备以米（m）为单位。电气图样一般不标注单位。

图样上的尺寸通常以毫米（mm）为单位，除特殊情况外，图上一般不另标注单位。具体关于尺寸标注的地方请参见本书第 8 章。

9.2　电气绘图的分类及符号

电气工程图用来描述电气工程的构成和功能，描述电气装置的工作原理，提供安装接线和维护使用信息，辅助电气工程研究和指导电气工程施工等。它具有如下特点：

（1）简图是电气工程图的主要形式。它是采用标准的图形符号和带注释的框图或者简化外形表示系统或设备中各组成部分之间相互关系的一种图。电气工程图中绝大部分采用简图的形式。

（2）元件和连接线是电气工程图描述的主要内容。电气设备主要由电气元件和连接线组成。因此，无论电路图、系统图，还是接线图和平面图都是以电气元件和连接线作为描述的主要内容。也正因为对电气元件和连接线有多种不同的描述方式，从而构成了电气工程图的多样性。

（3）图形、文字和项目代号是电气工程图的基本要素。一个电气系统、设备或装置通常由许多部件、组件、功能单元等组成。这些部件、组件、功能单元称为项目。项目一般用简单的符号表示，这些符号就是图形符号。通常每个图形符号都要有相应的文字注释。而在一个图上，为了区分同类设备，还必须加上设备编号，它与文字注释一起构成项目代号。

（4）功能布局法和位置布局法是电气工程图的两种基本布局方法。功能布局法是指电气工程图中元件符号的位置，只考虑便于表述它们所表示的元件之间的功能关系而不考虑实际位置的一种布局方法，如电气工程图中的系统图、电路图都是采用这种方法。位置布局法是指电气工程图中元件符号的布置对应于该元件实际位置的布局方法，如电气工程图中的接线图、平面图通常都采用这种方法。

（5）电气工程图具有多样性。不同的描述方法，如能量流、逻辑流、信息流、功能流等，形成了不同的电气工程图。系统图、电路图、框图、接线图是描述能量流和信息流的电气工程图；逻辑图是描述逻辑流的电气工程图；功能表图、程序框图是描述功能流的电气工程图。

9.2.1　电气绘图的分类

根据各电气工程图所表示的电气设备、工程内容及表达形式的不同，电气工程图通常分为以下几类。

1. 系统图或框图

系统图或框图就是用符号或带注释的框概略表示系统或分系统的基本组成、相互关系及其主要特征的一种简图。系统图或框图常用来表示整个工程或其中某一项目的供电方式和电能输送关系，也可表示某一装置或设备各主要组成部分的关系。

2. 电路图

电路图就是按工作顺序用图形符号从上而下、从左到右排列，详细表示电路、设备或成套装置的全部组成和连接关系，而不考虑其实际位置的一种简图。其目的是便于详细理解设备工作原理、分析和计算电路特性及参数，所以这种图又称为电气原理图或原理接线图。

3. 接线图

接线图主要用于表示电气装置内部元件之间及其外部其他装置之间的连接关系，它是便于制作、安装及维修人员接线和检查的一种简图或表格。当一个装置比较复杂时，接线图又可分解为以下几种。

✧ 单元接线图：表示成套装置或设备中一个结构单元内的各元件之间的连接关系的一种接线图。这里所指的“结构单元”是指在各种情况下可独立运行的组件或某种组合体，如电动机、开关柜等。

✧ 互连接线图：表示成套装置或设备的不同单元之间连接关系的一种接线图。

✧ 端子接线图：表示成套装置或设备的端子以及接在端子上外部接线（必要时包括内部接线）的一种接线图。

✧ 电线电缆配置图：表示电线电缆两端位置，必要时还包括电线电缆功能、特性和路径等信息的一种接线图。

图 9-3 所示为某变电站的平面主接线图。

4. 电气平面图

电气平面图是表示电气工程项目的电气设备、装置和线路的平面布置图，它一般是在建筑平面图的基础上绘制出来的。常见的电气平面图有供电线路平面图、变配电所平面图、电力平面图、照明平面图、弱电系统平面图、防雷与接地平面图等。图 9-4 所示为某变电站的室外设备平面布置图。

5. 设备布置图

设备布置图表示各种设备和装置的布置形式、安装方式以及相互之间的尺寸关系，通常由平面图、主面图、断面图、剖面图等组成。这种图按三视图原理绘制，与一般机械图没有大的区别。图 9-5 所示为某变电站的设备布置断面图。

6. 设备元件和材料表

设备元件和材料表就是把成套装置、设备中各组成部分和相应数据列成表格来表示各组成部分的名称、型号、规格和数量等，以便于读图者阅读，了解各元器件在装置中的作用和功能，从而读懂装置的工作原理。设备元件和材料表是电气工程图中的重要组成部分，它可置于图中的某一位置，也可单列一页（视元器件材料多寡而定）。图 9-6 所示为某变电站设备材料表。

7. 产品使用说明书上的电气工程图

生产厂家往往随产品使用说明书附上电气工程图，用文字叙述的方式说明一个工程中与电气设备安装有关的内容，主要包括电气设备的规格型号、工程特点、设计指导思想，以及使用的新材料、新工艺、新技术和对施工的要求等，供用户了解该产品的组成、工作过程及注意事项，以达到正确使用、维护和检修的目的。

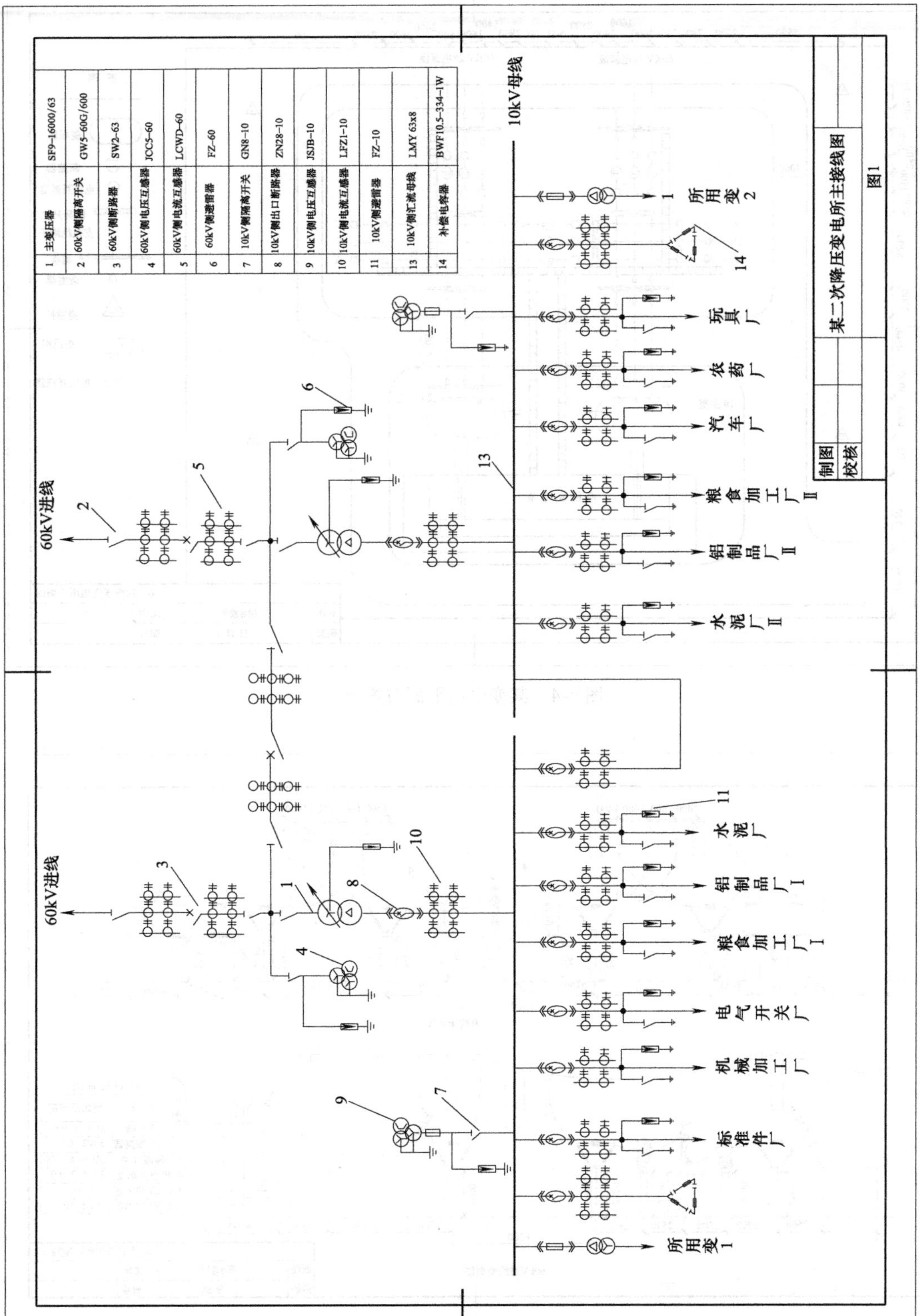

1	主变压器	SF9-16000/63
2	60kV侧隔离开关	GW5-60G/600
3	60kV侧断路器	SW2-63
4	60kV侧电压互感器	JCC5-60
5	60kV侧电流互感器	LCWD-60
6	60kV侧避雷器	FZ-60
7	10kV侧隔离开关	GN8-10
8	10kV侧出口断路器	ZN28-10
9	10kV侧电压互感器	JSJB-10
10	10kV侧电流互感器	LFZ1-10
11	10kV侧避雷器	FZ-10
13	10kV侧汇流母线	LMY 63x8
14	补偿电容器	BWF10.5-334-1W

图 9-3　某变电站电气主接线图

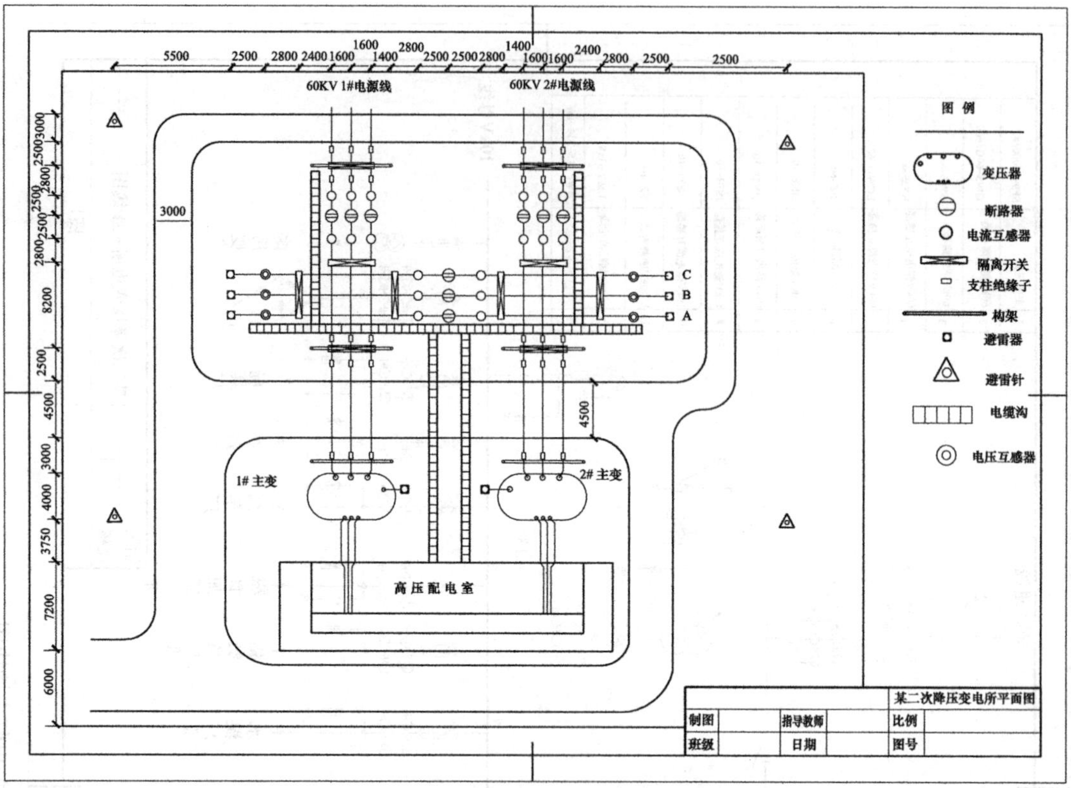

图 9-4　某变电站平面布置图

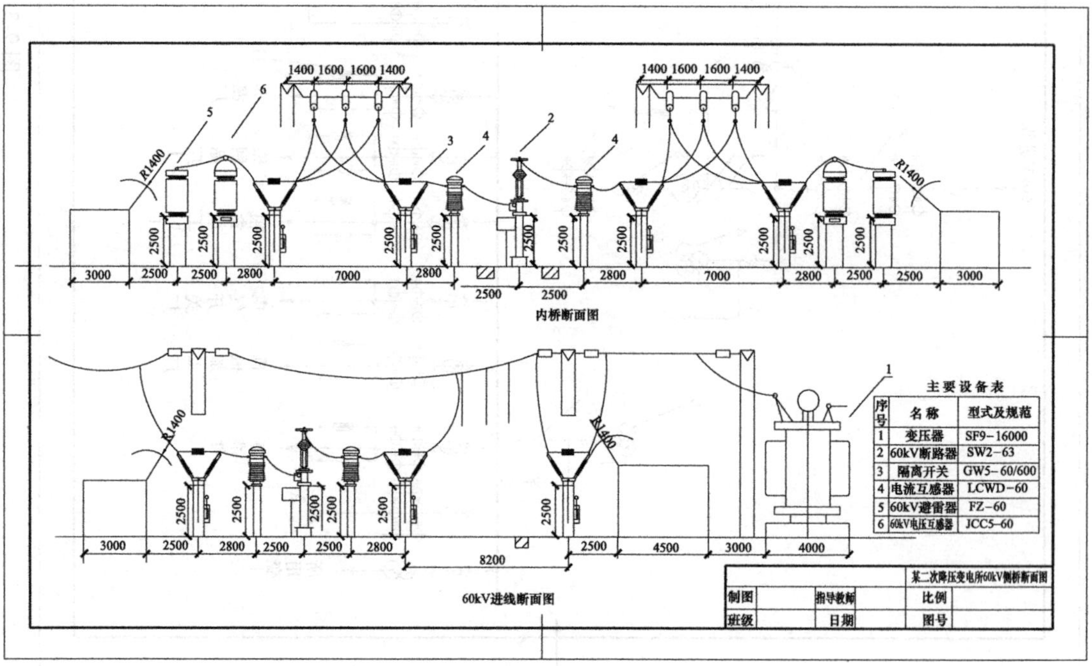

图 9-5　某变电站设备布置断面图

设 备 材 料 表

序号	图号	名 称	规 格	备 注
1	2.17	主变压器	SFZ_7–110/10.5	
2	2.12	断路器	ZW_1–10/630A	
3	2.12	隔离开关	GW_1–10G	
4		避雷器	Y5W–110/260	
5	2.11	熔断器	SMD–2B	
6		阻波器	GZ2–500	
7	2.12	电流互感器	L–10	
8		绝缘子串	FXB_2–10/50	
9		耦合电容器	OY110/$\sqrt{3}$–0.0066	
10	6.1.15	隔离开关	GW_5–110GD	
11		避雷器	HY5W–12.7	
12		绝缘子串	FXBW4–110/100	

图 9-6　某变电站设备材料表

8. 其他电气工程图

上述电气工程图是常用的主要电气工程图，但对于较为复杂的成套装置或设备，为了便于制造，有局部的大样图、印制电路板图等；而且为了装置的技术保密，往往只给出装置或系统的功能图、流程图、逻辑图等。

二次接线图是表示电气仪表、互感器、继电器及其他控制回路的接线图。例如，加工非标准配电箱就需要配电系统图和二次接线图。此外，电气原理图、设备布置图、安装接线图和剖面图等是用在安装做法比较复杂或者是电气工程施工图册中没有标准图而特别需要表达清楚的地方，在工程中不一定会同时出现这些图。

所以，电气工程图种类很多，但这并不意味着所有的电气设备或装置都应具备这些图样。根据表达的对象、目的和用途不同，所需图的种类和数量也不一样。对于简单的装置，可把电路图和接线图合二为一；对于复杂装置或设备应分解为几个系统，每个系统也有以上各种类型图。总之，电气工程图作为一种工程语言，在表达清楚的前提下，越简单越好。

9.2.2　电气简图图形符号

在按简图形式绘制的电气工程图中，元件、设备、线路及其安装方法等都是借用图形符号、文字符号和项目代号来表达的。分析电气工程图，首先要明了这些符号的形式、内容、含义以及它们之间的相互关系。电气图形符号包括一般符号、符号要素、限定符号和方框符号。

1. 一般符号

一般符号是用来表示一类产品或此类产品特征的简单符号，如电阻、电容、电感等，如图 9-7 所示。

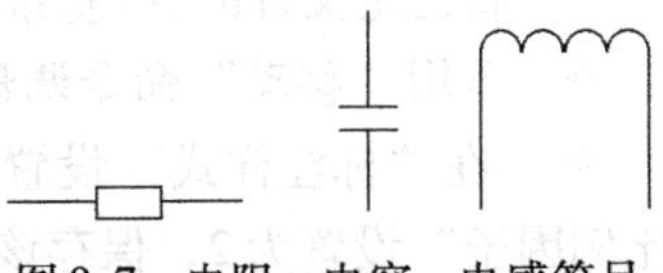

图 9-7　电阻、电容、电感符号

2. 符号要素

符号要素是一种具有确定意义的简单图形，必须同其他图形组成组合，构成一个设备或概念的完整符号。例如，真空二极管是由外壳、阴极、阳极和灯丝4个符号要素组成的。符号要素一般不能单独使用，只有按照一定方式组合起来才能构成完整的符号。符号要素的不同组合可以构成不同的符号。

3. 限定符号

一种用以提供附加信息的加在其他符号上的符号，称为限定符号。限定符号一般不代表独立的设备、器件和元件，仅用来说明某些特征、功能和作用等。限定符号一般不单独使用，当一般符号加上不同的限定符号时，可得到不同的专用符号。例如，在开关的一般符号上加不同的限定符号可分别得到隔离开关、断路器、接触器、按钮、转换开关等。

4. 方框符号

方框符号是用以表示元件、设备等的组合及其功能，既不给出元件、设备的细节，也不考虑所有连接的一种简单图形符号。

绘制图形时，如果图形中有大量相同或相似的内容，或者所绘制的图形与已有的图形文件相同，则可以把要重复绘制的图形创建成块（也称为图块），并根据需要为块创建属性，指定块的名称、用途及设计者等信息，从而形成元件图库，在需要时直接插入它们。当然，用户也可以把已有的图形文件以参照的形式插入到当前图形中（即外部参照），或是通过AutoCAD设计中心浏览、查找、预览、使用和管理AutoCAD图形、块、外部参照等不同的资源文件。

电气符号的种类很多，例如，与电气设计有关的强电、电信、高压系统和低压系统等。国际上通用的图形符号标准是IEC（国家电工委员会）标准。中国新的国家标准（GB）图形符号和IEC标准是一致的，国标序号为GB/T 4728。这些通用的电气符号在施工图册内都有，因而在电气施工图中不再介绍其名称及含义了。但是如果电气设计图样中采用了非标准符号，那么就应列出图例表。

9.3 按比例尺绘制电气工程图

一张完整的工程图样由图形实体、尺寸标注、文字标注和图幅整理等几部分组成。要绘制一张工程图，不同用户有不同的绘图方式，因此绘图步骤也有所不同，但总体方法差不多。现以绘制一张1:2比例尺的A3图纸的图样为例说明两种绘图方法。

方法一：先按1:1比例尺绘图，再按一定比例缩放，最后出图。

✧ 先按1:1比例绘制所有图形实体，即按图样的具体尺寸真实绘制，图中尺寸标注为100的线段，在屏幕中即绘制100个单位。

✧ 绘制完图中所有实体后，启动“缩放（Scale）”命令，将所有图形缩小50%，即绘图比例为1:2（图上1个单位，代表实际的2个单位长度）。

✧ 将已定义好的A3标准图纸文件以1:1比例插入到绘图区。

✧ 运用“移动”命令调整好图形实体和图样的位置。

✧ 在“标注样式”设置选项卡中的“主单位”选项中，把“测量单位比例”下的“比例因子”设置为2，保存该尺寸标注样式，用此样式标注所有的尺寸。

✧ 设置合适的文字样式，标注文字，保存图形文件。

✧ 启动“打印”命令，在打印比例中设置比例为1:1，设置单位为毫米（mm），其余选项同打印设置。确定后即可输出 1:2 比例尺的图样了。

方法二：按 1:1 比例尺绘图，图样放大 2 倍插入，图形不进行缩放直接出图。

✧ 先按 1:1 比例绘制所有图形实体，图中尺寸标注为 100 的线段，在屏幕中即绘制 100 个单位。

✧ 绘制完图中所有实体后，将已定义好的 A3 标准图纸文件以 2:1 比例插入到绘图区。

✧ 运用“移动”命令调整好图形实体和图样的位置。

✧ 在“标注样式”设置选项卡中的“主单位”选项中，把“测量单位比例”下的“比例因子”设置为 1，保存该尺寸标注样式，用此样式标注所有的尺寸。

✧ 设置合适的文字样式，标注文字，保存图形文件。

✧ 启动“打印”命令，在打印比例中设置比例为 1:2，设置单位为毫米（mm），其余选项同打印设置。确定后即输出 1:2 比例尺的图样。

两种方法绘制的图形步骤相似，用户可以根据自己的习惯决定采用何种方法进行不同比例尺要求的工程图的绘制。

9.4　样板文件的制作

在 AutoCAD 中，绘图前必须首先设置好作图的环境，如图样的幅面、绘图单位、图层、图框、标题栏、文字样式、标注样式等。如果每次绘图都要重复做这些工作将是非常烦琐的。AutoCAD 提供了样板文件的功能，用户只要将有关的设置（还可以包括一些常用的图块定义等）保存在一系列扩展名为“. dwt”的样板文件中，就可以直接调出其中某一文件，在基于该文件设置的基础上开始绘图，从而避免重复操作，提高了绘图效率，同时也保证了图样的规范性。下面以制作符合电气工程绘图要求的 A3 样板文件为例，介绍创建个性化样板文件的方法。

1. 设置绘图环境

✧ 新建文件。参照之前学过的方法，新建一个文件，注意新建文件时应选择“acadiso. dwt”样板文件。“acadiso. dwt”是一个公制样板文件，其图形界限为 420 × 297 的 A3 图纸幅面，其有关设置比较接近我国的绘图标准。也可以根据需要修改图形界限，参见本书 1. 3 节的相关内容。

✧ 设置绘图单位。选择“格式”→“单位”下拉菜单，打开“图形单位”对话框，设置长度类型为“小数”，精度为“0”；角度类型为“十进制度数”，精度为“0”；插入内容的单位为“毫米”。

2. 设置图层

单击“格式”→“图层”下拉菜单，打开“图层特性管理器”对话框，参照本书第 6 章图层设置的方法，设置图层，见表 9-5。

3. 设置文字样式

电气工程制图国家标准规定电气图样中的汉字采用长仿宋体，在 AutoCAD 中相应的字体文件为 gbcbig. shx；数字和字母可采用正体和斜体，在 AutoCAD 中相应的字体文件为 gbenor. shx 和 gbceitc. shx。

表 9-5 图层设置

图　层	线　型	颜　色	线宽/mm
实体符号	Continuous	白色	0.35
连接线	Continuous	白色	0.35
中心线	Center	红色	0.25
虚线	ACAD-ISO02W100	黄色	0.25
定位线	ACAD-ISO04W100	洋红色	0.25
文字	Continuous	青色	0.25
尺寸线	Continuous	绿色	0.25
外框图线	Continuous	白色	0.25
内框图线	Continuous	白色	0.50

4. 设置尺寸标注样式

根据各种不同标注的需要，样板图中可以设置不同的标注样式。单击“格式”→“标注样式”命令，打开“标注样式管理器”对话框。单击“新建”按钮，在打开的“创建新标注样式”对话框中的“新样式名”文本框输入“尺寸-35”，单击“继续”按钮，打开“新建标注样式”对话框，设立尺寸标注的样式，具体可参见本书第 8 章相关内容。

5. 建立 A3 图框及标题栏的表格

✧ 绘制 A3 图框。参照表 9-1 图幅及图框尺寸，分别用细实线和粗实线绘制两个矩形图框线。

✧ 定义标题栏表格格式，绘制标题栏表格。

建立 A3 图框及标题栏的结果如图 9-8 所示。

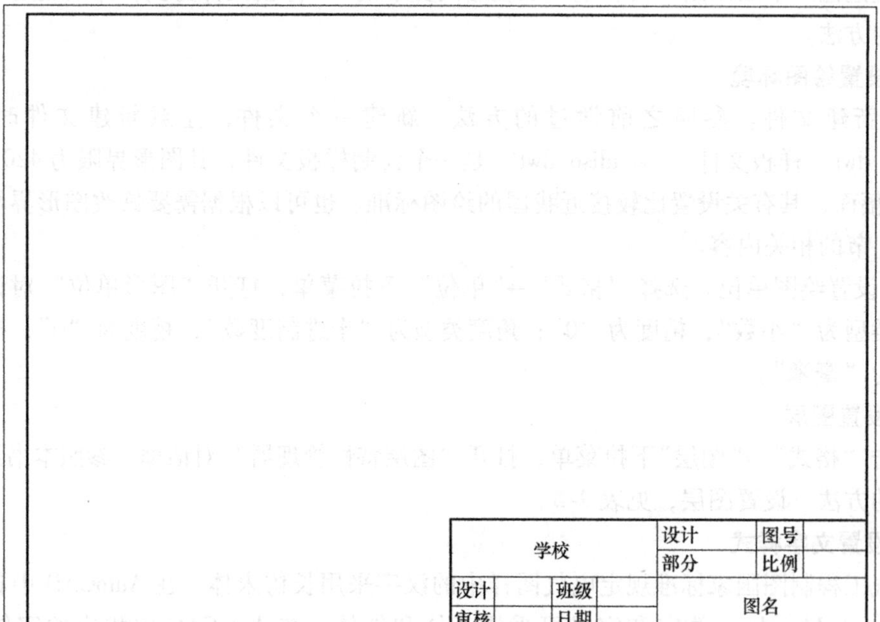

图 9-8 A3 图框及标题栏

6. 定义常用图形符号图块

通过设计中心，可以将现有的常用图形符号块添加进来，也可以由用户自己定义。

7. 样板文件的保存

样板文件设置完成后，选择菜单栏中“文件”→“另存为”命令，打开“图形另存为”对话框，单击“保存于”列表框右侧的按钮，选择文件保存的目录（当文件类型选择为＊. dwt 时，默认为 AutoCAD 安装目录下的 Template），在“文件类型”下拉列表中选择“AutoCAD 图形样板（＊. dwt）”，在“文件名”下拉列表框中输入样板名称“A3 样板”，单击“保存”按钮，如图 9-9 所示，则弹出如图 9-10 所示的“样板选项”对话框，可以输入对该样板的说明，也可以省略不输入。单击“确定”按钮保存该文件，完成 A3 样板文件的制作。

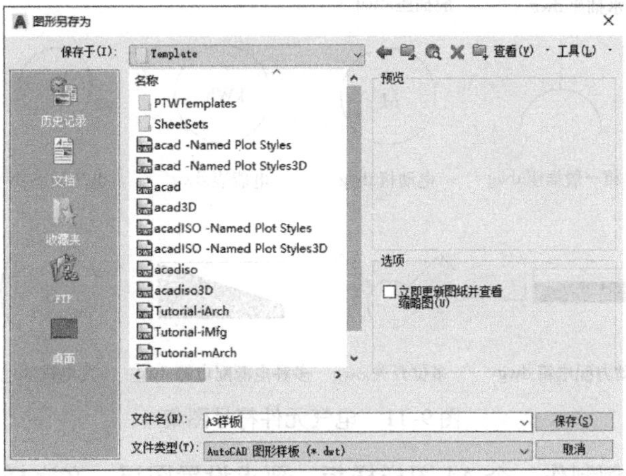

图 9-9　样板文件的保存

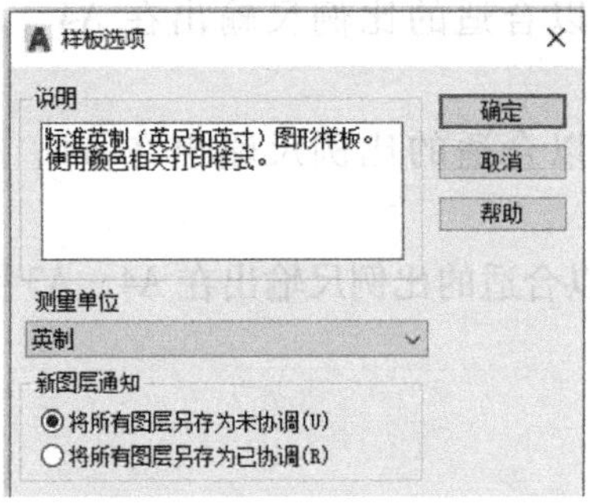

图 9-10　“样板选项”对话框

采用同样的方法可以制作 A2、A4 等其他样式的样板文件。

8. 样板文件的调用

样板文件建好后，即可以调用样板文件开始绘制新图。在执行“新建”命令后，弹出“选择样板”对话框时，选择已定义的样板文件即可。

9.5　上机实训

（1）绘制如图 9-11 所示的电气元件的符号，看看能否找到一般符号、限定符号等，并把它们创建成块文件，以方便今后应用。

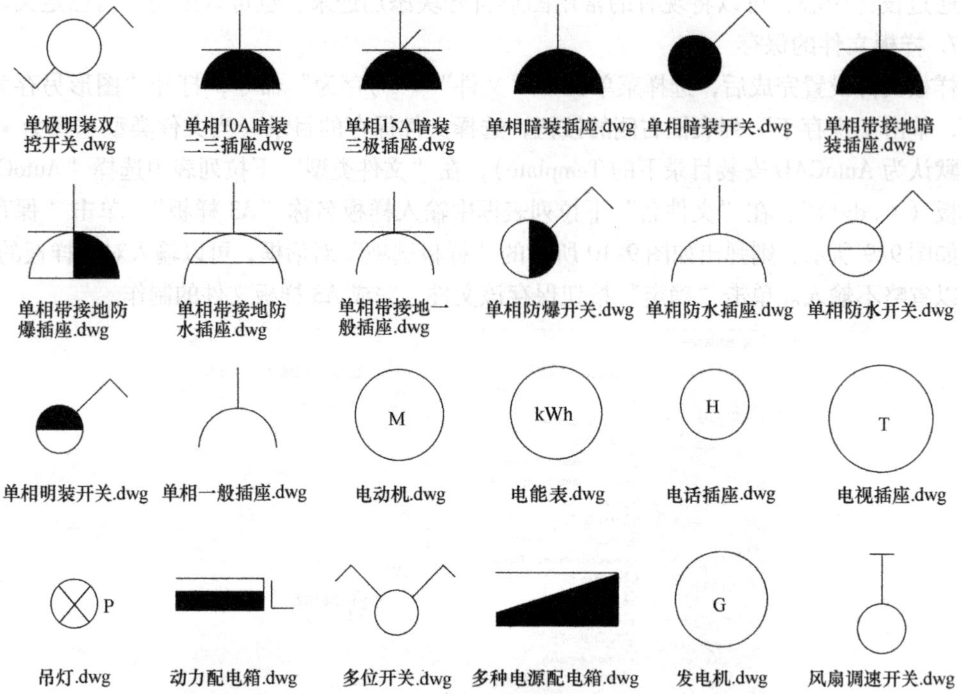

图 9-11 电气元件符号图集

（2）按照 1:1 比例制作一个 A4 图样样板，要求设置图层、文字样式、标注样式，按照图 9-2 设置标题栏。

（3）练习把图 2-41 分别以合适的比例尺输出在 A4、A3 图纸上，可以横向或纵向输出。

（4）练习把图 2-44 分别以合适的比例尺输出在 A4、A3 图纸上，可以横向或纵向输出。

（5）练习把图 2-45 分别以合适的比例尺输出在 A4、A3 图纸上，可以横向或纵向输出。

第10章 电气工程绘图实例

10.1 电气工程图的绘制步骤

电气工程设计包括机械电气设计、电力电气设计、电路设计、控制电气设计、建筑电气平面设计以及建筑电气系统设计等。电气工程图的绘制一般采取以下步骤：

（1）启动 AutoCAD 程序，新建文件。

（2）确定绘图比例，根据纸型设置图样界限。

（3）设置图形单位、图层、线型、线宽、颜色。

（4）绘制图框和标题栏。如有合适的样板图，可以直接使用已有的图形样板。

（5）绘制图形。先绘制视图的主要中心线及定位线，按形体分析法逐个绘制出各基本形体的视图。对于复杂的细节，可先绘制基准线或辅助线，再绘制大体轮廓，最后绘制细节部分。

（6）检查并修改图形，删除不必要的辅助线。

（7）标注尺寸。

（8）标注文字。

（9）保存图形文件，打印输出。

10.2 电气工程图的绘制示例

10.2.1 绘制电气主接线图

绘制如图 10-1 所示的 110kV 户外变电所主接线图，通常的绘制思路如下：

（1）新建文件，启动 AutoCAD 程序，选择“文件”→“新建”，新建一个文件，先选择“ ** . dwt”样板文件为模板。

（2）确定绘图比例，选择绘图图样幅面设置图形界限，若采用 A4 纸，利用“格式”→“图形界限”或 Limits 命令进行图样边界的设置。首先开启图形界限设置“开（ON）”，然后“指定左下角点”和“指定右上角点”的坐标：“0，0”和“297，210”。

（3）设置图层，根据绘图内容建立绘图层、符号层等图层，并设置其颜色、线型、线宽等特性。

（4）绘制图框和标题栏（或选择已有的图形样板）。

（5）因为此图是原理示意图，不用按照准确尺寸绘制，所以在图样范围内合理布置好各设备和连接线的大小及长度，在绘图层逐次绘制出来即可。

（6）设置文字样式，在符号层绘制所有的文字标注。

（7）保存文件名为“110kV 户外变电所主接线图 . dwg”，打印输出。

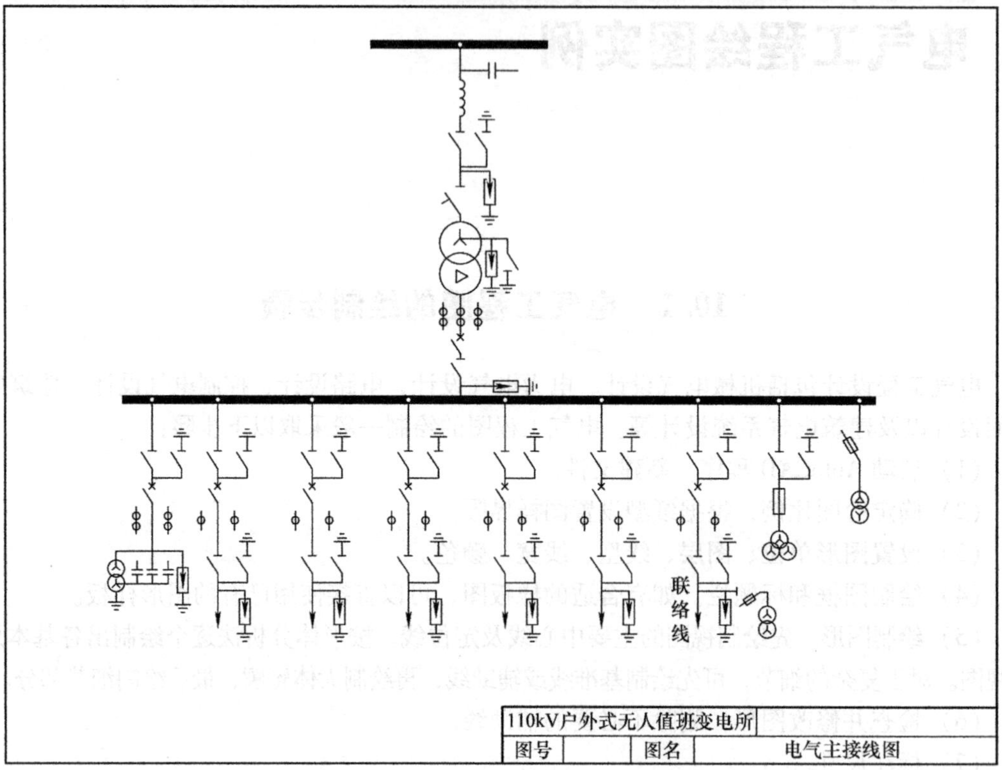

图 10-1　110kV 户外变电所主接线图

下面详细讲解绘制的过程。

（1）首先启动 CAD，新建图样，如上述操作，设置图层、线型、颜色等，如图 10-2 所示。

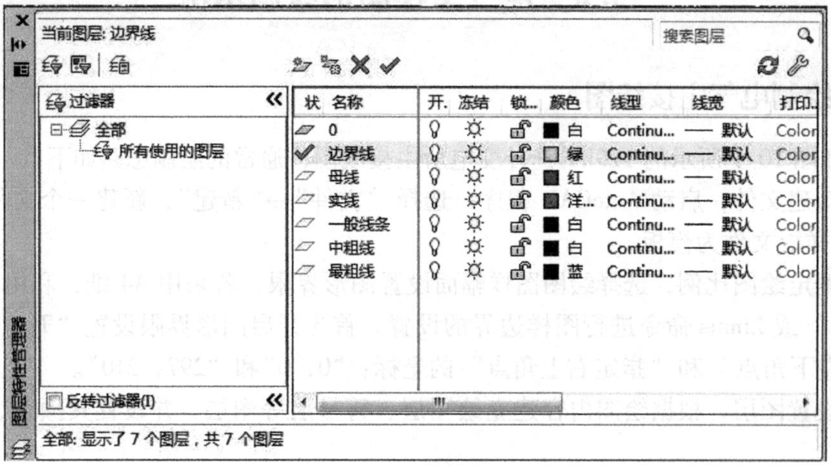

图 10-2　图层设置

（2）设置图形的边界，但是为了便于观察，直接画一个矩形边界（A4 = 297mm × 210mm），如图 10-3 所示。

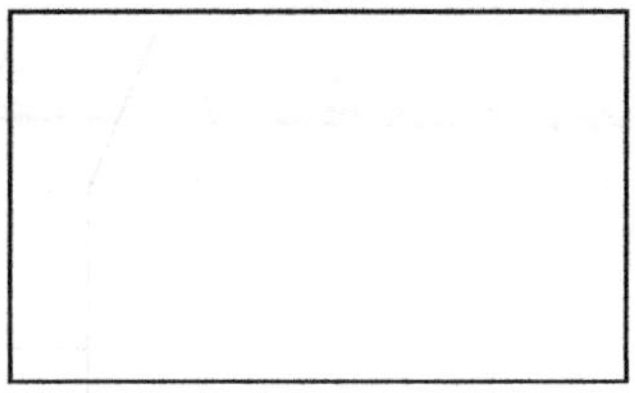

图 10-3　图形边界

（3）利用“直线”命令绘制一条适当长度的水平直线，再利用“偏移”命令向正下方适当距离进行偏移，并在两条线之间画圆与两条线相切，然后将其两端连接，如图 10-4 所示。

（4）利用“图案填充”命令对这个封闭区域进行填充，快捷键为 <H>，如图 10-5 所示。

图 10-4　主母线绘制

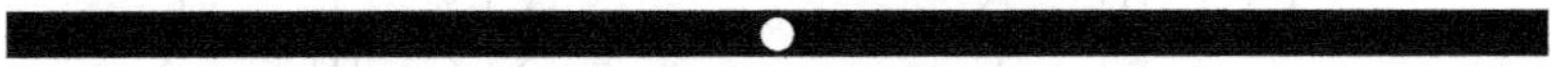

图 10-5　主母线填充

（5）利用“直线”命令绘制图 10-6 中的直线，长度设置合理。利用“画圆”命令绘制图中电感的符号，然后利用“修剪”命令修剪。

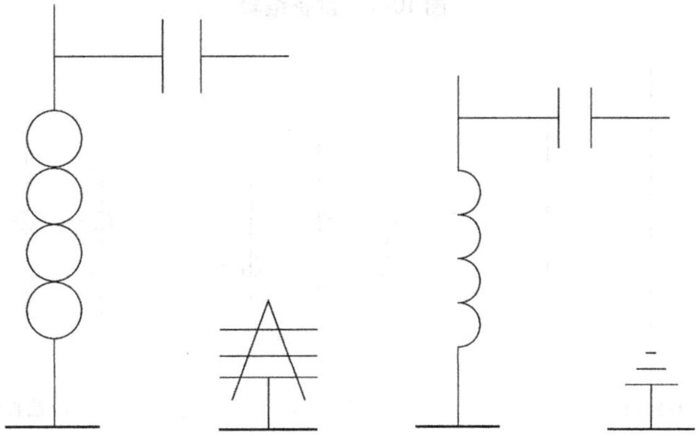

a) 修剪前　　b) 修剪后

图 10-6　设备绘制

（6）首先在空白区域绘制如图 10-7a 所示的箭头，以备后用，然后利用“直线”“画圆”“平移”“旋转”“复制”和“修剪”命令绘制得到图 10-7b（可将图中的箭头进行平移到需要的位置，再进行合理的旋转）。

（7）利用“直线”命令画出竖直线，并利用“偏移”命令进行左右偏移合适的距离（为了美观偏移距离应左右对称），然后利用“画圆”命令画圆，同理将圆左右进行等距的复制，再利用“直线”命令完成图中下面部分，如图 10-8 所示。

（8）绘制图 10-9。首先利用“直线”命令画出直线，再用“偏移”命令对直线进行偏移，然后利用“定数等分”命令对线段进行等分，然后设置“点样式”，显示出定数等分的点，并在每个点下面利用“两点画圆”命令画出圆，并对图形进行图案填充（快捷键 <H>），如图 10-9 所示。

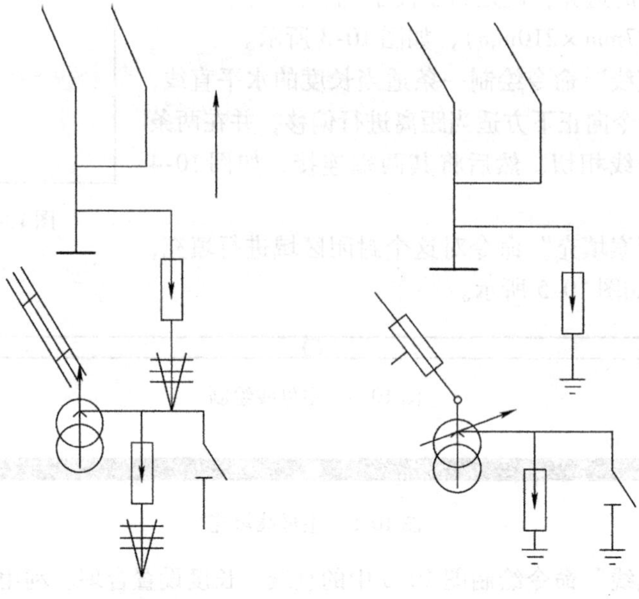

a) 修剪前　　b) 修剪后

图 10-7 设备编辑

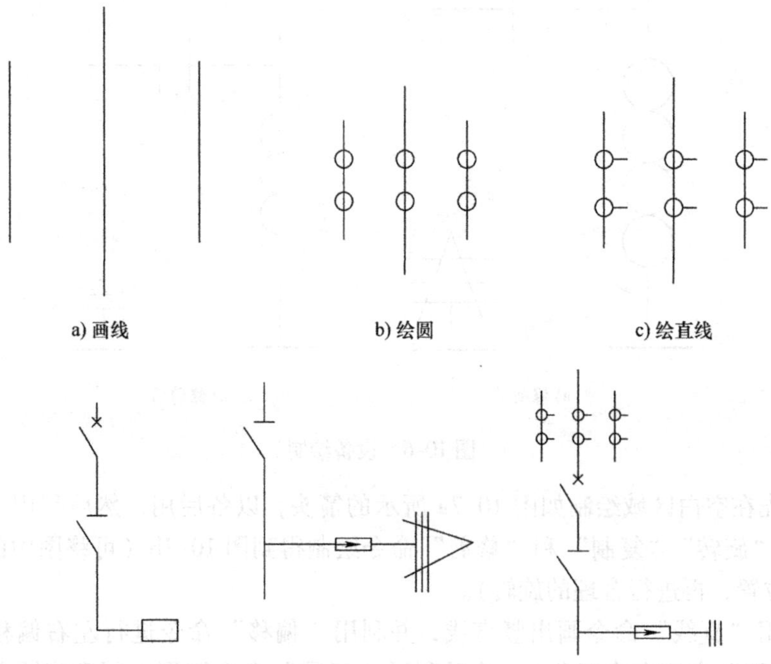

a) 画线　　b) 绘圆　　c) 绘直线

d) 绘制直线及矩形　　e) 绘制直线修剪前　　f）完成修剪

图 10-8 电流互感器、避雷器、断路器绘制

(9) 绘制图 10-10。

同理绘制出第二个支路，然后将第二个支路复制出五个，并将其移动到合适的位置，同理将最后两个支路绘制出来，然后将其连接，如图 10-11 所示。

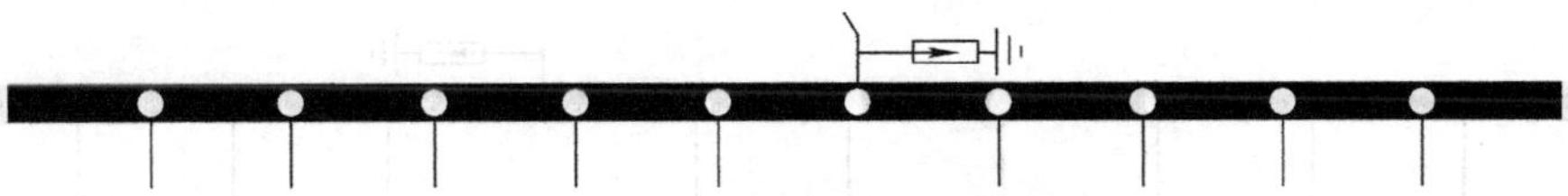

图 10-9　母线接线孔绘制

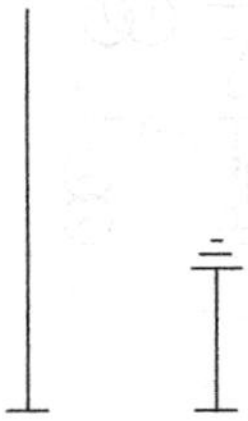

a) 绘制直线，改变其颜色

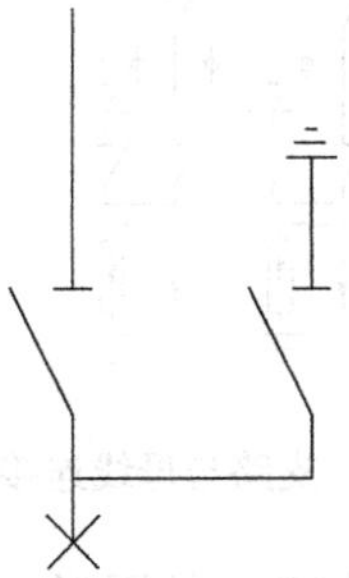

b) 绘制直线

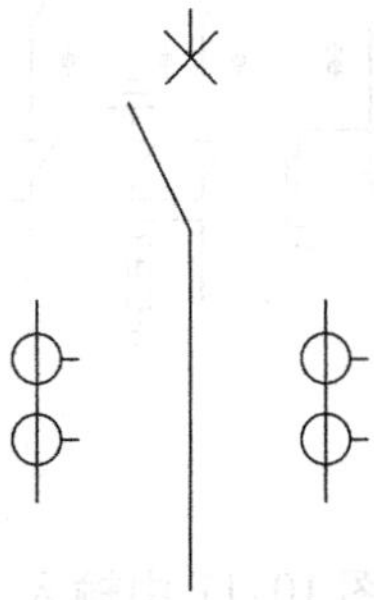

c) 绘制直线和圆，利用对称

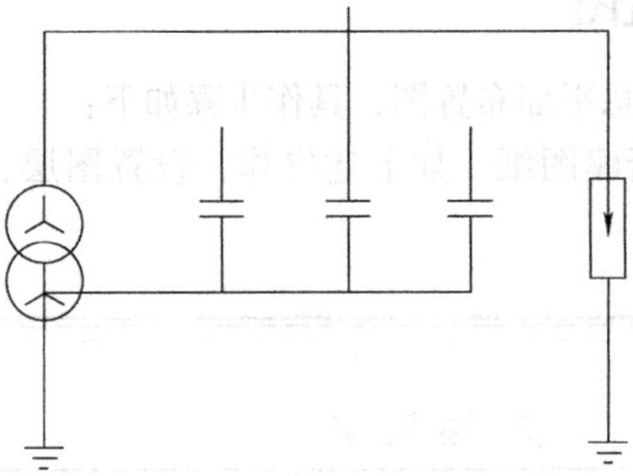

d) 利用“绘圆”命令绘制出圆，用“直线”命令将其连接

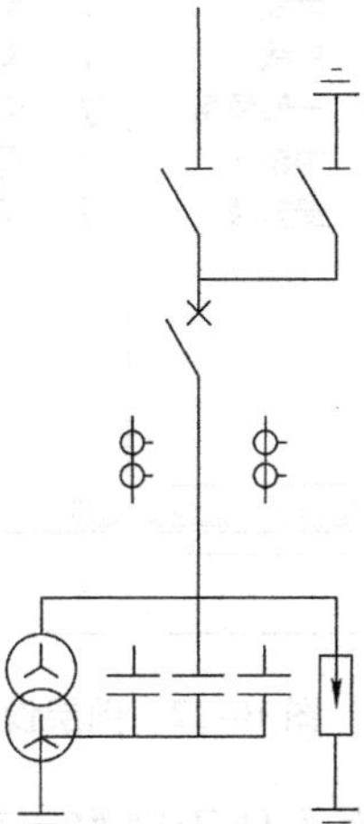

e) 完成一个支路的绘制

图 10-10　一个支路的绘制步骤

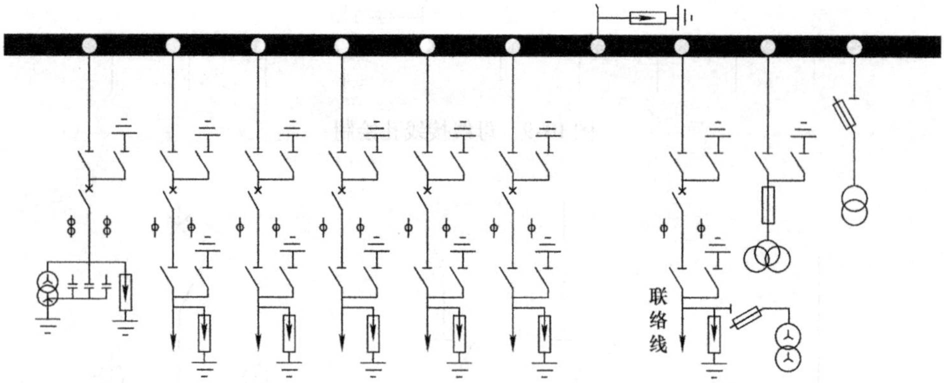

图 10-11 支路与母线连接

(10) 在图 10-11 中输入文字，完成图 10-1 的图形，保存图样，完成图形输出。

10.2.2 绘制总平面布置图

绘制如图 10-34 所示的总平面布置图，具作步骤如下：

(1) 首先启动 CAD，新建图纸，如上述操作，设置图层、线型、颜色等，如图 10-12 所示。

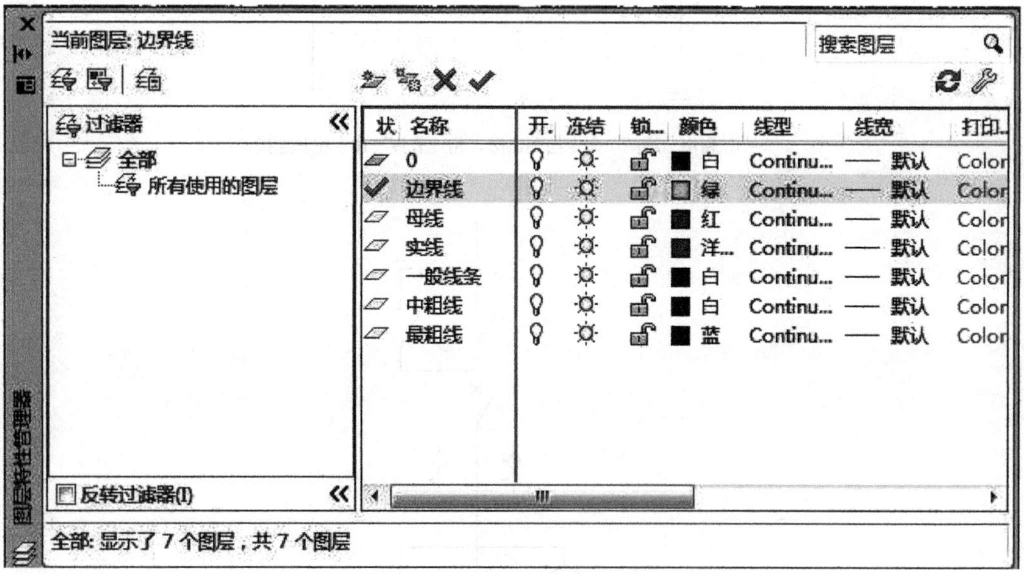

图 10-12 图层设置

(2) 设置图形的边界，但是为了便于观察，直接画一个矩形边界（A4 = 297mm × 210mm），如图 10-13 所示。

(3) 利用“直线”命令在图形边界内合适的位置画一个 150 × 200 的矩形，如图 10-14 所示。

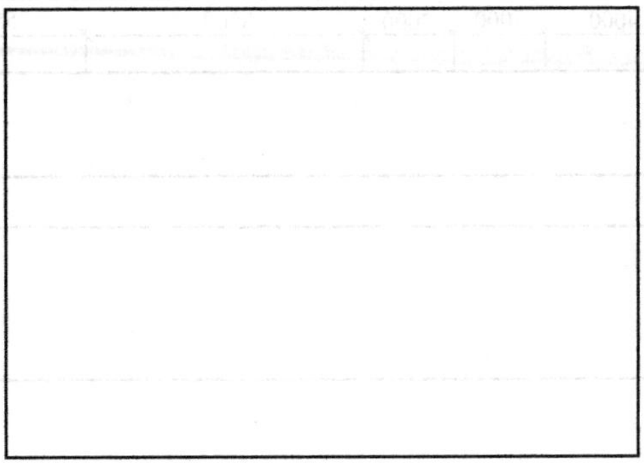

图 10-13 图形边界设定

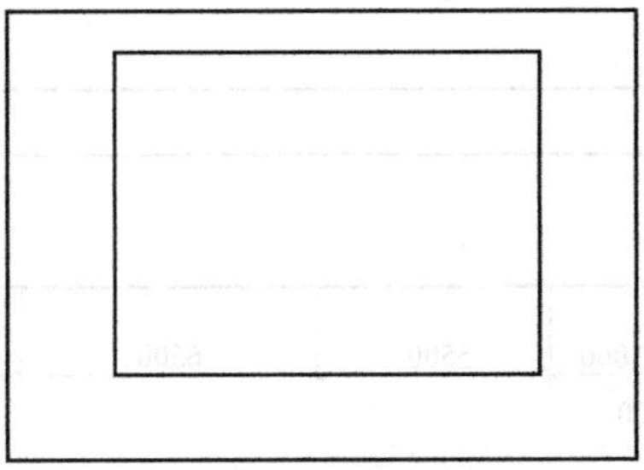

图 10-14 绘图边界设定

（4）利用直线“偏移”命令偏移出图形上的数据，并标注出尺寸，如图 10-15 所示。

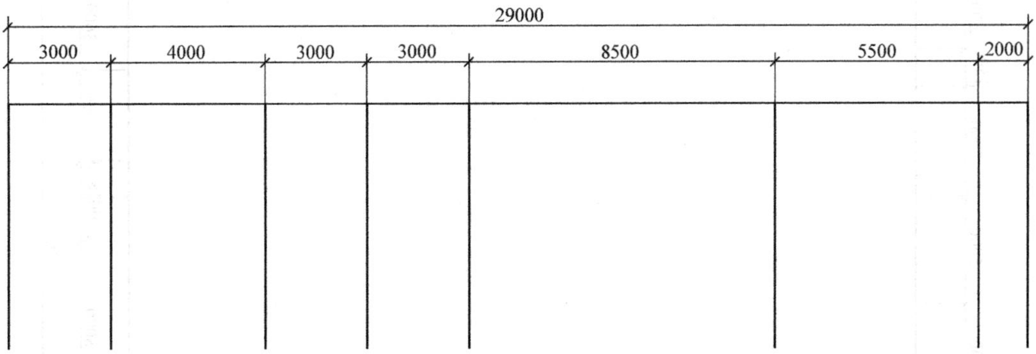

图 10-15 绘制设备布置基础线

（5）同理，利用“偏移”命令偏移出其余三个边框所要的尺寸，并且标注出尺寸，修剪掉多余的线条，如图 10-16 所示。

（6）首先绘制出中间的矩形框，然后进行修剪，利用“直线”“圆角”“偏移”“修剪”“绘圆”“镜像”和“图案填充”（快捷键 <H>）命令，如图 10-17 所示。

（7）下面按照从左到右的顺序进行图形的绘制，首先利用“直线”“绘圆”“椭圆”和“修剪”命令绘制左边的第一个支路，如图 10-18 所示。

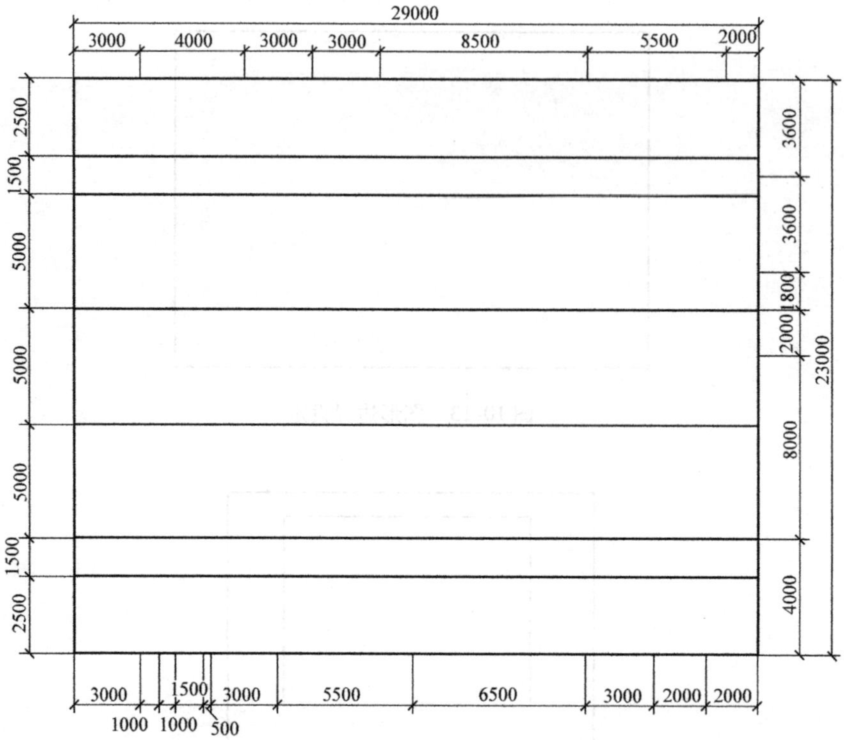

a) 修剪前

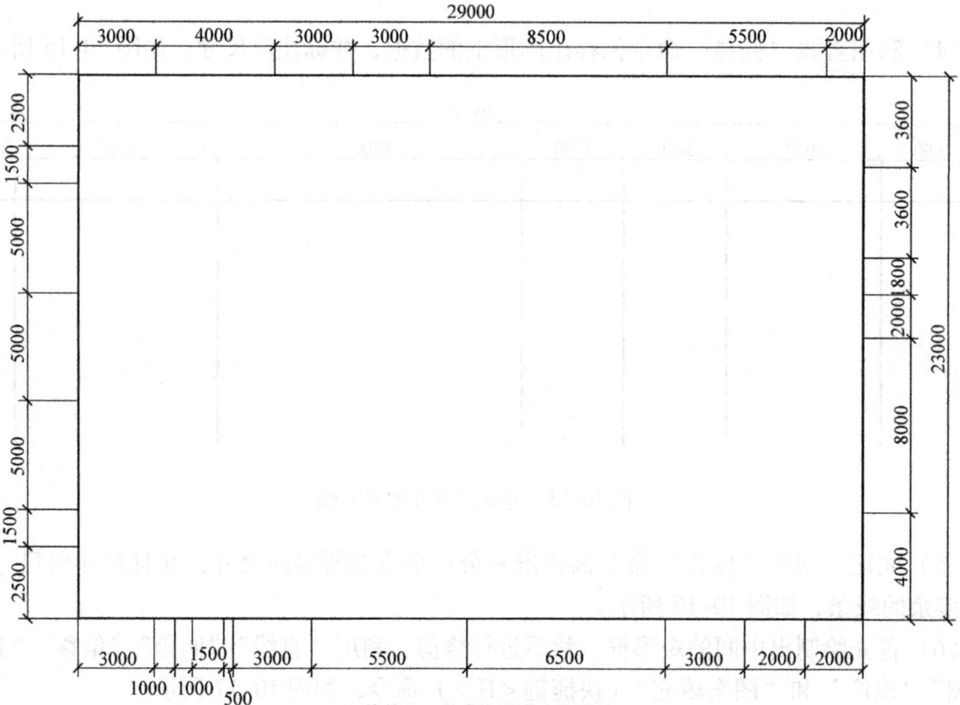

b) 修剪后，完成边框尺寸的绘制

图 10-16 边框绘制完成图

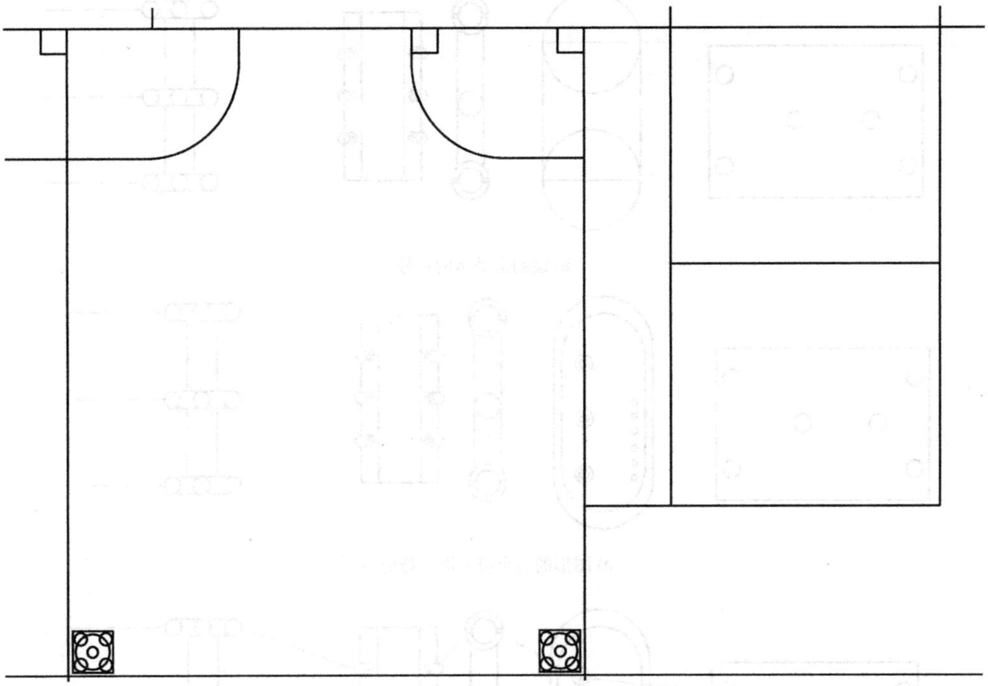

a) 修剪前图形

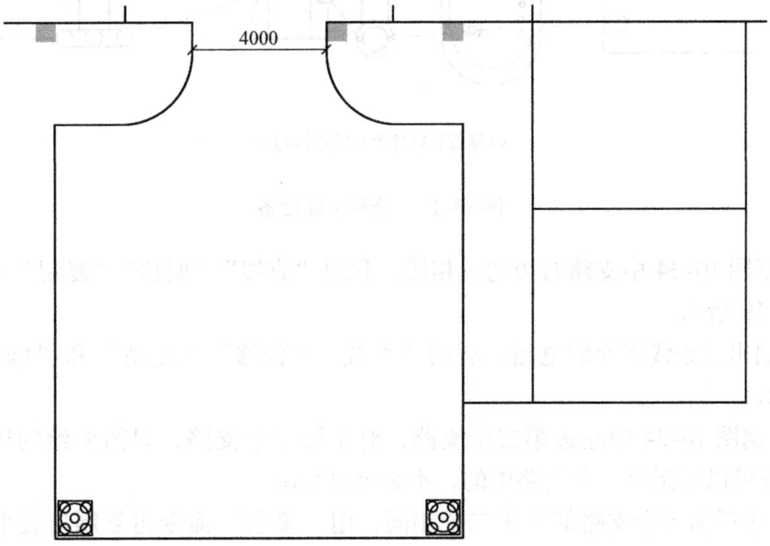

b) 图形修剪填充后

图10-17 中央区域绘制

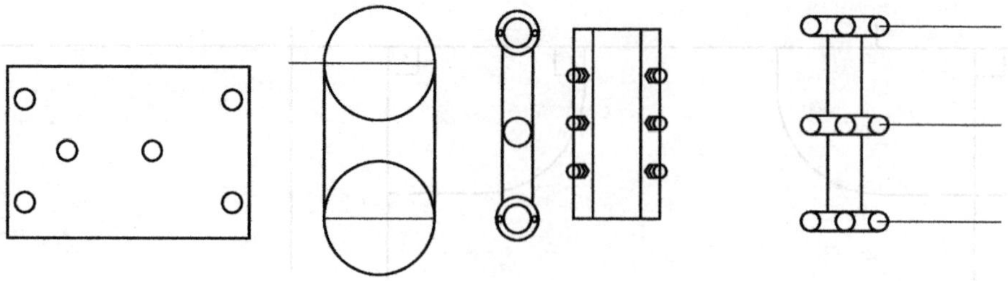

a) 绘制出基本的符号

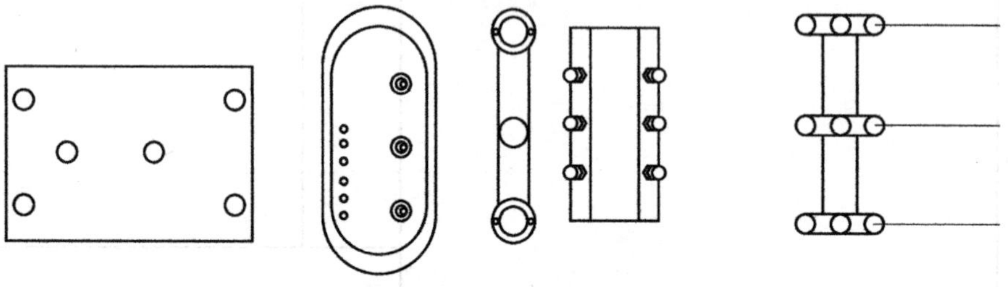

b) 图形的各个符号进行修剪后

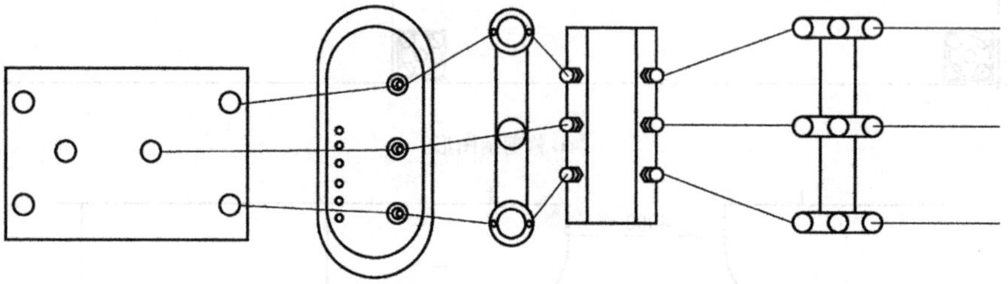

c) 修剪后将各个元件连接起来

图 10-18　绘制主要设备

（8）绘制图 10-34 中支路右边的三相线，利用“直线”“偏移”“复制”和“修剪”命令，如图 10-19 所示。

（9）绘制出三条线下面的电路，利用“直线”“偏移”“复制”和“修剪”命令，如图 10-20所示。

（10）绘制图 10-34 中左边第二个支路，对于第二个支路，只需要绘制出图 10-21a 即可，剩余部分可以复制第一个支路中的，不必重复绘制。

（11）由于后面五个支路都和第二个相同，用“复制”命令再复制出五个相同的支路，如图 10-22 所示。

（12）绘制第八个支路，第八个支路中有些零件也可以复制上面支路中的，绘制过程如图 10-23 所示。

（13）将各个支路接到主电路上，用“延长”和“修剪”命令，如图 10-24 所示。

（14）绘制右边的支路，将第二个支路里面的零件复制过来，删除不要的，用“直线”

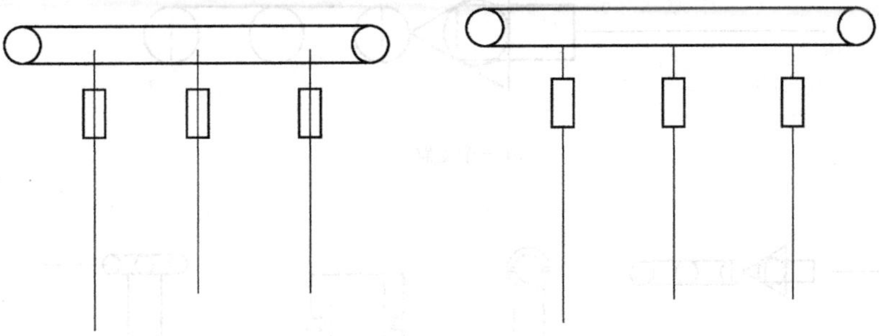

a) 修剪前

b) 修剪后

图 10-19 导线绘制

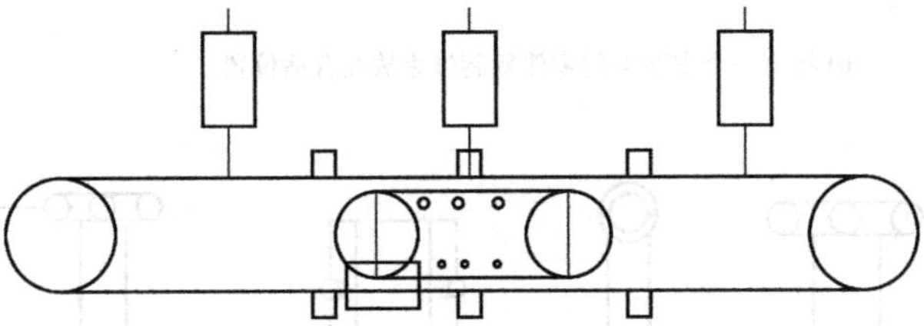

a) 修剪前

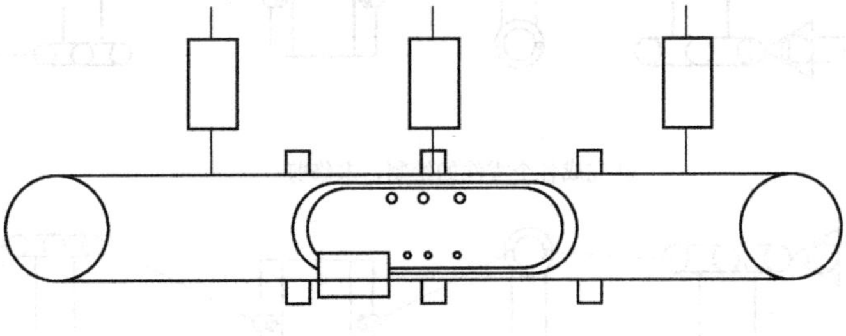

b) 修剪后

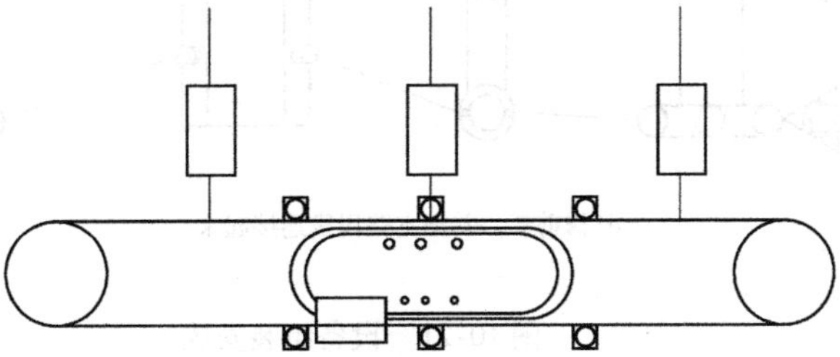

c) 将六个圆绘制上去

图 10-20 设备组装

命令将零件连接起来，如图 10-25 所示。

（15）利用“直线”“偏移”“绘圆”和“修剪”命令绘制出图形，如图 10-26 所示。

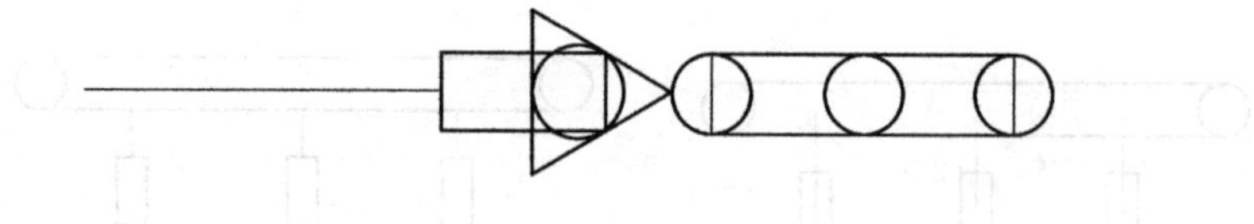

a) 一个支路

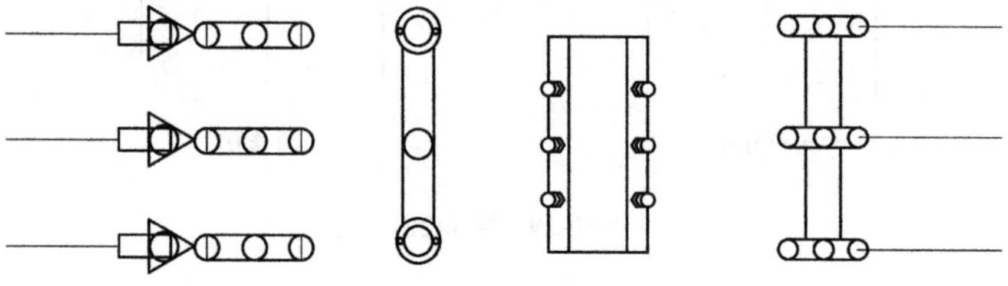

b) 将第一个支路中的零件复制过来放在合适位置

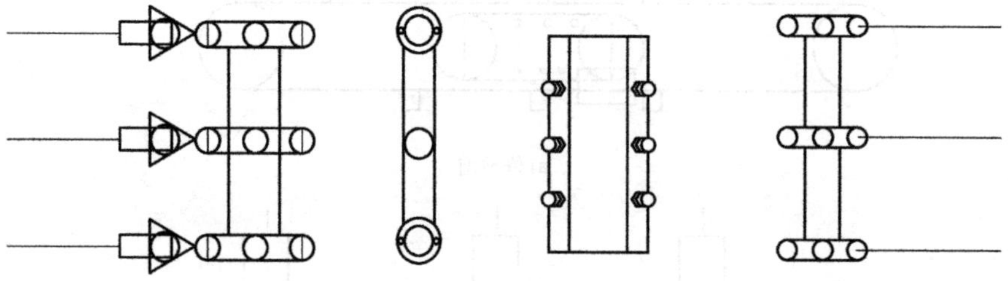

c) 完成各个零件的绘制，未修剪

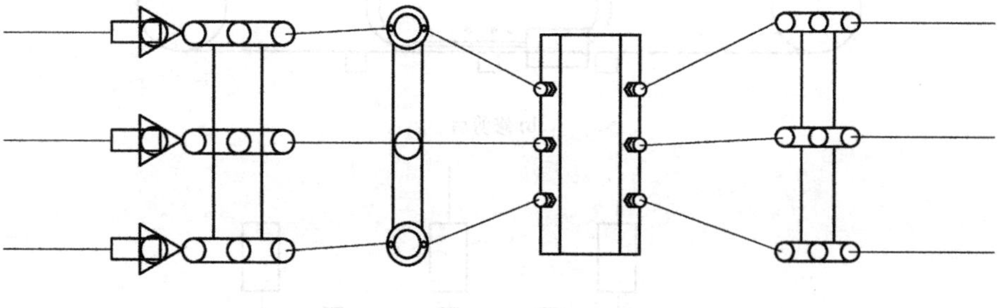

d) 修剪后，并把支路用线连接起来

图 10-21　设备组装安放

（16）用“直线”“复制”“偏移”“镜像”和“修剪”等命令绘制出剩余支路的细节特征，如图 10-27 所示。

（17）基本完成电路图的绘制，下面就是对图中的细节特征进行修改，如图 10-28 ~ 图 10-32所示。

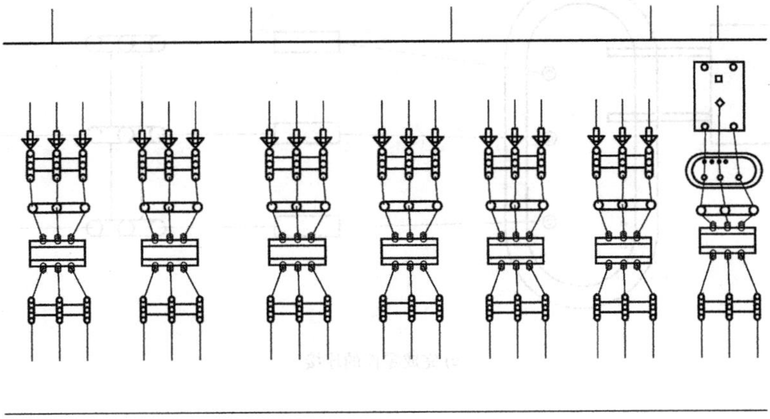

图 10-22　线路布置图

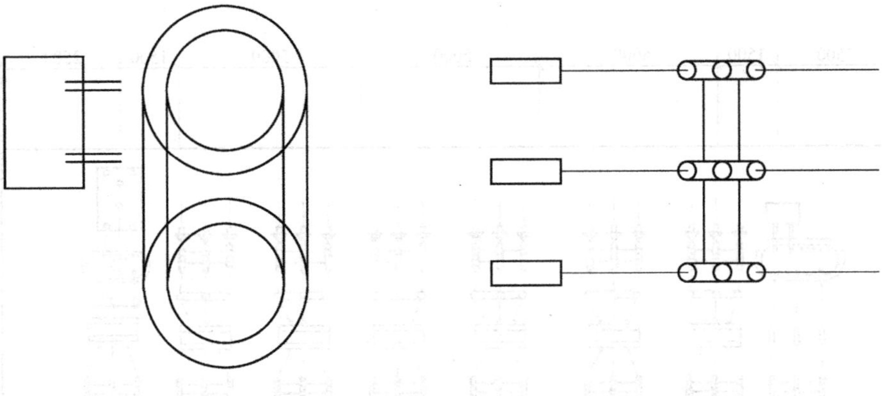

a) 绘制、复制出各个零件，未经修剪，未修改细节

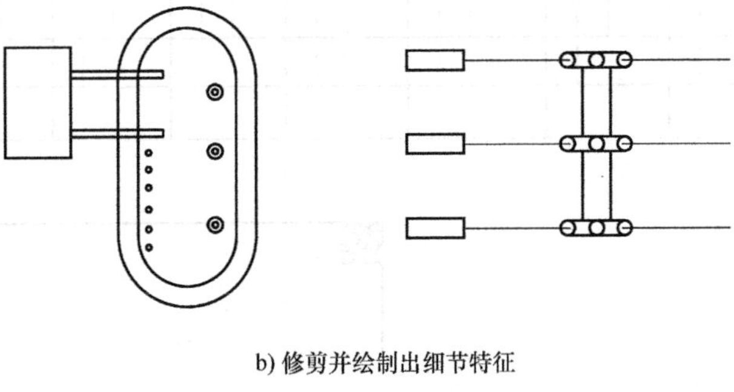

b) 修剪并绘制出细节特征

图 10-23　设备组装安放

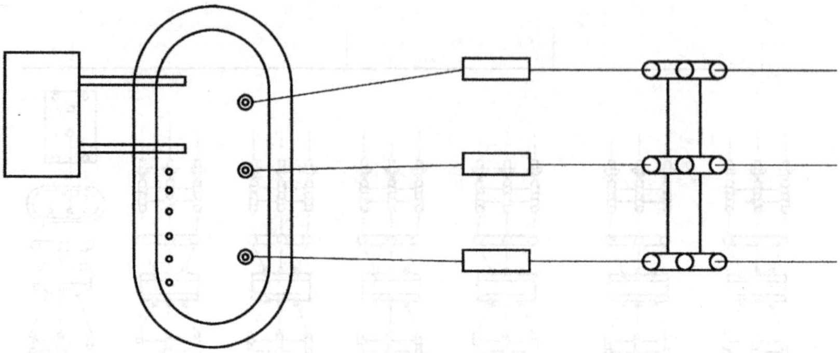

c) 完成零件的连接

图 10-23 设备组装安放（续）

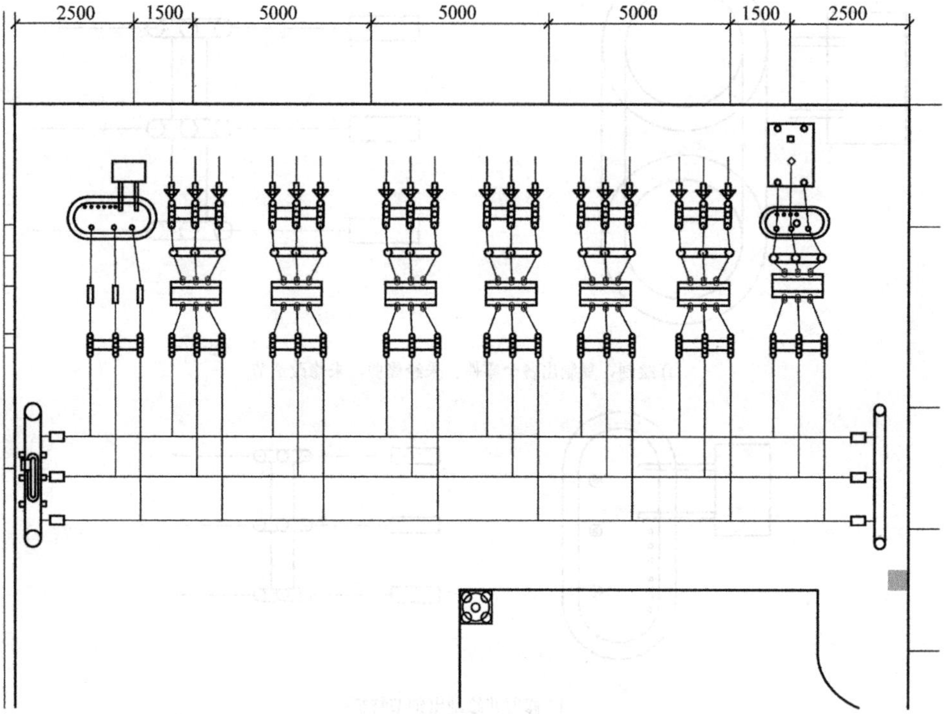

图 10-24 连接支路的效果

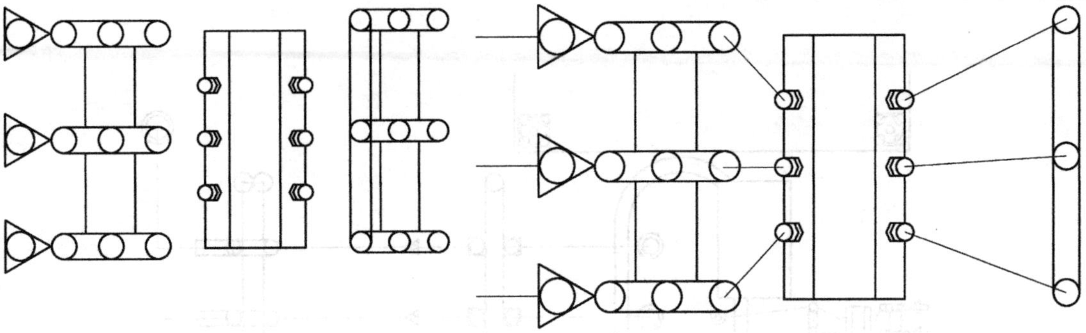

a) 修剪前　　b) 修剪后，并将零件连接起来

图 10-25　支路编辑

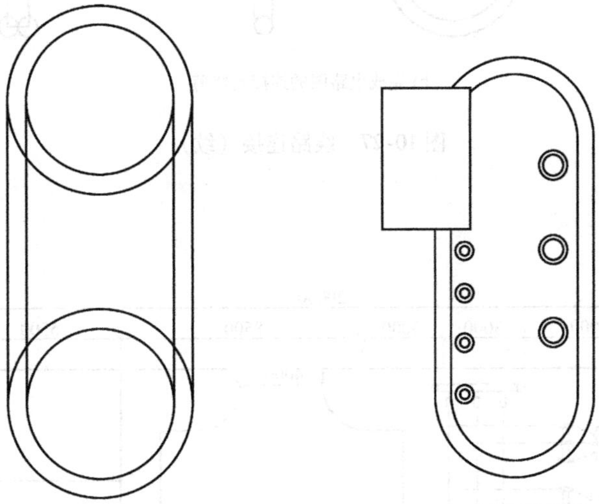

a) 未修剪，未修改细节　　b) 修剪后，完成细节的绘制

图 10-26　细节修改

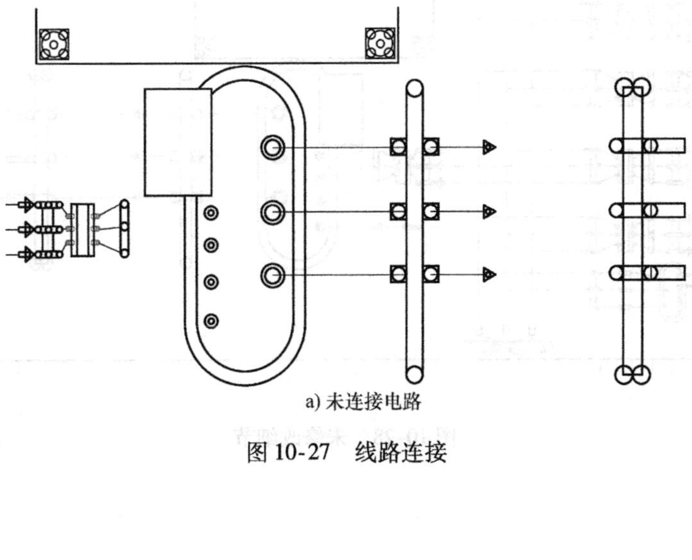

a) 未连接电路

图 10-27　线路连接

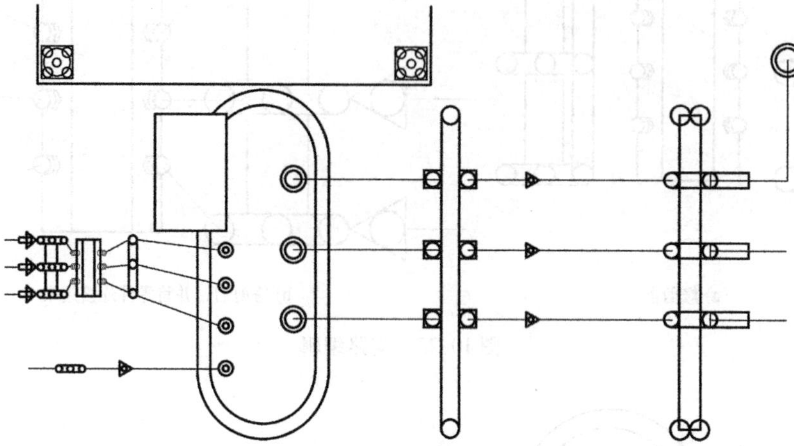

b) 完成电路图的连接及修剪

图 10-27 线路连接（续）

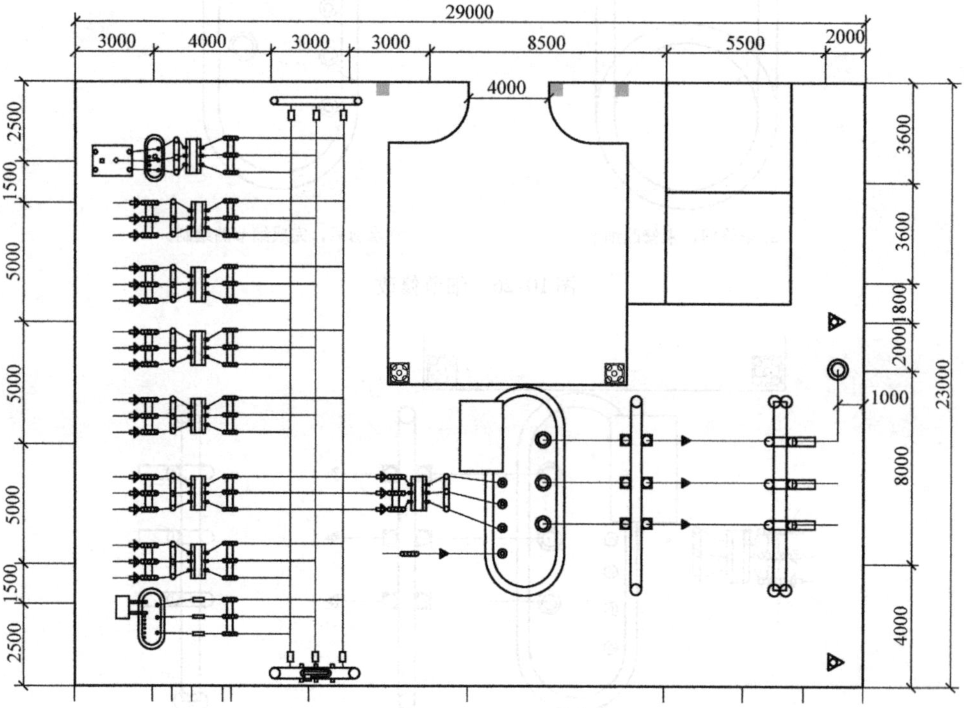

图 10-28 未修改细节

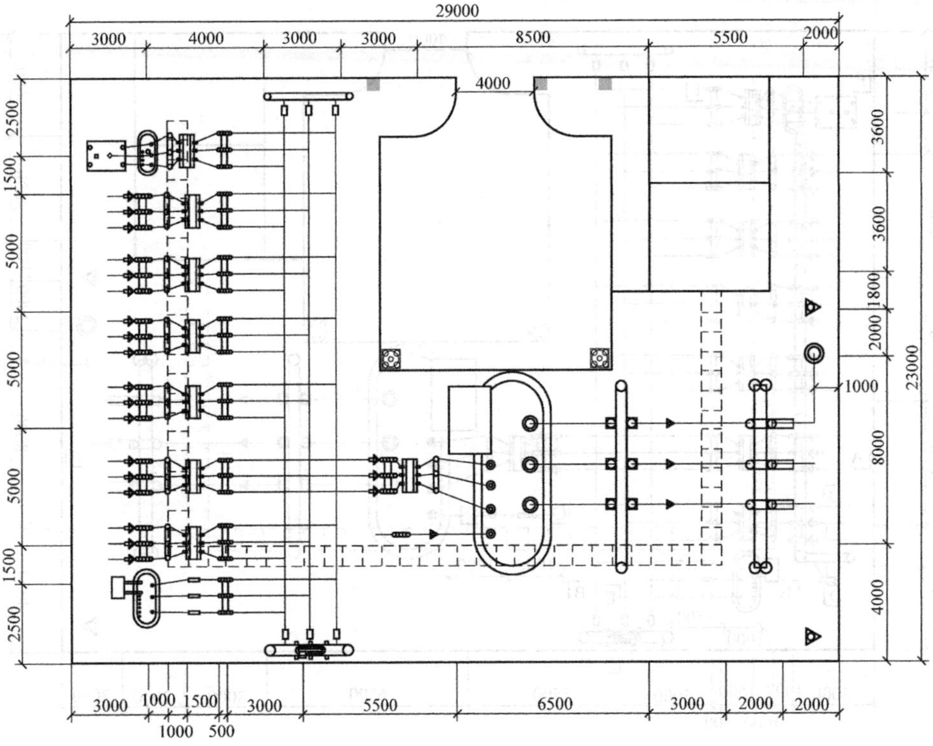

图 10-29　虚线的绘制

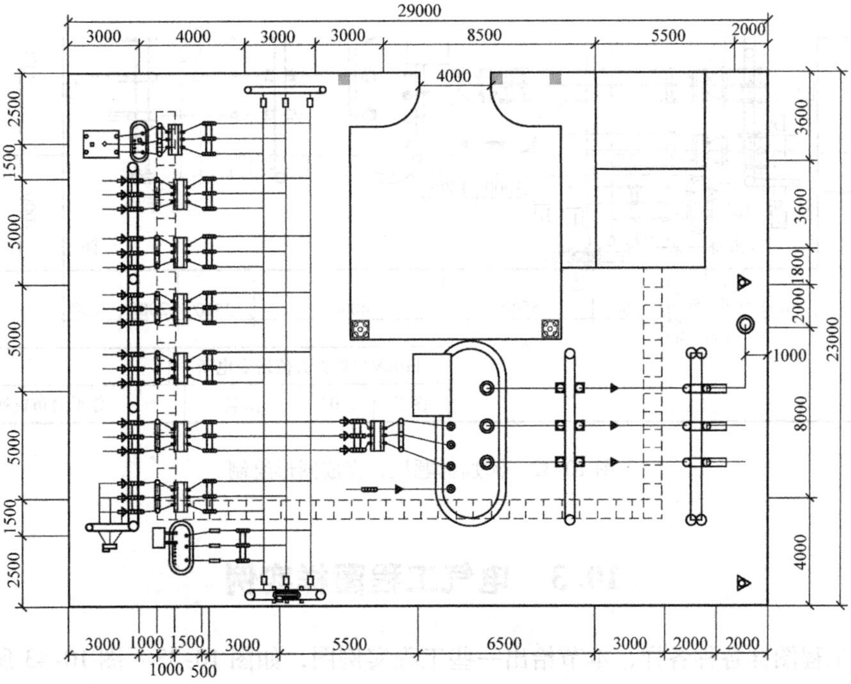

图 10-30　完成最左下角支路及直线的绘制

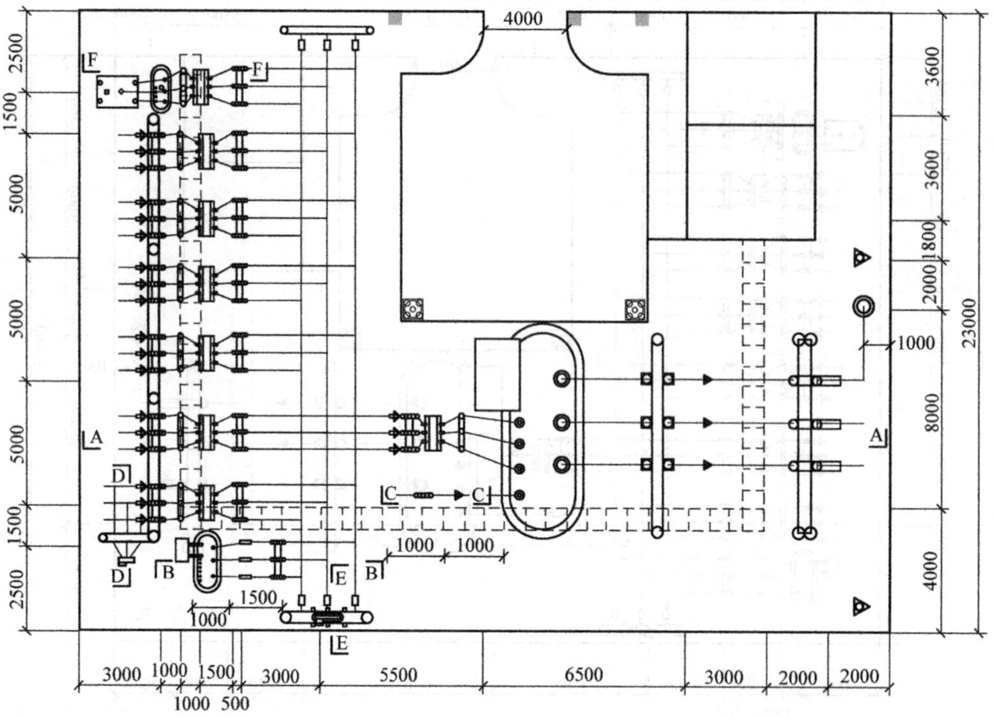

图 10-31 添加字母

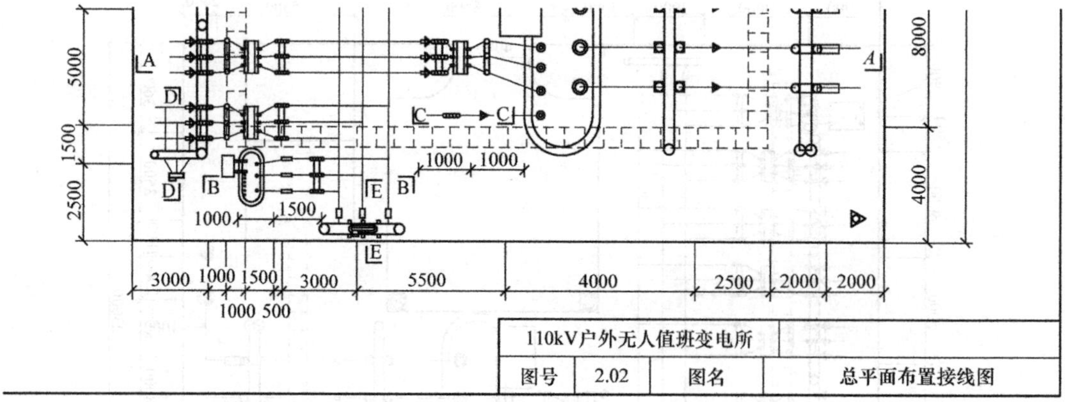

图 10-32 添加标题栏，完成图形绘制

10.3 电气工程图样实例

电气工程图样各种各样，本节给出一些工程实例图，如图 10-33 ~ 图 10-43 所示，供读者参考使用。

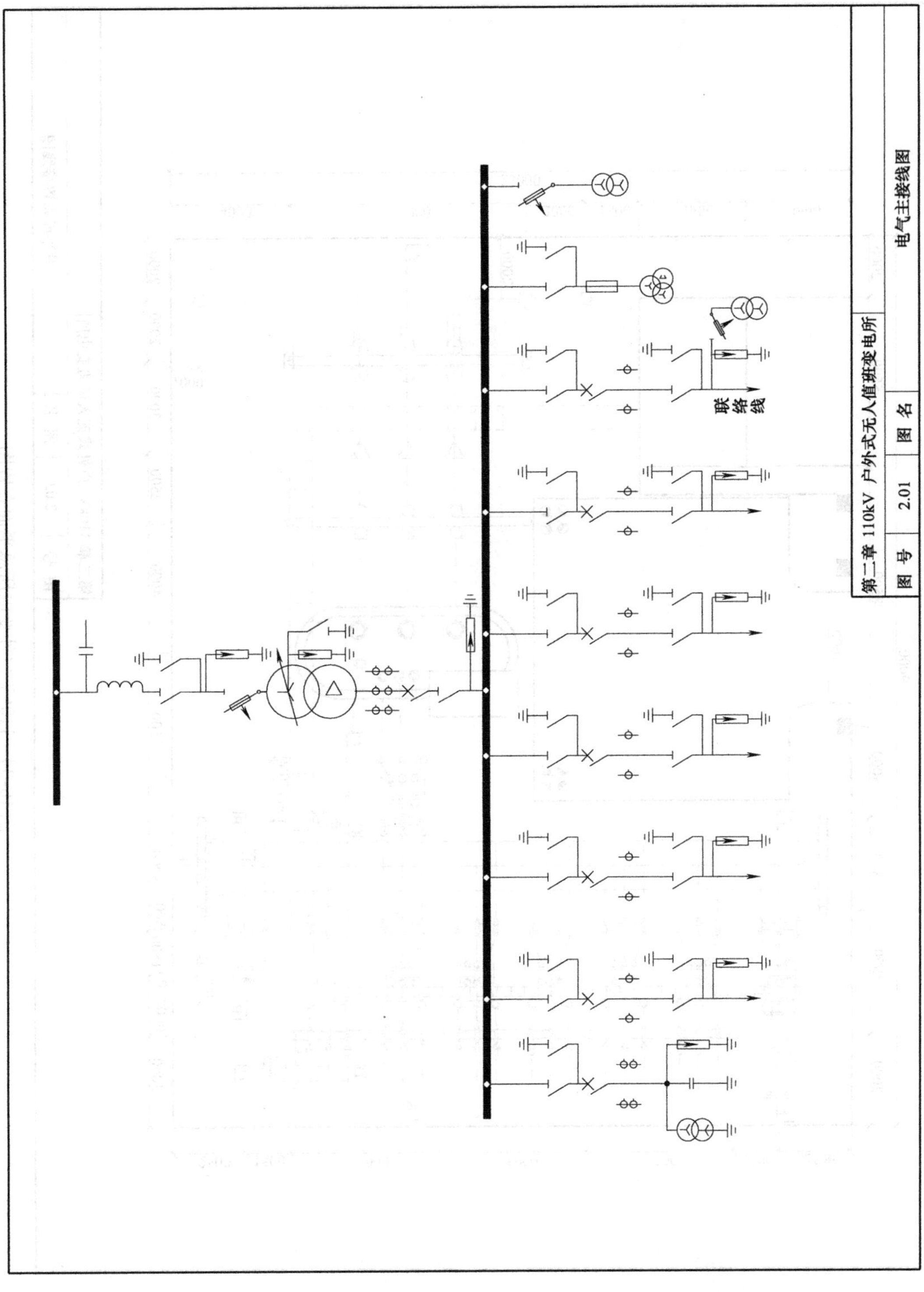

图 10-33　110kV 户外变电所主接线图

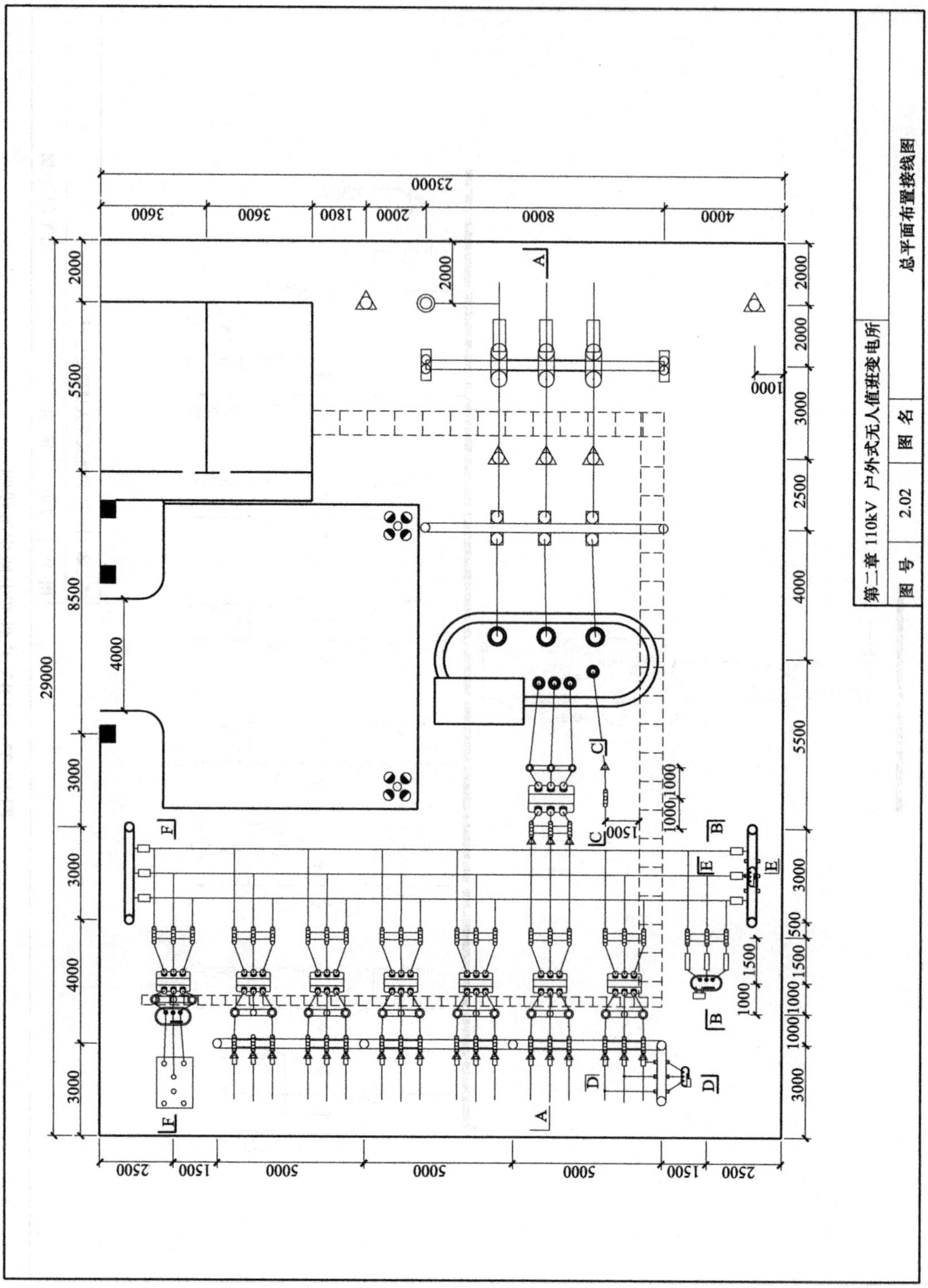

图 10-34 110kV 户外变电所总平面布置图

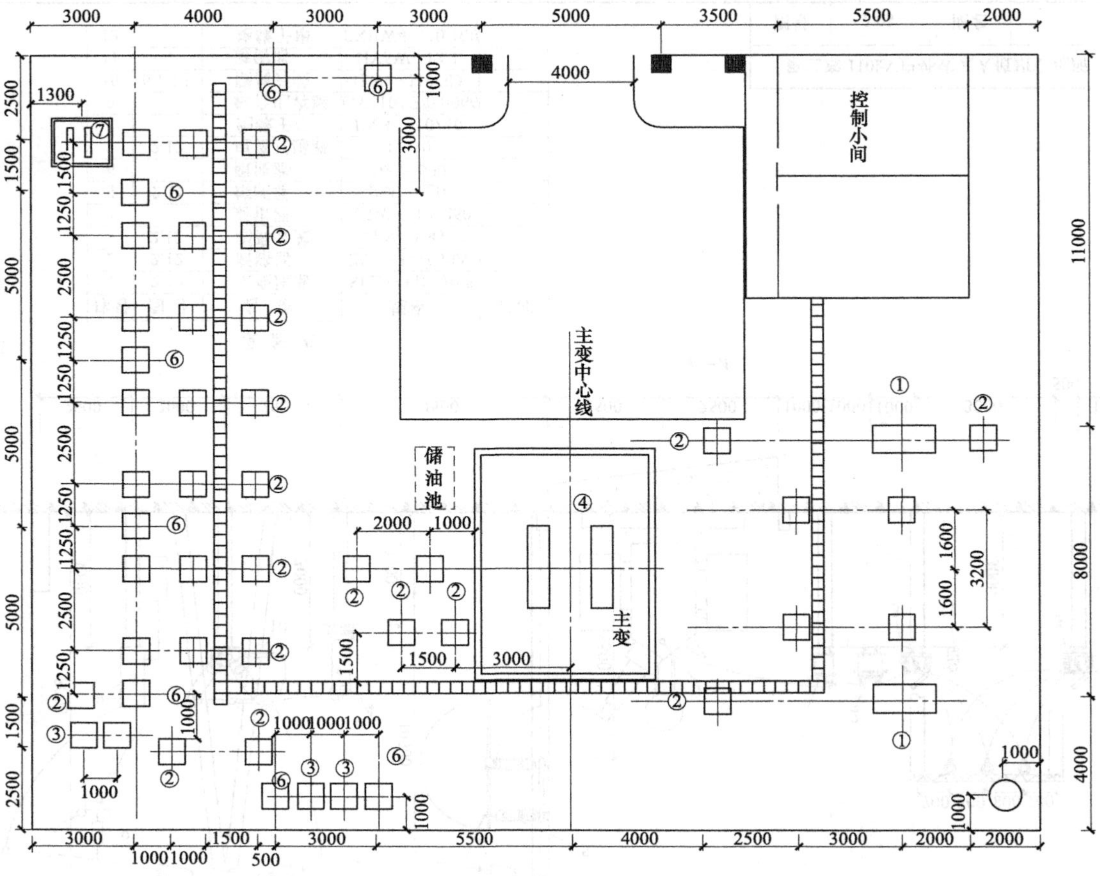

基础明细表

名称	编号	规格	单位	数量	备注
构架基础	1	2.5×0.85M基础	个	2	基底标高−1.05
	6	2.5×0.85M基础	个	8	基底标高−1.30
设备基础	2	0.8×0.80M基础	个	36	基底标高−1.25
	3	0.8×0.80M基础	个	4	基底标高−0.85
	7	电容器基座	个	1	
主变基础	4	SFZ7-110/10.5	座	1	
避雷针基础	5	30m环形避雷针个数	座	1	

说明

1.图中所注基底标高是以控制室室外地坪为准计算而定的。

2.构架及设备基础放样基准线以围墙中心为准，进行基础放样施工。

第二章 110kV户外式无人值班变电所			
图 号	2.09	图 名	配电构架及设备支架基础平面图

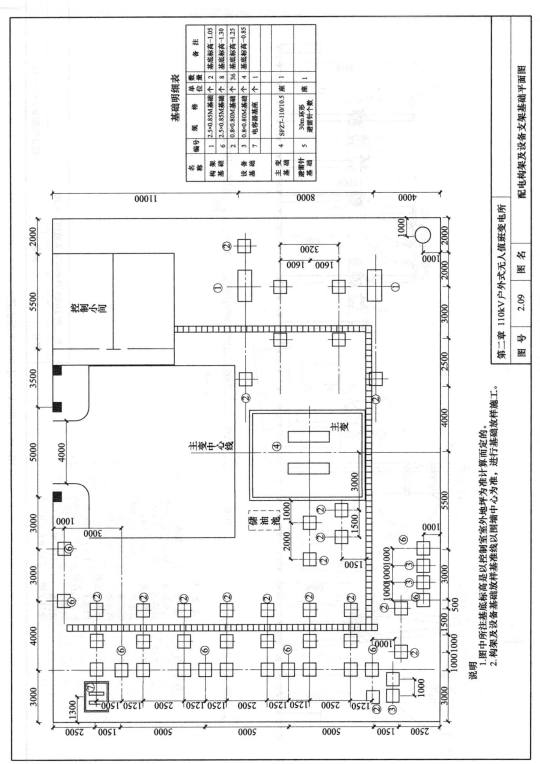

图 10-35 110kV 户外变电所配电构架及设备支架基础平面图

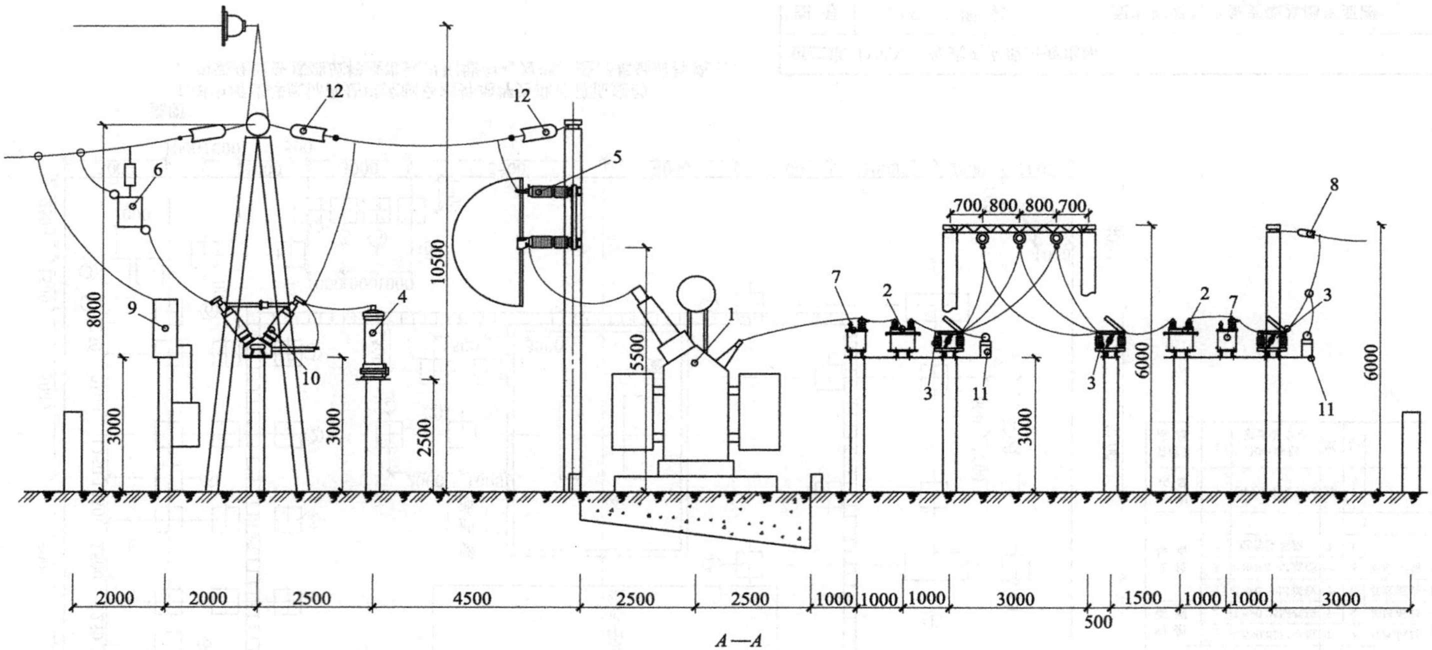

设 备 表

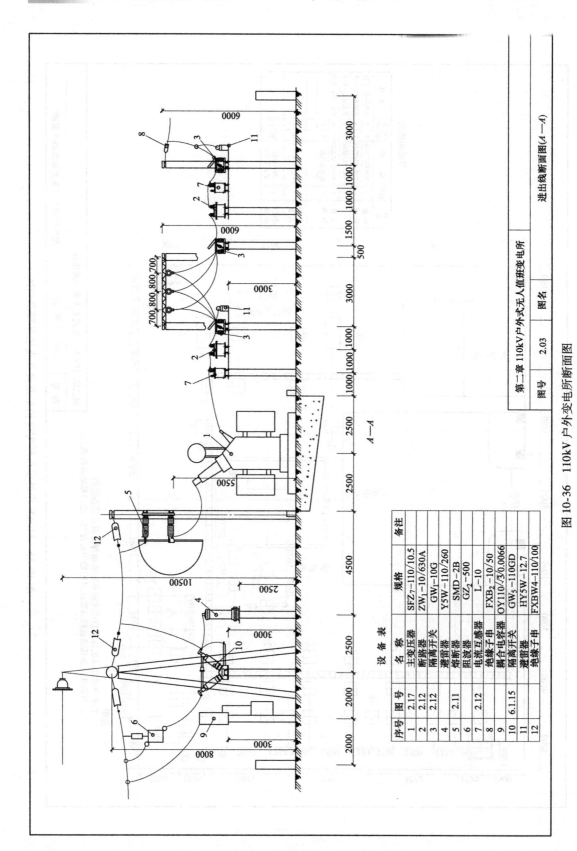

序号	图号	名 称	规格	备注
1	2.17	主变压器	SFZ_7-110/10.5	
2	2.12	断路器	ZW_1-10/630A	
3	2.12	隔离开关	GW_1-10G	
4		避雷器	Y5W-110/260	
5	2.11	熔断器	SMD-2B	
6		阻波器	GZ_2-500	
7	2.12	电流互感器	L-10	
8		绝缘子串	FXB_2-10/50	
9		耦合电容器	OY110/√3/0.0066	
10	6.1.15	隔离开关	GW_5-110GD	
11		避雷器	HY5W-12.7	
12		绝缘子串	FXBW4-110/100	

第二章 110kV户外式无人值班变电所			
图号	2.03	图名	进出线断面图(A—A)

图 10-36 110kV 户外变电所断面图

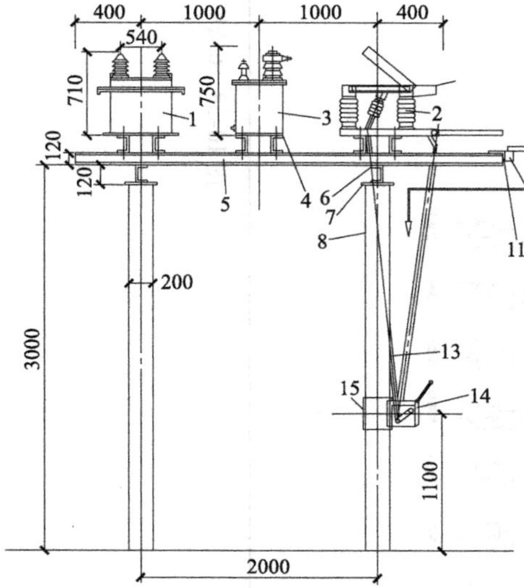

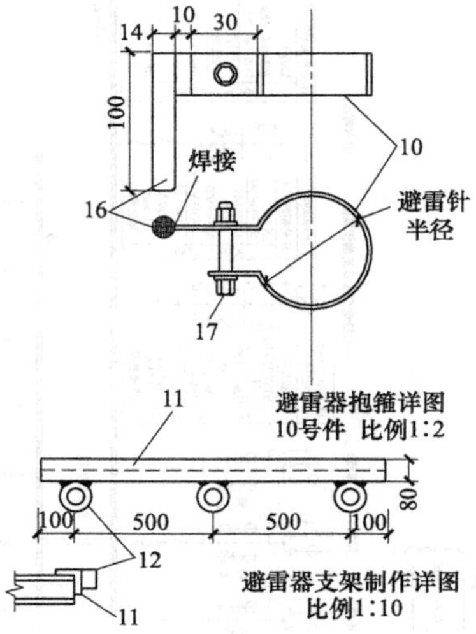

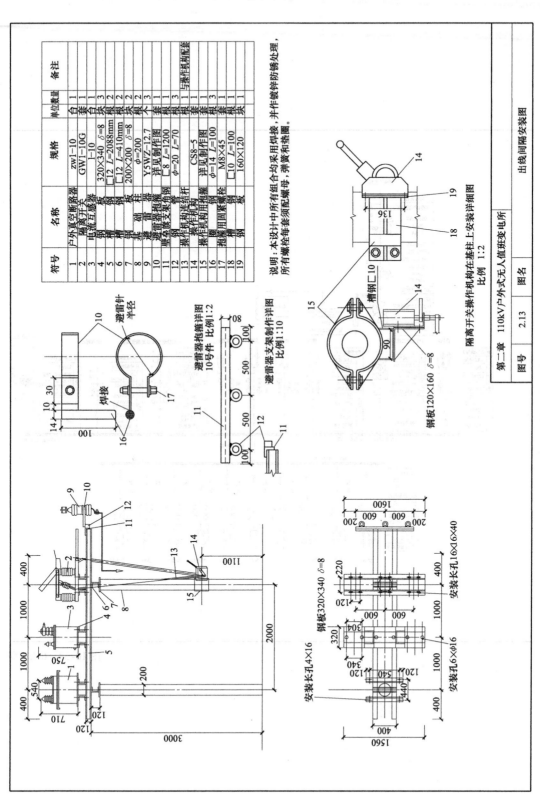

符号	名称	规格	单位	数量	备注
1	户外真空断路器	zw1-10	台	1	
2	隔离开关	GW1-10G	套	1	
3	电流互感器	1-10	台	1	
4	钢板	320×340 δ=8	块	3	
5	槽钢	[12 L=2088mm	根	2	
6	槽钢	[12 L=410mm	根	2	
7	钢板	200×200 δ=8	块	2	
8	基础柱	ϕ=200	根	2	
9	避雷器	Y5WZ-12.7	个	3	
10	避雷器抱箍	详见制作图	套	1	
11	壁垒旗支架角钢	∟8 L=1200	根	1	
12	钢管	ϕ=20 L=70	根	3	
13	操作机构连结杆		根	1	与操作机构配套
14	操作机构	CS8-5	套	1	
15	操作机构用抱箍	详见制作图	套	1	
16	圈钢	ϕ=14 L=100	根	3	
17	抱箍用固紧螺栓	M8×45	套	1	
18	槽钢	[10 L=100	根	1	
19	钢板	160×120	块	1	

说明：本设计中所有组合均采用焊接，并作镀锌防锈处理，所有螺栓每套须配螺母，弹簧和垫圈。

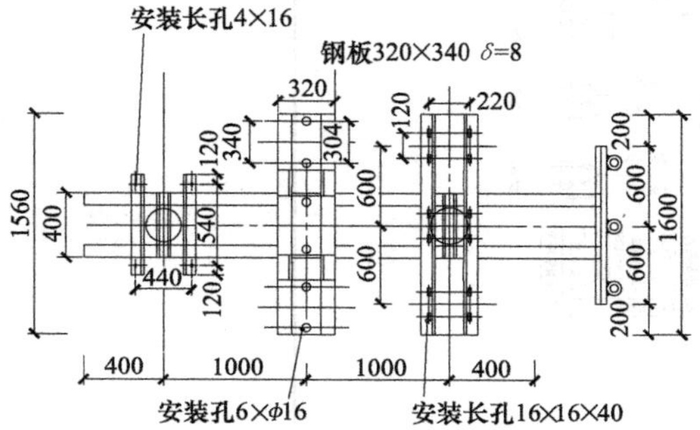

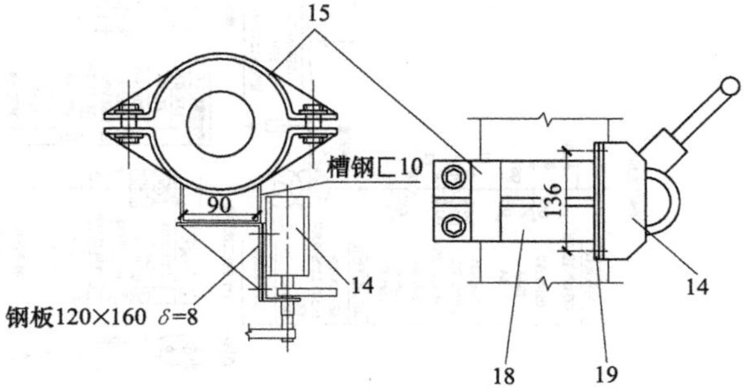

隔离开关操作机构在基柱上安装详细图
比例 1:2

第二章	110kV户外式无人值班变电所		
图号	2.13	图名	出线间隔安装图

图 10-37 110kV 户外变电所出线间隔安装图

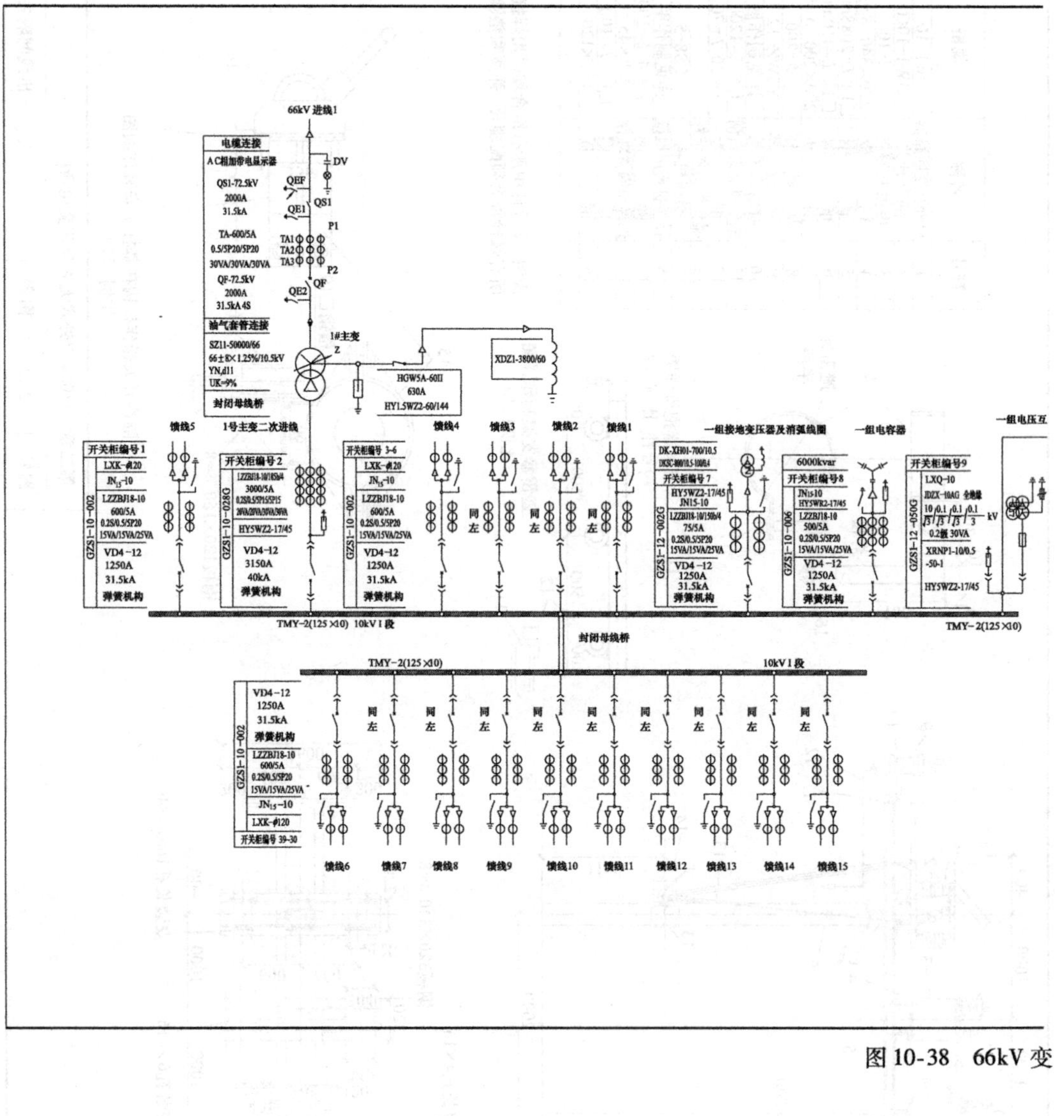

图 10-38 66kV 变

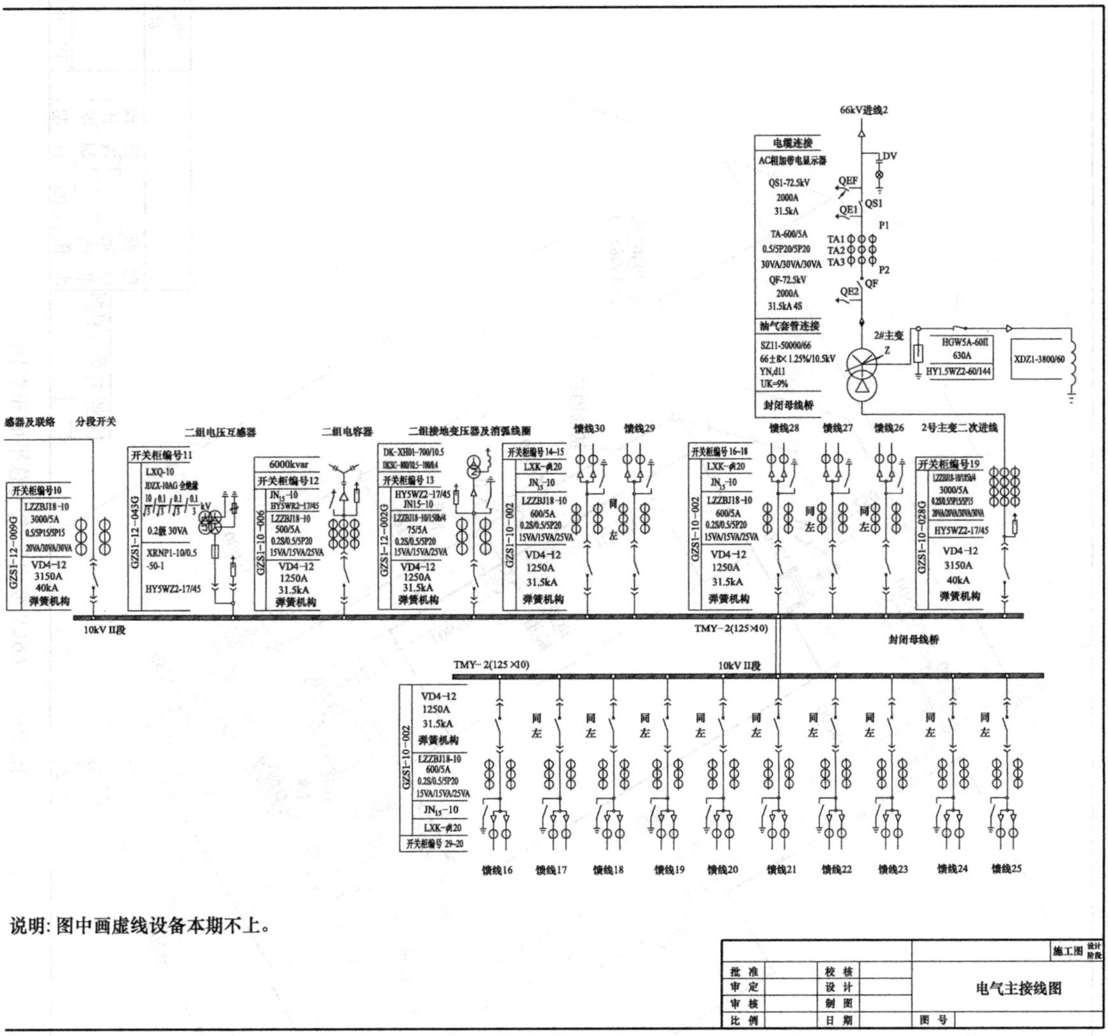
66kV进线2
电缆连接
AC相加带电显示器
QS1-72.5kV
2000A
31.5kA
TA-600/5A
0.5/5P20/5P20
30VA/30VA/30VA
QF-72.5kV
2000A
31.5kA 4S
油气套管连接
SZ11-50000/66
66±8×1.25%/10.5kV
YN,d11
UK=9%
封闭母线桥
DV
QEF
QS1
QE1
P1
TA1
TA2
TA3
P2
QE2
QF
2#主变
Z
HGW5A-60II
630A
HY1.5WZ2-60/144
XDZ1-3800/60
感器及联络
分段开关
二组电压互感器
二组电容器
二组接地变压器及消弧线圈
馈线30
馈线29
馈线28
馈线27
馈线26
2号主变二次进线
开关柜编号10
LZZBJ18-10
3000/5A
0.5/5P15/5P15
20VA/20VA/30VA
VD4-12
3150A
40kA
弹簧机构
GZS1-12-009G
开关柜编号11
LXQ-10
0.2级 30VA
XRNP1-10/0.5
-50-1
HY5WZ2-17/45
GZS1-12-043G
6000kvar
开关柜编号12
LZZBJ18-10
500/5A
0.2S/0.5/5P20
15VA/15VA/25VA
VD4-12
1250A
31.5kA
弹簧机构
GZS1-10-006
开关柜编号13
HY5WZ2-17/45
JN15-10
75/5A
0.2S/0.5/5P20
15VA/15VA/25VA
VD4-12
1250A
31.5kA
弹簧机构
GZS1-12-002G
开关柜编号14-15
LXK-φ120
LZZBJ18-10
600/5A
0.2S/0.5/5P20
15VA/15VA/25VA
VD4-12
1250A
31.5kA
弹簧机构
GZS1-10-002
同左
开关柜编号16-18
LXK-φ120
LZZBJ18-10
600/5A
0.2S/0.5/5P20
15VA/15VA/25VA
VD4-12
1250A
31.5kA
弹簧机构
GZS1-10-002
开关柜编号19
3000/5A
HY5WZ2-17/45
VD4-12
3150A
40kA
弹簧机构
GZS1-10-028G
10kV II段
TMY-2(125×10)
封闭母线桥
TMY-2(125×10)
10kV II段
VD4-12
1250A
31.5kA
弹簧机构
LZZBJ18-10
600/5A
0.2S/0.5/5P20
15VA/15VA/25VA
JN15-10
LXK-φ120
开关柜编号 29-20
GZS1-10-002
同左
馈线16
馈线17
馈线18
馈线19
馈线20
馈线21
馈线22
馈线23
馈线24
馈线25
说明: 图中画虚线设备本期不上。
施工图
设计阶段
批 准
校 核
审 定
设 计
审 核
制 图
比 例
日 期
电气主接线图
图 号

电所主接线图

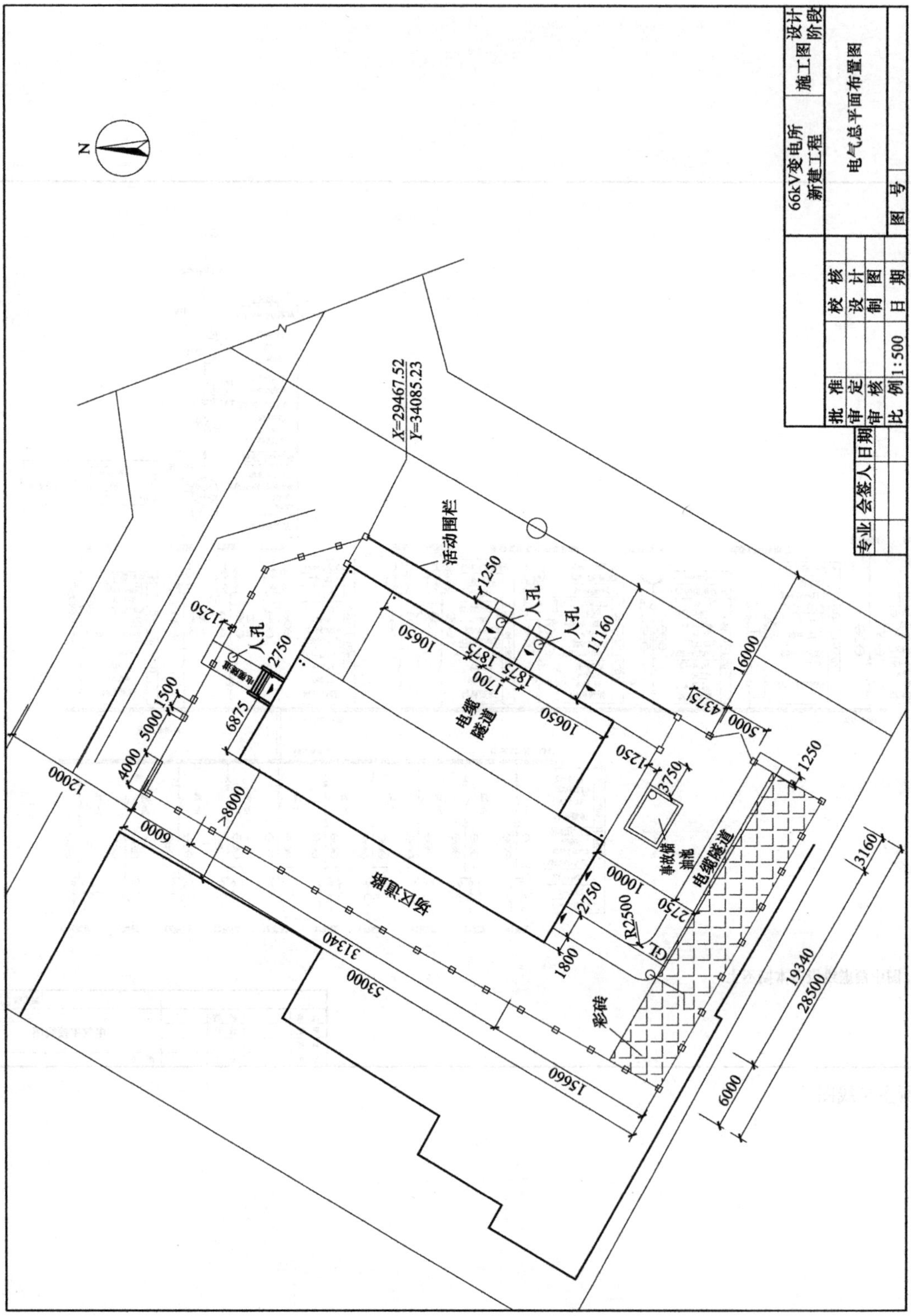

图 10-39 66kV 变电所电气总平面布置图

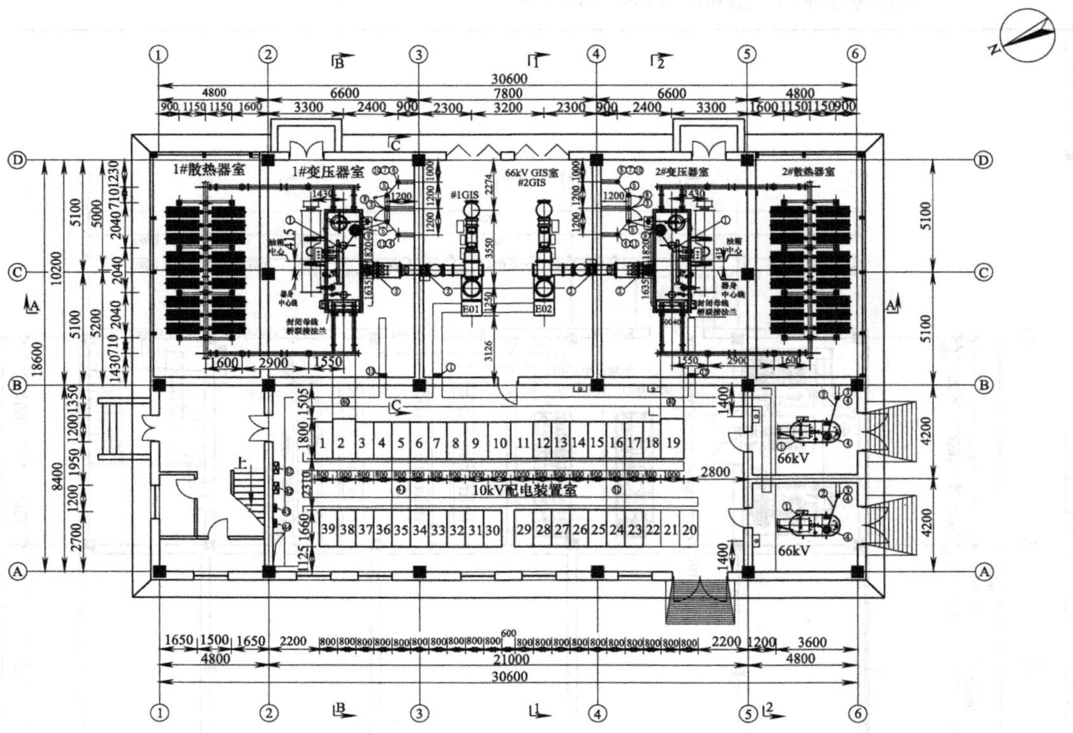

设备材料表

编号	名 称	型号及规范	单位	数量	备 注
安装在10kV配电室内的设备					
1	Ⅰ段母线配线开关柜	GZS1-12-002	台	0	800x1660x2300(1#预留)
2、19	主变二次进线柜	GZS1-12-028G	台	2	1000x1800x2300
3~6	Ⅰ段母线配线开关柜	GZS1-12-002	台	4	
7、13	10kV接地变开关柜	GZS1-12-002G	台	2	
8、12	电容器开关柜	GZS1-12-006	台	2	
9	电压互感器及联络柜	GZS1-12-050G	台	1	
10	分段开关柜	GZS1-12-009G	台	1	
11	电压互感器柜	GZS1-12-043G	台	1	
14、15	Ⅱ段母线配线开关柜	GZS1-12-002	台	2	
16~18	Ⅱ段母线配线开关柜	GZS1-12-002	台	3	
20~29	Ⅰ段母线配线开关柜	GZS1-12-002	台	8	800x1660x2300(20#、21#预留)
30~39	Ⅱ段母线配线开关柜	GZS1-12-002	台	7	800x1660x2300(37#、38#、39#预留)
40	主变二次封闭母线桥	开关柜厂家配套 每具约15米	具	2	以现场实测为准
41	10kV封闭母线桥	开关柜厂家配套 每具约9米	具	2	以现场实测为准
42	零序CT端子箱	700×500×250	个	2	由电气二次设计
43	交流分电箱	700×350×150	个	1	由电气二次设计
44	试验电源箱	700×350×150	个	1	由电气二次设计
安装在变压器室内的设备					
1	电力变压器	SZ11-50000/66 66±8x1.25%/10.5kV	台	2	YN,d11
2	油气套管(主变部分)		套	2	变压器厂家提供
3	单相隔离开关	HGW5A-66Ⅱ 630A 31.5kA	个	2	中性点设备
4	氧化锌避雷器	HY1.5WZ2-60/144	支	2	中性点设备
5	钢芯铝绞线	LGJ-70/10	米	18	中性点设备
6	电缆干式终端头	72.5kV，与裸导体连接	个	2	中性点设备
7	66kV交联电缆	$YJLW_{03}$-50/66kV-1×240	米	200	66kV消弧线圈至主变中性点
8	铜铝过渡设备线夹	SLG-2A（80×80）	套	4	66kV隔离开关用
9	铜铝过渡设备线夹	SLG-2A（100×100）	套	2	主变中性点套管用
10	铜铝过渡设备线夹	SLG-2A（80×80）	套	2	66kV电缆终端用
11	设备线夹	SL-2A	套	2	避雷器用
12	接地连接电缆		米	10	66kV电缆终端用
13	主变端子箱	700×350×150	个	2	由电气二次设计
安装在66kV组合电器室内的设备					
E01,02	66kV 组合电器	ZF12-72.5	组	2	含汇控柜封闭母线筒
1	交流分电箱	700×350×150	个	1	由电气二次设计
2	66kV电缆终端		个	6	由线路设计
3					
安装在66kV消弧线圈室内的设备					
1	66kV消弧线圈	XDZ1-3800/66	台	2	
2	钢芯铝绞线	LGJ-70/10	米	8	
3	电缆干式终端头	72.5kV，与裸导体连接	个	2	
4	铜铝过渡设备线夹	SLG-2A（80×80）	套	4	

				施工图	设计阶段
批 准		校 核		变电所一层平面布置图	
审 定		设 计			
审 核		制 图			
比 例	1:100	日 期		图 号	

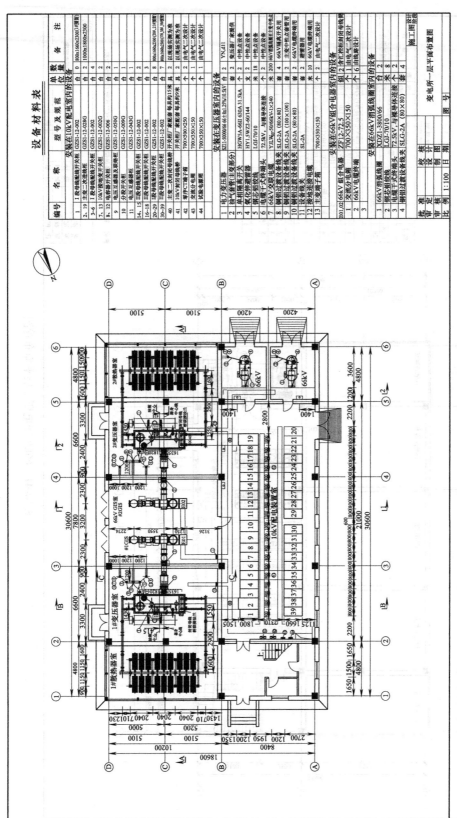

图10-40　66kV变电所一层平面布置图

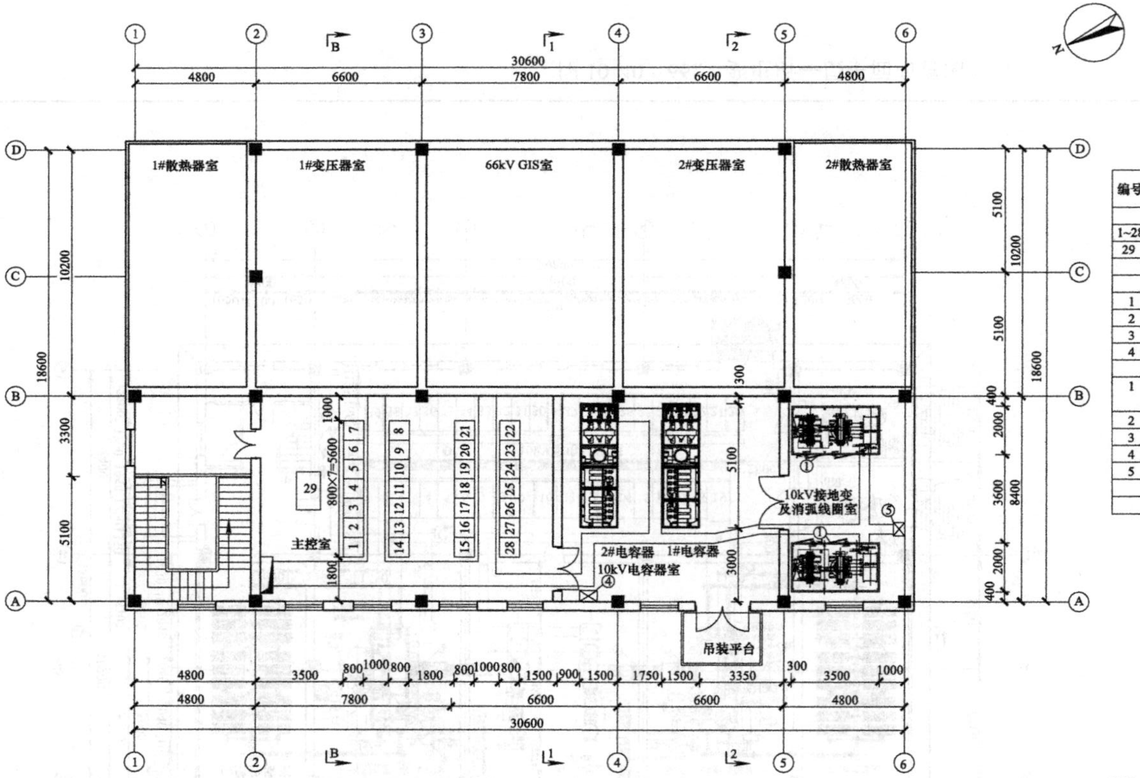

设备材料表

编号	名称	型号及规范	单位	数量	备注
		装在主控制室内的设备			
1~28	控制保护柜		面	28	含通讯设备
29	后台系统		套	1	
		装在10kV电容器室内的设备			
1	分组投切干式电容器组	SVQC10-(2000+4000)kvar/3-AK	套	2	（含控制柜）
2	电力电缆	YJV22-8.7/15-3×120	米	160	每套两根
3	电缆头	10kV户内、冷缩	个	8	
4	交流分电箱	700×350×150	个	1	
		装在10kV接地变及消弧线圈室内的设备			
1	10kV接地变及消弧线圈成套装置	DKSC-800/10.5-100/0.4 KD-XH01-700/10.5	套	2	成套箱式（含控制柜）
2	电力电缆	YJV22-8.7/15-3x50	米	100	
3	电缆头	10kV户内、冷缩	个	4	
4	低压电力电缆	VV22-1kV-4x95	米	50	
5	电压切换箱	550×450×400	个	1	由电气二次设计

说明：主控制室内二次设备屏位的布置以电气二次施工图设计为准。

				施工图	设计阶段
批准		校核		变电所二层平面布置图	
审定		设计			
审核		制图			
比例	1:100	日期		图号	

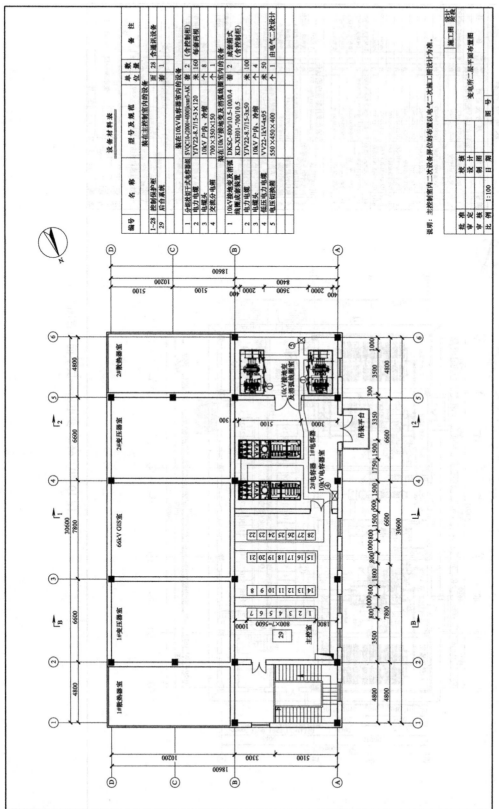

图 10-41 66kV 变电所二层平面布置图

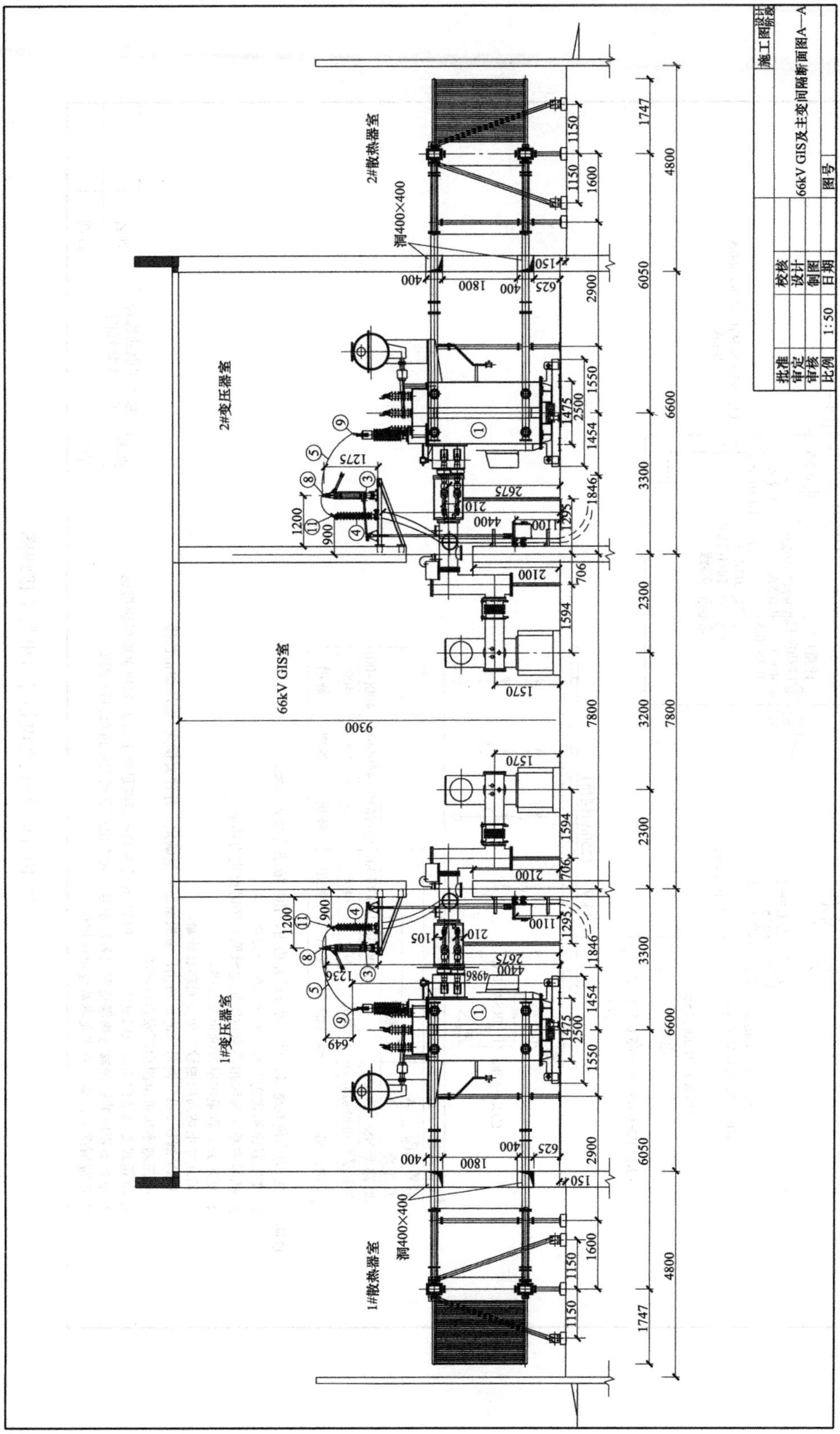

图 10-42 66kV 变电所电气间隔断面图

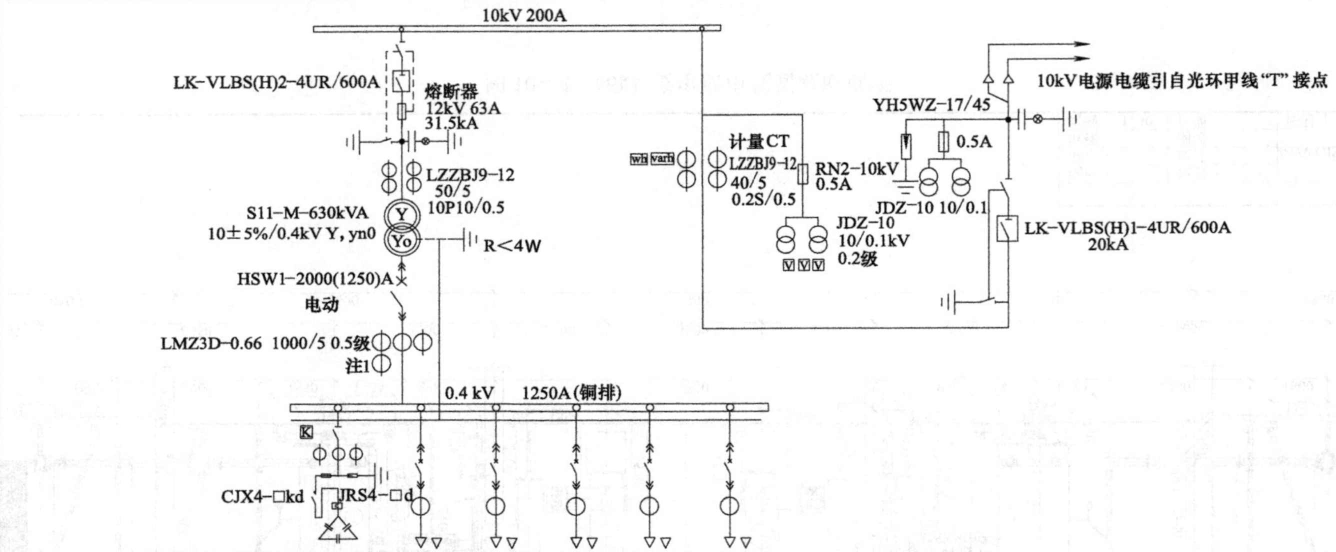

设备容量 kW	160kvar					
计算电流 A						
刀开关 A	厂家配					
断路器 NS-H/( )3P		630(630)	400(400)	630(630)	400(400)	400(400)
电流互感器LMZ3D-0.66( )/5	厂家配	600	400	600	400	400
配出回路	无功自动补偿	配出	配出	备用	备用	备用

说明：1. 注1为电流互感器，供无功自动补偿用，由厂家成套装置匹配。
2. 变压器由箱式变电站厂家成套统一订货。
3. 括号内数字为脱扣器额定整定电流值Ie,瞬时整定为10Ie
4. 低压开关容量由甲方确定并提供。
5. 箱式变电站高压侧设有功及无功总计量。
6. 10kV侧及0.4kV侧母线的规格由厂家根据总容量确定，并成套供应；低压加汇流排。
7. 变压器室风机电源由厂家自行解决。
8. 本箱式变电站使用环境温度为-40～40℃,开关参数不能满足要求时,厂家应采取保温措施
9. 电容器柜内的接触器与热继电器只标注型号，大小由厂家按实际情况自行解决。
10. 正常情况下，禁止箱式变电站过负荷运行。

图名	箱式变电站综合电气主接线图	姓名	
学号		日期	

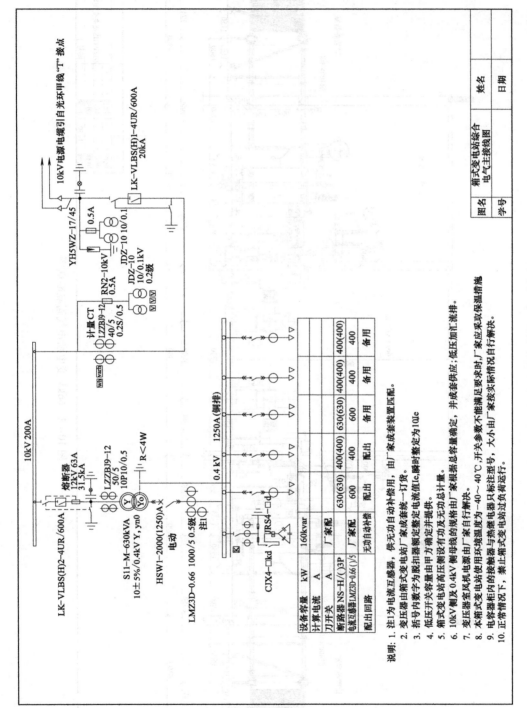

图 10-43 箱式变电站综合电气主接线图

第11章 电气工程图的成图与输出

11.1 文件输出格式

AutoCAD2019 提供了图形输入与输出接口，不仅可以将其他应用程序中处理好的数据传送给 AutoCAD，显示其图形，还可以将在 AutoCAD 中绘制好的图形打印出来，或者把它们的信息传送给其他应用程序。此外，AutoCAD2019 强化了 Internet 功能，可以创建 Web 格式的文件（DWF），以及发布 AutoCAD 图形文件到 Web 页。除此以外，AutoCAD 还可以将图形输出为多种格式的文件，方便用户将 AutoCAD 中绘制好的图形文件在其他软件中继续进行编辑或使用。

输出的文件类型有三维 DWF 文件（＊.dwf）、图元文件（＊.wmf）、ACIS 文件（＊.sat）、平板印刷文件（＊.stl）、封装 PS 文件（＊.eps）、DXX 提取文件（＊.dxx）、位图文件（＊.bmp）、块文件（＊.dwg）、V8 DGN 文件（＊.dgn）等，如图 11-1 所示。

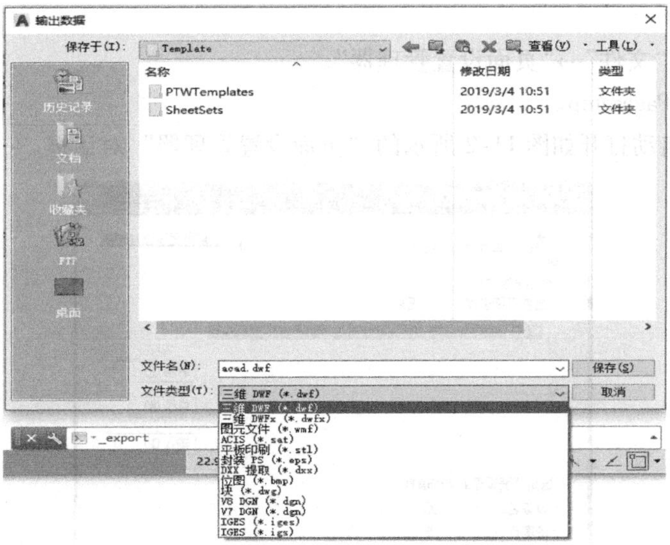

图 11-1　输出文件类型

各种文件格式的含义如下：

✧　三维 DWF（＊.dwf）：生成三维模型的 DWF 文件，它的视觉逼真度几乎与原始 DWG 文件相同。可以建一个单页或多页 DWF 文件，该文件可以包含二维和三维模型空间对象。

✧ 图元文件（*.wmf）：许多 Windows 应用程序都使用 WMF 格式。WMF（Windows 图元文件格式）文件包含矢量图形或光栅图形格式。AutoCAD2019 能在矢量图形中创建 WMF 文件。矢量格式与其他格式相比能实现更快的平移和缩放。

✧ ACIS（*.sat）：将某些对象类型输出到 ASCII（SAT）格式的 ACIS 文件中。可将修剪过的 NURBS 曲面、面域和实体的 ShapeManager 对象输出到 ASCII（SAT）格式的 ACIS 文件中，其他一些对象如线和圆弧，将被忽略。

✧ 平板印刷（*.stl）：使用与平板印刷设备兼容的 STL 文件格式写入实体对象。实体数据以三角形网格的形式转换为 SLA。SLA 工作站使用该数据来定义代表部件的一系列图层。

✧ 封装 PS（*.eps）：将图形文件转换为 PostScript 文件，很多桌面发布应用程序都应用该文件格式。其高分辨率的打印能力使它更适用于光栅格式，如 GIF、PCX、TIFF。将图形转换为 PostScript 格式后，也可以使用 PostScript 字体。

使用 AutoCAD 创建的二维或三维图形，通常要打印到图纸上以便在工程中应用，或者将图形保存为特定的文件类型以供其他应用程序使用。此外，AutoCAD 强化了 Internet 功能，可以创建 Web 格式的文件以及方便地将 AutoCAD 图形传送到 Internet 上。

11.2 图形打印输出

11.2.1 页面设置

通过指定页面设置准备打印或发布图形，这些设置连同布局都保存在图形文件中。建立布局后，可以修改页面设置中的设置或应用其他页面设置。

执行方法：

✧ 菜单栏：“文件”→“页面设置管理器”。

✧ 命令行：Pagesetup。

AutoCAD 会自动打开如图 11-2 所示的“页面设置管理器”对话框。

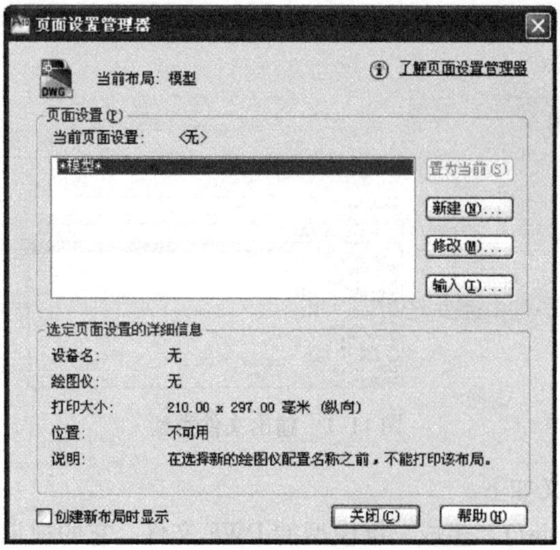

图 11-2 “页面设置管理器”对话框

页面设置管理器可以为当前布局或图样指定页面设置，也可以创建、命名页面设置，修改现有页面设置，或从其他图样中输入页面设置。

✧ 新建：单击该按钮，显示“新建页面设置”对话框，从中可以为新建页面设置输入名称，并指定要使用的基础页面设置，如图 11-3 所示。

✧ 基础样式：指定新建页面设置要使用的基础页面设置。

➢ <无>：指定不使用任何基础页面设置。

➢ <默认输出设备>：指定将菜单“工具”→“选项”→“打印和发布”选项卡中指定的默认输出设备设置为新建页面设置的打印机。

➢ *模型*：指定新建页面设置使用上一个打印作业中指定的设置。

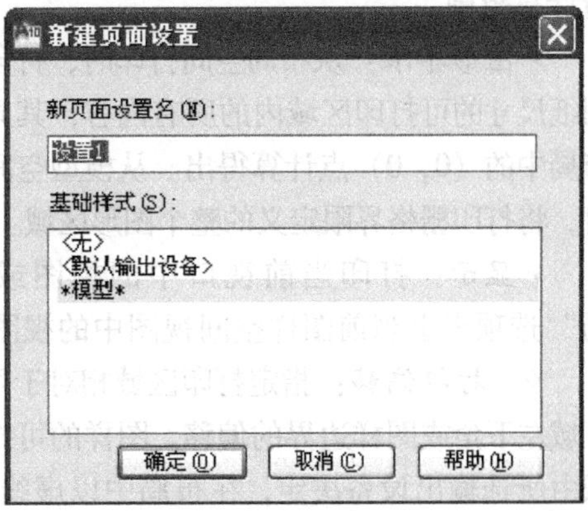

图 11-3 “新建页面设置”对话框

单击“确定”按钮后出现如图 11-4 所示的“页面设置-模型”界面。

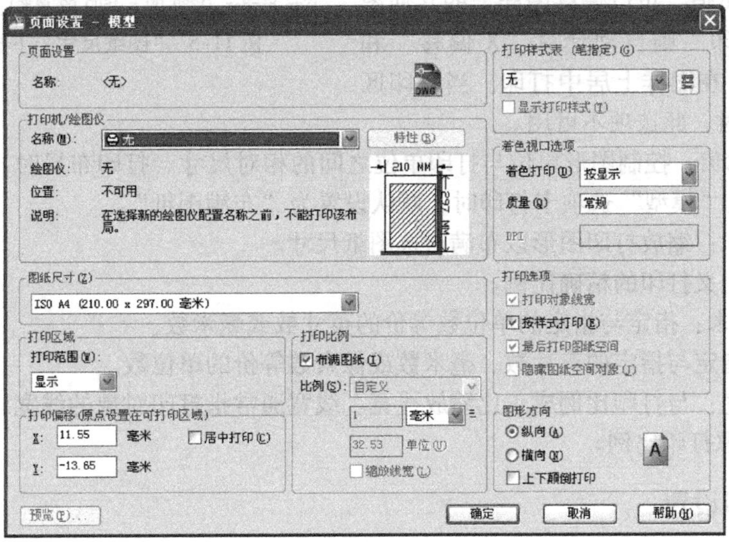

图 11-4 “页面设置 - 模型”界面

图 11-4 中主要选项的含义如下：

✧ 图纸尺寸：显示所选打印设备可用的标准图纸尺寸。例如，A4、A3、A2、A1、B5、B4、…，如图 11-5 所示的“图纸尺寸”下拉列表框。如果未选择绘图仪，将显示全部标准图纸尺寸的列表以供选择。如果所选绘图仪不支持布局中选择的图纸尺寸，将显示警告。用户可以选择绘图仪的默认图纸尺寸或自定义图纸尺寸。

如果打印的是光栅图像（如 BMP 或 TIFF 文件），打印区域大小的指定将以像素为单位而不是英寸或毫米。

✧ 打印区域：指定要打印的图形区域。在“打印范围”下拉列表框中，可以选择需要打印的图形区域。

➢ 窗口：通过指定要打印区域的两个角点确定打印的图形区域。

➢范围：当前空间内的所有几何图形都将被打印。打印之前，可能会重新生成图形以重新计算范围。

➢图形界限：从布局空间打印时，打印指定图纸尺寸的可打印区域内的所有内容，其原点从布局中的（0，0）点计算得出。从模型空间打印时，将打印栅格界限定义的整个图形区域。

➢显示：打印当前视口中的视图或“布局”选项卡上当前图样空间视图中的视图。

✧ 打印偏移：指定打印区域相对于可打印区域左下角或图样边界的偏移。图样的可打印区域由所选输出设备决定，在布局中以虚线表示。修改为其他输出格式时，可能会修改可打印区域。

通过在“X 偏移”和“Y 偏移”文本框中输入正值或负值，可以偏移图样上的几何图形。“居中打印”则自动计算“X 偏移”和“Y 偏移”值，在图样上居中打印。当打印区域设置为布局时，此选项不可用。

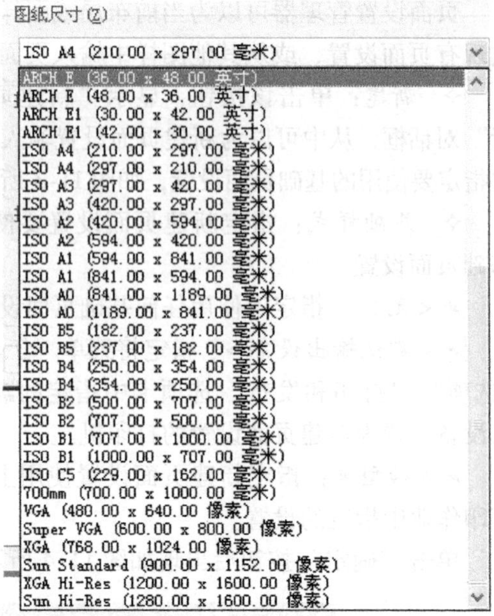

图 11-5 “图纸尺寸”下拉列表框

✧ 打印比例：控制图形单位与打印单位之间的相对尺寸。打印布局时，默认缩放比例设置为 1:1，从“模型”选项卡打印时，默认设置为“布满图纸”。

➢布满图纸：缩放打印图形以布满所选图纸尺寸。

➢比例：定义打印的精确比例。

➢英寸/毫米：指定与指定的单位数等价的英寸数或毫米数。

➢单位：指定与指定的英寸数、毫米数或像素数等价的单位数。

➢缩放线宽：与打印比例成正比缩放线宽。线宽通常指打印对象的线宽，并按线宽尺寸打印，而不考虑打印比例。

11.2.2 打印设置

页面设置完成后即可以将绘制好的图形用打印机或绘图仪绘制出来。

执行方法：

✧ 菜单栏：“文件”→“打印”。

✧ 命令行：Plot。

✧ 快捷键：<Ctrl + P>组合键。

执行上述任意命令后打开如图 11-6 所示的“打印-模型”对话框。在该对话框中，显示了用户最近设置的一些选项，还可以更改这些选项。如果认为设置符合要求，则单击“确定”按钮，AutoCAD 即会自动开始打印。

完成设置后可单击左下角的“预览”按钮，对图形的打印效果进行观看。在将图形发送到打印机或绘图仪之前，最好先生成打印图形的预览。生成预览可以节约时间和材料。

打印预览显示图形在打印时的确切外观，包括线宽、填充图案和其他打印样式选项，如图 11-7 所示。按<Esc>键或单击鼠标右键选择“退出预览”并返回到“打印”对话框。

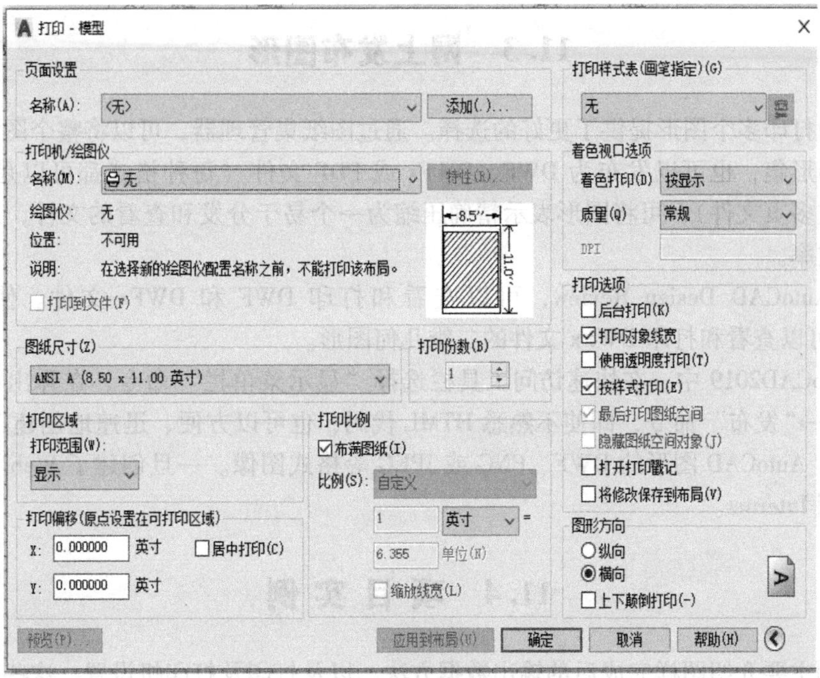

图 11-6　“打印-模型”对话框

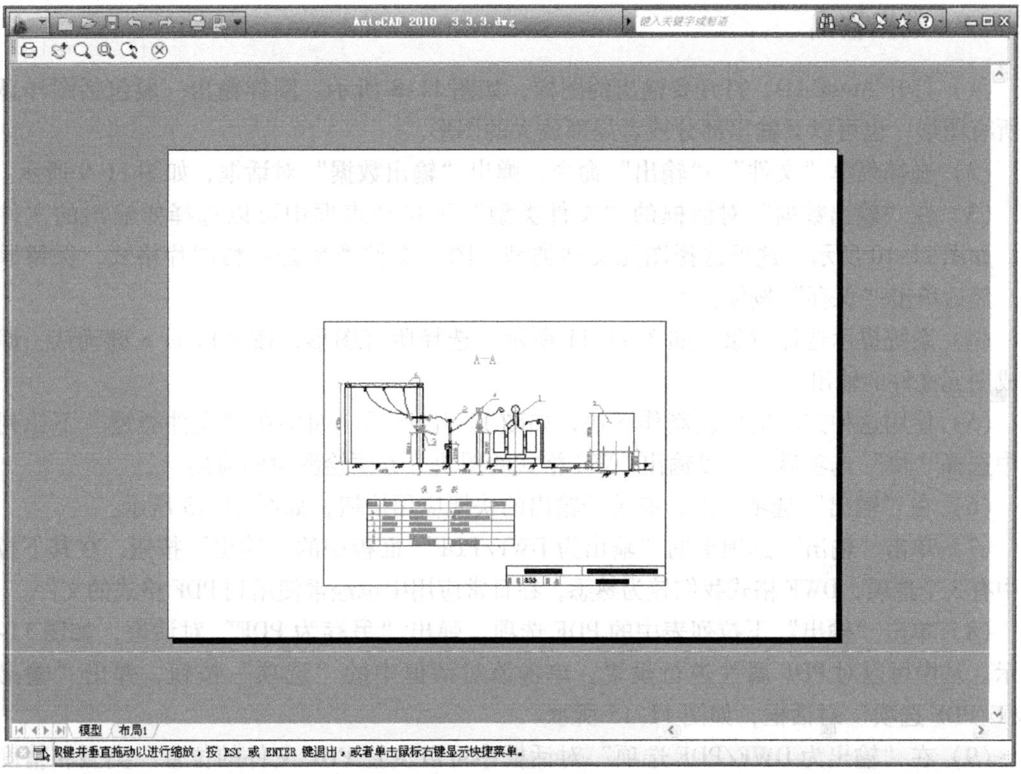

图 11-7　“打印预览”窗口

11.3 网上发布图形

发布为打印多个图形提供了更好的选择。通过图纸集管理器，可以将整个图纸集轻松发布为图纸图形集，也可以发布为 DWF、DWFx 或 PDF 文件（每种格式都可以是单个文件、电子文件或多页文件），可将图形表示精确压缩为一个易于分发和查看的文件，从而节省时间并提高效率。

使用 AutoCAD Design Review，可以查看和打印 DWF 和 DWFx 文件。使用 Internet Explorer，可以查看和打印 DWFx 文件的二维几何图形。

在 AutoCAD2019 中，在快速访问工具栏选择“显示菜单栏”命令，在弹出的菜单中选择“文件”→“发布”命令，即使不熟悉 HTML 代码，也可以方便、迅速地创建 Web 页，该 Web 页包含 AutoCAD 图形的 DWF、PNG 或 JPEG 等格式图像。一旦创建了 Web 页，就可以将其发布到 Internet。

11.4 项 目 实 例

本实例主要介绍图样完成后的输出数据方法，以及打印及打印机设置，这些内容在实际工作中十分常用。

11.4.1 数据输出

（1）打开 AutoCAD，打开要输出的图样，如图 11-8 所示。图样输出一般包括图样显示的所有图形，也可以只输出部分或者局部放大的图形。

（2）选择菜单“文件”→“输出”命令，弹出“输出数据”对话框，如图 11-9 所示。

（3）在“输出数据”对话框的“文件类型”下拉列表框中可以选择要输出的文件类型，如图 11-10 所示。这里选择图元文件类型。图元文件类型是一种图片格式，保留原名称。然后单击“保存”按钮。

（4）系统提示选择对象，如图 11-11 所示。选择所有图形，按 <Enter> 键确认，即可完成图元文件的输出。

（5）使用这种方法也可以制作图块，如图 11-12 所示。如果在“文件类型”下拉列表框中选择“块”选项后，可以输出 DWG 格式的图块，方便绘图时的应用。

（6）在“输出”选项卡上，有关于输出的快捷应用按钮，如图 11-13 所示。

（7）单击“输出”选项卡的“输出为 DWF/PDF”面板中的“输出”按钮，在其下拉列表中有 3 个选项，DWF 格式我们较为熟悉，在日常应用中也经常使用到 PDF 格式的文件。

（8）单击“输出”下拉列表中的 PDF 选项，弹出“另存为 PDF”对话框，如图 11-14 所示。从中可以对 PDF 属性进行设置，单击该对话框中的“选项”按钮，弹出“输出为 DWF/PDF 选项”对话框，如图 11-15 所示。

（9）在“输出为 DWF/PDF 选项”对话框中可以设置 PDF 文件的位置、类型和精度等选项。比如，单击“替代精度”选项，弹出下拉列表，有适合各行各业的精度选项。完成设置后单击“确认”按钮，返回“另存为 PDF”对话框。单击“保存”按钮，即可保存输出。

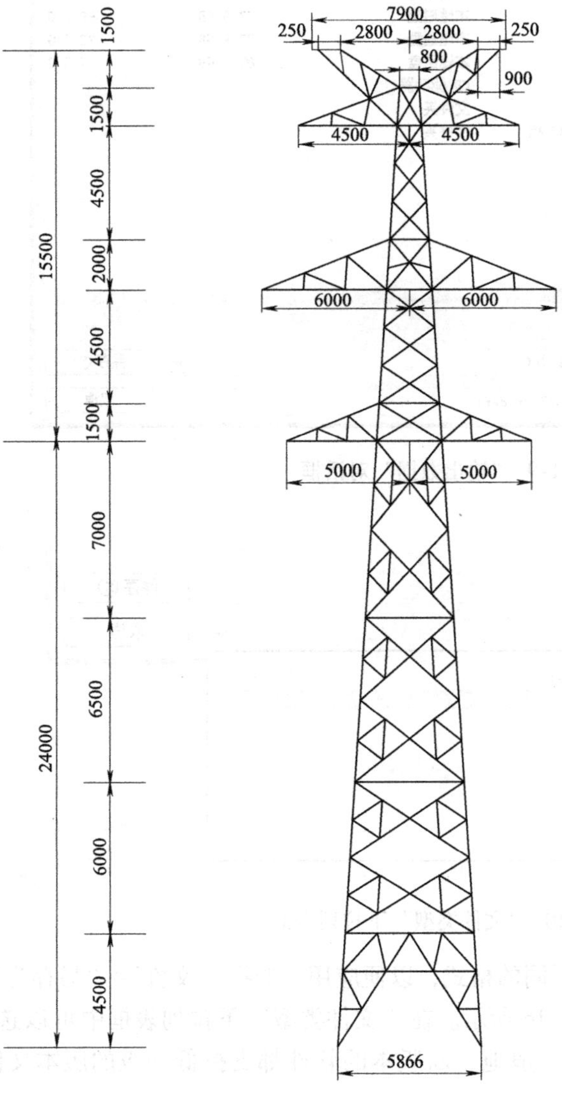

材料汇总表　　单位：公斤

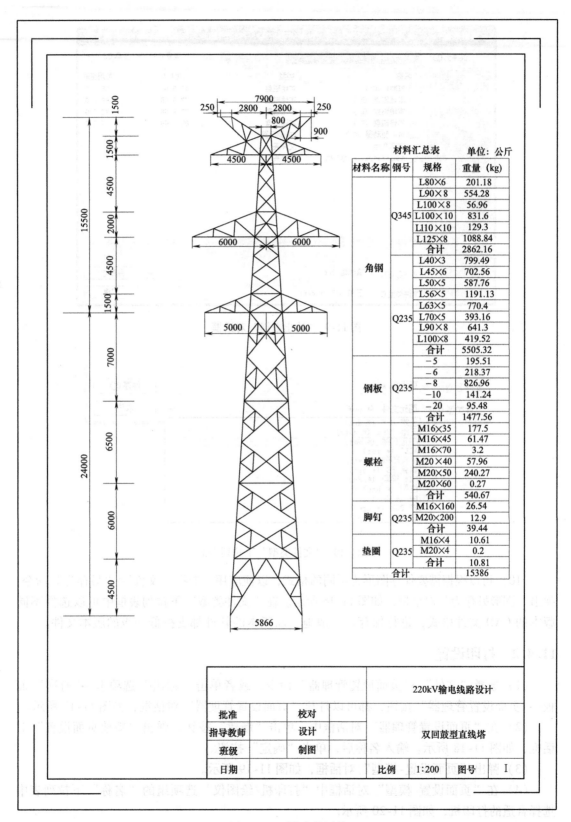

材料名称	钢号	规格	重量（kg）
角钢	Q345	L80×6	201.18
		L90×8	554.28
		L100×8	56.96
		L100×10	831.6
		L110×10	129.3
		L125×8	1088.84
		合计	2862.16
	Q235	L40×3	799.49
		L45×6	702.56
		L50×5	587.76
		L56×5	1191.13
		L63×5	770.4
		L70×5	393.16
		L90×8	641.3
		L100×8	419.52
		合计	5505.32
钢板	Q235	－5	195.51
		－6	218.37
		－8	826.96
		－10	141.24
		－20	95.48
		合计	1477.56
螺栓		M16×35	177.5
		M16×45	61.47
		M16×70	3.2
		M20×40	57.96
		M20×50	240.27
		M20×60	0.27
		合计	540.67
脚钉	Q235	M16×160	26.54
		M20×200	12.9
		合计	39.44
垫圈	Q235	M16×4	10.61
		M20×4	0.2
		合计	10.81
合计			15386

				220kV输电线路设计			
批准		校对		双回鼓型直线塔			
指导教师		设计					
班级		制图					
日期				比例	1:200	图号	I

图 11-8　要输出的图样

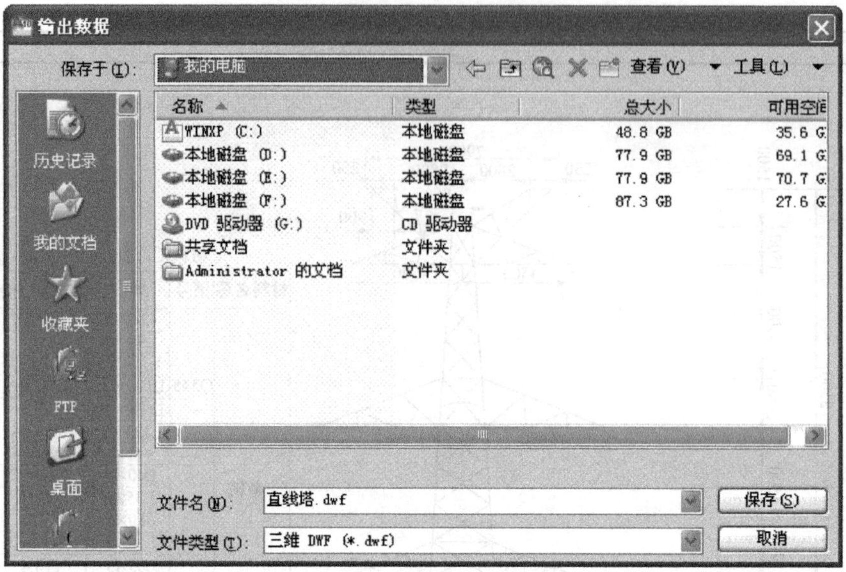

图 11-9 “输出数据”对话框

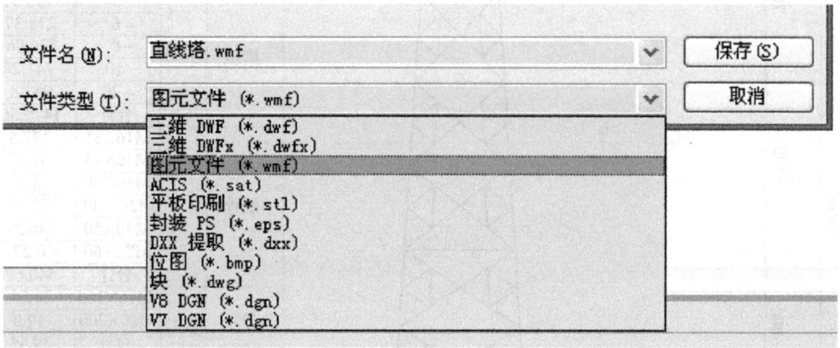

图 11-10 “文件类型”下拉列表框

(10) 可以根据需要保存图形为不同的格式，以便应用。选择“文件”→“另存为”命令，弹出“图形另存为”对话框，如图 11-16 所示。在“文件类型”下拉列表框中可以选择不同版本的 CAD 文件格式，进行保存。一般地，新版本的软件都支持低一级的版本文件。

11.4.2 打印设置

(1) 选择“文件”→“页面设置管理器”命令，或者单击“输出”选项卡→“打印”面板→“页面设置管理器”按钮，都可以打开“页面设置管理器”对话框，如图 11-17 所示。

(2) 在“页面设置管理器”对话框中，单击“新建”按钮，弹出“新建页面设置”对话框，如图 11-18 所示。输入名称后，单击“确定”按钮。

(3) 弹出“页面设置-模型”对话框，如图 11-19 所示。

(4) 在“页面设置-模型”对话框中“打印机/绘图仪”选项组的“名称”下拉列表中选择合适的打印机，如图 11-20 所示。

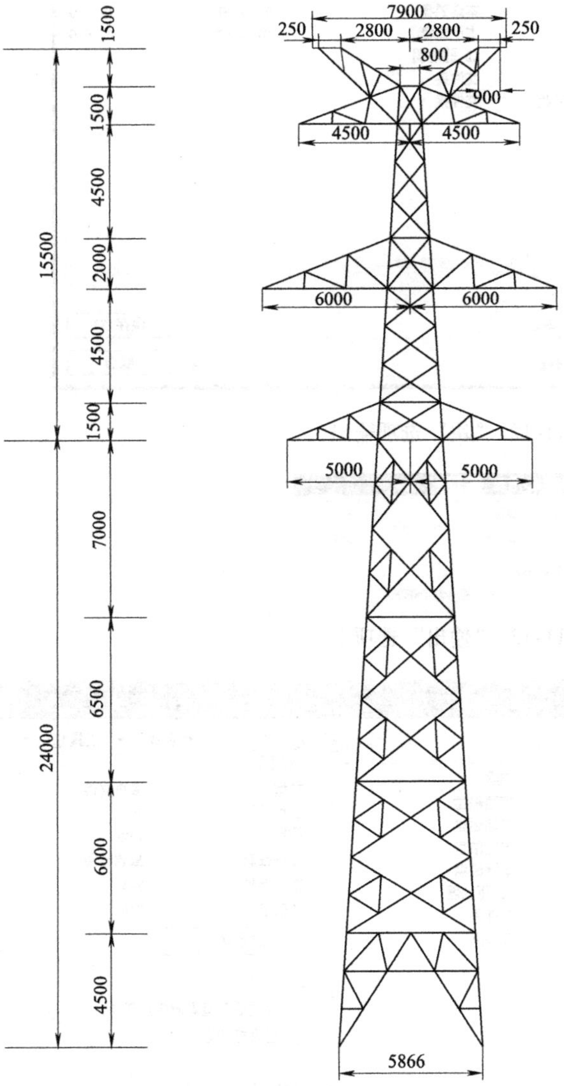

材料汇总表　　单位：公斤

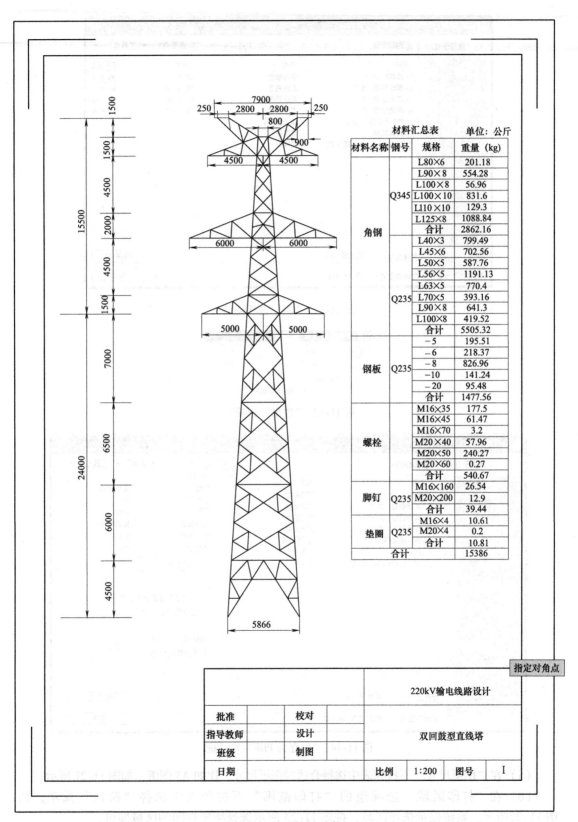

材料名称	钢号	规格	重量（kg）
角钢	Q345	L80×6	201.18
		L90×8	554.28
		L100×8	56.96
		L100×10	831.6
		L110×10	129.3
		L125×8	1088.84
		合计	2862.16
	Q235	L40×3	799.49
		L45×6	702.56
		L50×5	587.76
		L56×5	1191.13
		L63×5	770.4
		L70×5	393.16
		L90×8	641.3
		L100×8	419.52
		合计	5505.32
钢板	Q235	−5	195.51
		−6	218.37
		−8	826.96
		−10	141.24
		−20	95.48
		合计	1477.56
螺栓		M16×35	177.5
		M16×45	61.47
		M16×70	3.2
		M20×40	57.96
		M20×50	240.27
		M20×60	0.27
		合计	540.67
脚钉	Q235	M16×160	26.54
		M20×200	12.9
		合计	39.44
垫圈	Q235	M16×4	10.61
		M20×4	0.2
		合计	10.81
合计			15386

				220kV输电线路设计	
批准		校对		双回鼓型直线塔	
指导教师		设计			
班级		制图			
日期				比例 1:200	图号 I

指定对角点

图 11-11　选择对象

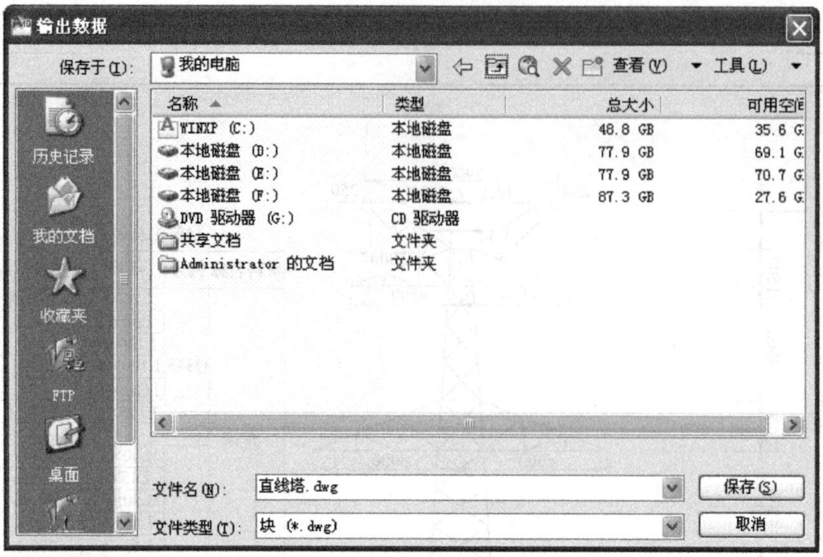

图 11-12 “块”选项输出

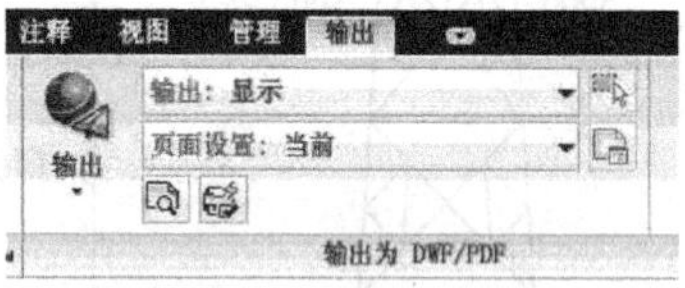

图 11-13 “输出”选项卡

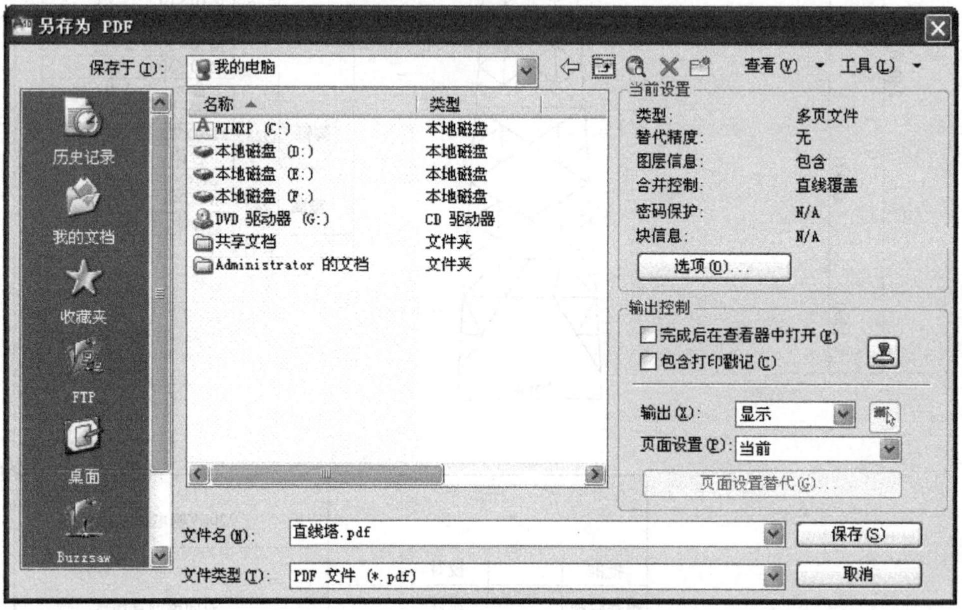

图 11-14 “另存为 PDF”对话框

（5）在“图纸尺寸”下拉列表中选择合适的图纸尺寸，比如 A3 图纸，如图 11-21 所示。

（6）在“打印区域”选项组的“打印范围”下拉列表中选择“窗口”选项，如图 11-22所示。系统提示选择区域，按图 11-23 所示选择所要打印的区域即可。

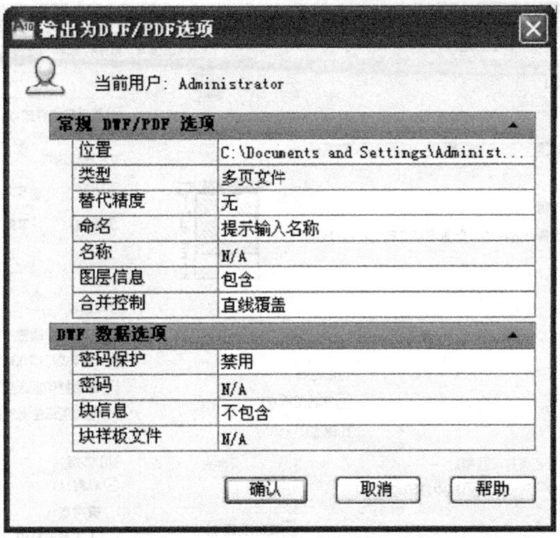

图 11-15　“输出为 DWF/PDF 选项”对话框

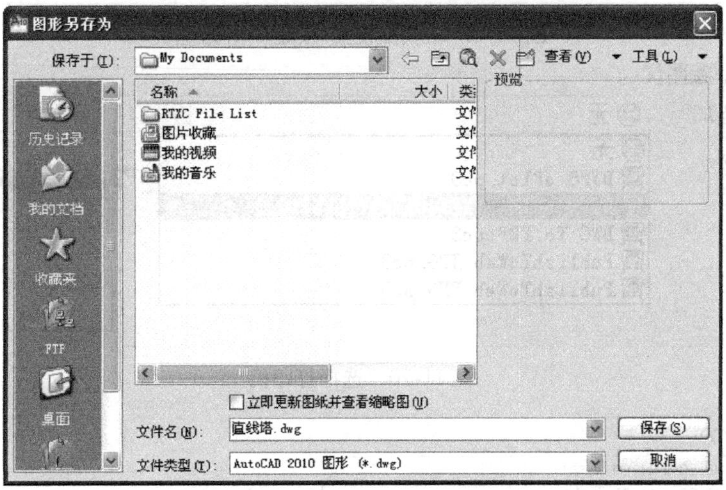

图 11-16　“图形另存为”对话框

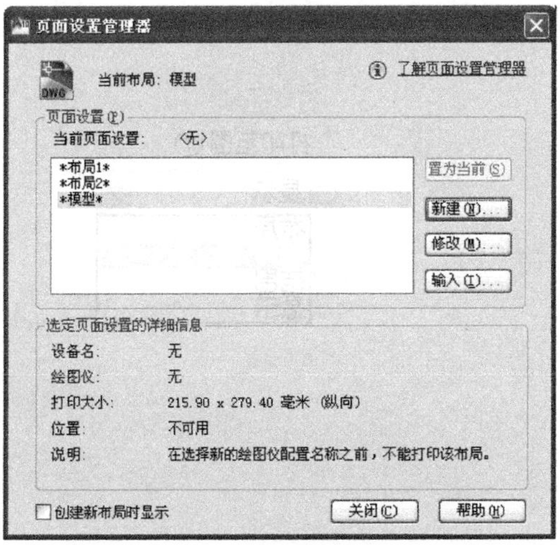

图 11-17　“页面设置管理器”对话框

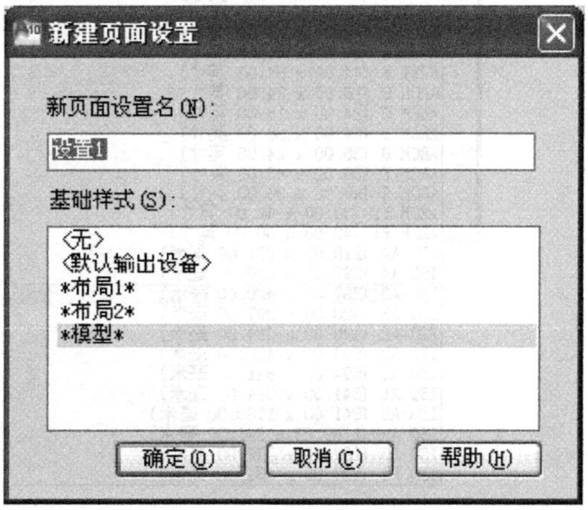

图 11-18　“新建页面设置”对话框

图 11-19 “页面设置-模型”对话框

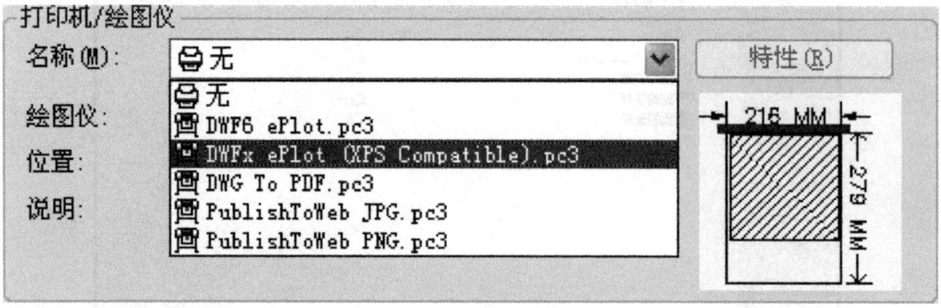

图 11-20 选择打印机

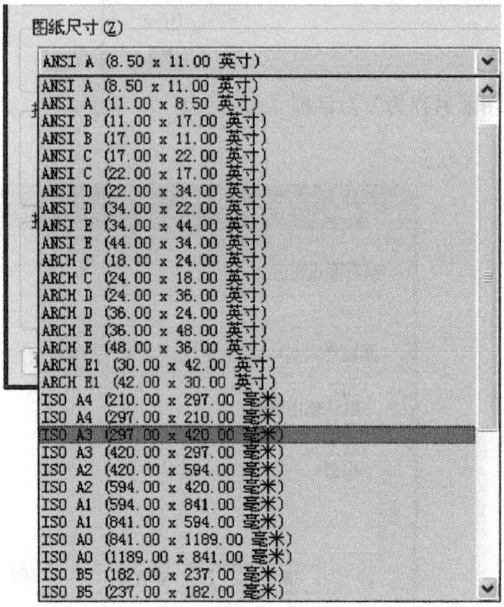

图 11-21 “图纸尺寸”下拉列表

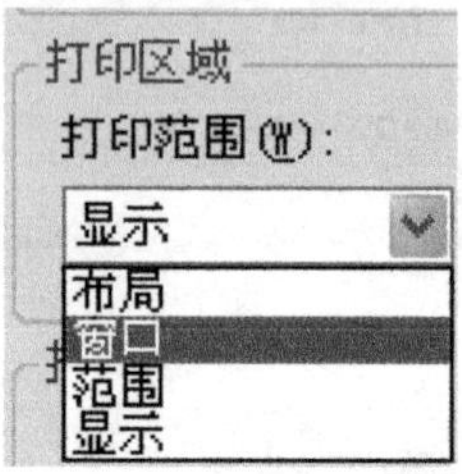

图 11-22 “窗口”选项

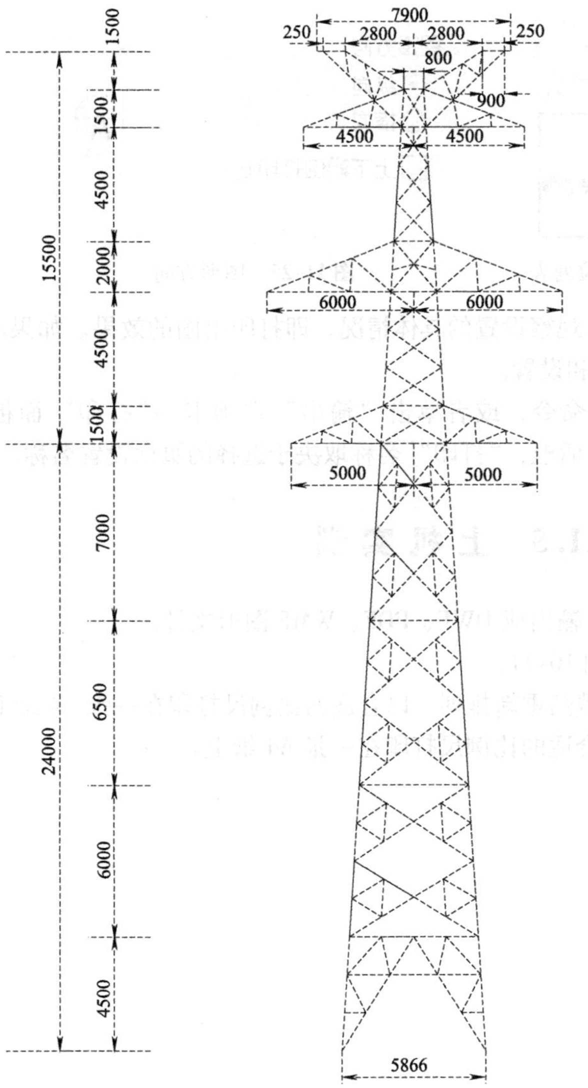

材料汇总表 单位：公斤

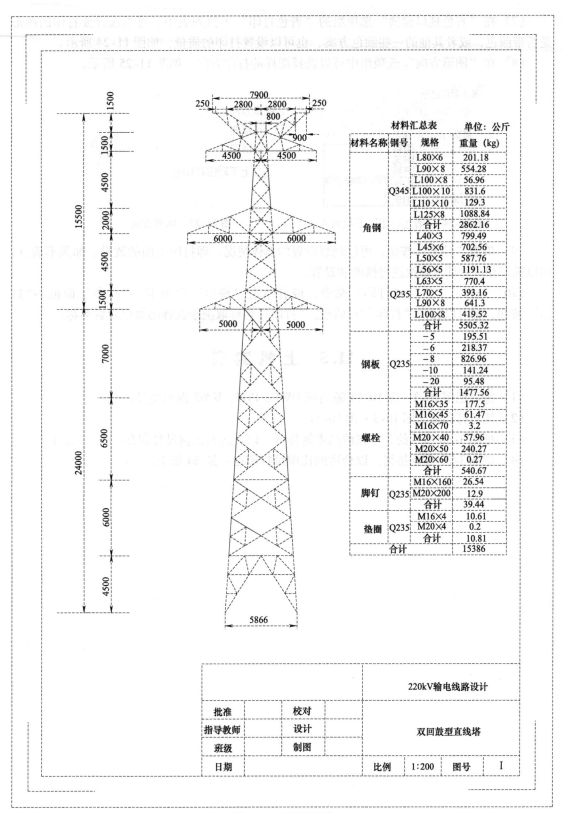

材料名称	钢号	规格	重量（kg）
角钢	Q345	L80×6	201.18
		L90×8	554.28
		L100×8	56.96
		L100×10	831.6
		L110×10	129.3
		L125×8	1088.84
		合计	2862.16
	Q235	L40×3	799.49
		L45×6	702.56
		L50×5	587.76
		L56×5	1191.13
		L63×5	770.4
		L70×5	393.16
		L90×8	641.3
		L100×8	419.52
		合计	5505.32
钢板	Q235	−5	195.51
		−6	218.37
		−8	826.96
		−10	141.24
		−20	95.48
		合计	1477.56
螺栓		M16×35	177.5
		M16×45	61.47
		M16×70	3.2
		M20×40	57.96
		M20×50	240.27
		M20×60	0.27
		合计	540.67
脚钉	Q235	M16×160	26.54
		M20×200	12.9
		合计	39.44
垫圈	Q235	M16×4	10.61
		M20×4	0.2
		合计	10.81
合计			15386

				220kV输电线路设计	
批准		校对		双回鼓型直线塔	
指导教师		设计			
班级		制图			
日期		比例	1:200	图号	I

图 11-23 选择区域

（7）在“着色视口选项”选项组的“着色打印”下拉列表中，可以选择要打印的图形是否带颜色，或者其他的一些颜色方案，也可以设置打印的质量，如图 11-24 所示。

（8）在“图形方向”选项组中可以选择图样的打印方向，如图 11-25 所示。

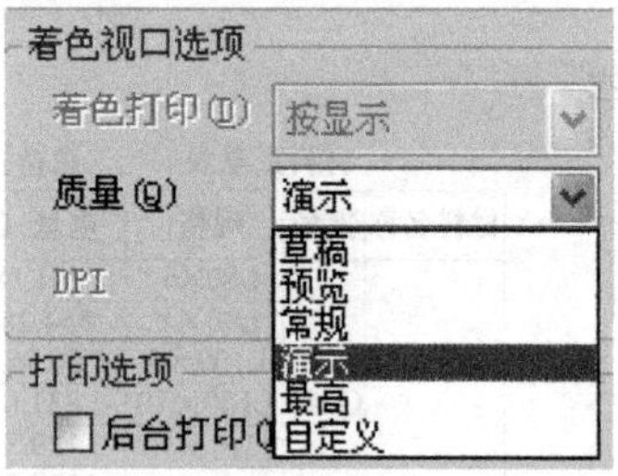

图 11-24 “着色打印”下拉列表

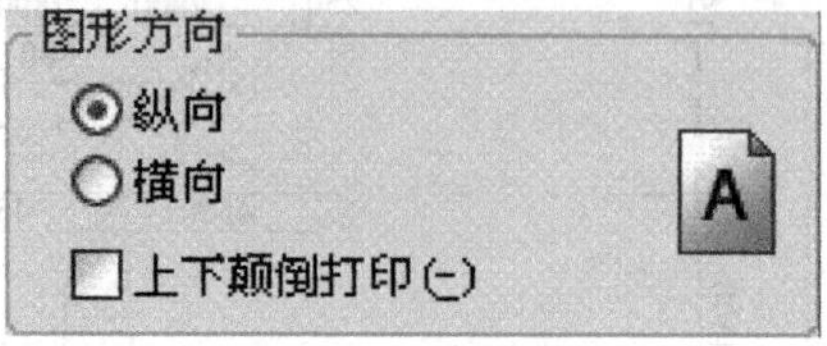

图 11-25 图形方向

（9）单击“预览”按钮，可以观察设置的具体情况，即打印出图的效果。如果不满意，可以返回相应对话框继续进行修改和设置。

（10）选择“文件”→“打印”命令，或者单击“输出”选项卡→“打印”面板→“打印”按钮，都可以打开“打印”对话框，“打印”名称取决于选择的页面设置名称。

11.5 上机实训

（1）练习把图 10-3 ~ 图 10-11 输出成 DWF、PDF、WMF 图形文件。

（2）练习打印输出图 10-3 ~ 图 10-11。

（3）把图 3-30 所示的 3 个机械图重新排列，以合适的比例尺打印在一张 A4 纸上。

（4）把图 3-23 重新排列，以合适的比例尺打印在一张 A4 纸上。

参考文献

[1] 吴秀华，等. AutoCAD 电气工程绘图教程 [M]. 2 版. 北京：机械工业出版社，2016.

[2] 黄凌玉，等. AutoCAD2018 中文版基础教程 [M]. 北京：中国青年出版社，2018.

[3] 陈超，等. AutoCAD2019 中文版从入门到精通 [M]. 北京：人民邮电出版社，2019.

[4] 李永奎，孙嘉燕. 计算机辅助绘图应用教程 [M]. 北京：中国农业大学出版社，2001.

[5] 朴在林，等. 35 ~ 110kV 变电工程通用图集 [M]. 北京：中国水利水电出版社，2001.

[6] 赵月飞，路纯红，等. AutoCAD2010 电气设计完全实例教程 [M]. 北京：化学工业出版社，2010.

[7] 李济群，董志勇. AutoCAD 机械制图基础教程 [M]. 北京：清华大学出版社，2006.

[8] 刘哲，谢伟东. AutoCAD 绘图及应用教程 [M]. 大连：大连理工大学出版社，2009.

[9] 胡仁喜，赵霞，等. AutoCAD2009 电气设计标准实例教程 [M]. 北京：北京科海电子出版社，2009.

[10] 张云杰，等. AutoCAD2010 电气设计基础教程 [M]. 北京：清华大学出版社，2010.

[11] 胡仁喜，等. Autodesk AutoCAD2010 电气制图标准实训教材 [M]. 北京：人民邮电出版社，2010.

[12] 林党养，等. AutoCAD 电力绘图 [M]. 北京：中国电力出版社，2009.

[13] 杜忠友，等. AutoCAD 完全教程 [M]. 北京：电子工业出版社，2007.

[14] 朱维克，等. AutoCAD2010 中文版机械制图教程 [M]. 北京：机械工业出版社，2009.

[15] 李茳森，等. AutoCAD2010 工程制图 [M]. 北京：机械工业出版社，2009.